제2판

# 창의공학설계입문

공학자는 실제 문제, 즉 인류에 이득을 주기 위해서 풀어야 하는 문제에 대한 해결책을 얻기 위해 과학과 기술을 사용한다. '사고 기술'에 대한 중요성 및 이의 함양 방법에 대해서 다루고 있고 최상위의 지붕에 해당하는 Wisdom(개인적 지혜)과 Societal Value(사회적 가치)를 달성하기 위해서는 기초적인 두 기둥이 균형있게 갖추어져야 할 것이다. 공학도로서 평생교육에 대한 마인드를 가지고 이 최상위의 목표를 위해 노력하도록 학생들에게 기본 마인드를 심어줄 수 있게 구성하였다.

홍현필 · 송수석 · 박성균

도서출판 GS인터비전

# 머리말

한국공학교육인증원(ABEEK)은 공학교육을 이수하는 학생이 갖추어야 할 학습 성과 12가지를 제시했다. 그 내용을 살펴보면 설계능력과 문제해결 능력이 중요한 요소임을 알 수 있다. ABEEK의 요구조건을 만족시키기 위해서 대학에서는 대학 1, 2학년 대상으로 "공학설계입문" 과목이 개설되고 있다. 본 책은 바로 이 영역에 초점을 두고 쓰인 책이다. 창의적인 공학 설계를 위해 기본적으로 필요한 많은 내용들을 일정한 분량의 지면에 나타내기가 어려웠지만 저자들이 수년간 강의한 교과내용 중 중요한 부분들을 본 책에 함축하여 담아내려고 노력하였다.

이제 공학도는 전문 공학지식뿐 아니라, 의사소통 능력, 팀워크 능력, 문제해결 능력을 갖추어야 한다. 전문 공학지식이 지식의 창고에 잘 정리되어 있다면 우리가 필요할 때 언제든지 손쉽게 꺼내 쓸 수 있을 것이다. 그래서 필요한 것은 우연한 발견이나 해결이 아니라 체계적인 문제해결 능력이다.

1장 **공학설계 개요**는 본 책의 전반을 다루며, 공학설계의 중요성을 설명하였고, 2장 **지능모형**은 허만(Ned Herrmann)의 두뇌우성모델(HBDI)을 중심으로 학생들의 성향분석을 할 수 있는 방법을 설명하였고, 성향분석 결과는 프로젝트 팀 구성의 위한 기초자료로 사용할 수 있다. 3장 **팀워크와 의사소통**은 구성된 프로젝트 팀의 팀빌딩에 도움에 도움이 될 것이다. 4장 **창의적 사고를 저해하는 요인들**은 우리가 사고의 틀(심리적 관성)에 얽매이는 요인들을 살펴보고, 그것을 극복할 수 있는 방법을 설명하였다. 5장 **문제정의**는 우리가 일반적이던 공학적인 문제이던 성공적으로 문제를 해결하려 할 때 제일 중요한 요인인 진짜 문제가 무엇이고 그것을 찾아내는 방법인 창의적 문제해결과정에 대해 설명한다. 이 부분이 본 책의 핵심 주제로서 문제해결의 단계별 과정을 설명하였다. 6장 아이디어 창출과 7장 아이디어 평가는 실제적으로 문제를 해결하기 위해 아이디어를 내고 최종 결정하는 단계에 대해 설명한다. 8장 창의적 문제해결이론(TRIZ)는 구소련 알트슐러가 특허를 기초로 하여 체계화한 트리즈(TRIZ)에 대해 기초 부분을 소개하였다. 이 부분은 많은 학생들에게 생소하지만 체계적인 사고를 키워주고 궁극적으로 문제해결을 쉽게 할 수 있도록 도와주는 도구로 쓰일 것이다. 마지막 9장은 공학설계 사례는 실제적으로 학생들이 팀을 이뤄 창의적 사고를 실현해 볼 수 있는 프로젝트 주제들을 한군데 모아서 쉽게 활용할 수 있도록 하였다.

특히 8장의 '트리즈' 창시자 알트슐러는 그의 책 이노베이션 알고리듬 중에서 다음과 같이 말했다. "대다수 사람들은 항상 동일하고 친숙한 장소에서 행진하기를 좋아한다. 하지만 우리는 높은 창공으로 우리를 안내해줄 새로운 아이디어를 찾기 시작하였다." 본 책을 활용하는 독자들은 보다 높은 창공에서 보다 새롭고 참신한 아이디어를 얻음으로써 공학도로써 능력을 한껏 뽐낼 수 있었으면 좋겠다.

마지막으로 본 책의 출판에 많은 도움을 주신 GS인터비전의 송기수 대표와 관계자에게 깊은 감사의 말씀을 드린다.

2011. 2. 저자 일동.

# 차례

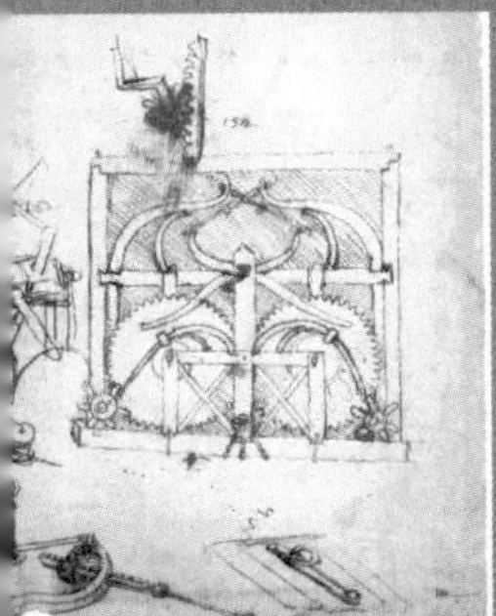

# 공학설계 개요

CHAPTER 1

1.1 공학설계란

1.2 공학인의 자세와 평생교육

1.3 패러다임 변환과 미래 예측

1.4 창의적 문제해결 과정

1.5 창의적 문제해결을 위한 여러 능력

## 1.1 공학설계란?

**공학**이란 인류의 이익을 위해 과학적 원리를 응용하여 가용자원을 최적의 구조물, 시스템 그리고 공정으로 변환시키는 작업이다. 따라서 공학자는 실제 문제, 즉 인류에게 이득을 주기 위해서 풀어야 하는 **공학적 문제**에 대한 해결책을 얻기 위해 과학과 기술을 사용한다. 직업으로서의 공학을 미국공학기술인증위원회(ABET:Accreditation Board for Engineering and Technology)는 다음과 같이 정의하고 있다.

**『공학은 연구, 실험, 경험을 통해 얻은 수학과 자연과학 지식을 사용해서, 인류의 이득을 위해 재료와 자연의 힘을 경제적으로 활용하는 방법을 비판적으로 개발하는 직업이다.**[1]**』**

또, 활동적인 측면에서의 공학의 정의는 다음과 같다.

**『공학은 장치, 시스템, 또는 공정을 개발하기 위해 과학지식과 기술의 혁신적이고 방법론적인 적용을 의미하며 그것은 인류의 요구를 만족시키는 데에 목적이 있다.**[2]**』**

이 두 가지 정의는 공학이 단지 **"발명하는 것"**만이 아님을 강조하고 있다.

한편, **설계**란 계획, 목표, 안(案), 도면, 밑그림, 성과물, 개발품, 예술품, 발명품등의 의미로 이해되며 **『형태와 기능이 목표에 부합하고 구체적인 조건들을 충족시키는 제품에 대한 체계적이고 지적인 창조행위이자 평가행위』**로 정의된다.

결국, **공학설계**란 **과학지식과 축적된 경험 그리고 창의성을 통해서 인류가 문명 활동을 영위하는데 필요한 모든 것들과 관련된 설계, 생산, 제작, 관리, 유통, 운용 활동의 경제성, 안정성, 편의성, 효율성, 그리고 생활환경의 쾌적성을 개선하여 인간의 삶의 질을 높이는 모든 활동**이라고 정의될 수 있다.[3]

오늘날 복잡하고 다양화된 사회, 급변하는 고객의 요구조건에 맞는 제품을 생산하기 위해서는 공학설계 단계에서부터 목표설정, 합성, 분석, 평가와 같은 설계요소를 포함하고 경제적, 사회적, 환경적, 윤리적 측면과 안전성을 고려해야 하므로 그 중요성도 배가되고 있다. 따라서 우리가 사용하는 통상적인 접근방법이나 해결책들이 더

1) ABET Accreditation Yearbook(New York, 1993).
2) Summarized in R. B. Landis, Studying Engineering : A Road Map to a Rewarding Career(Burbank, CA: Discovery, 1995)
3) 창의공학(인터비젼, 2005)

이상 적절하지 않을 수도 있으며 창의적인 문제해결능력이 그 어느 때보다 절실히 필요하게 되었다. 따라서 공학교육을 학교, 교수의 공급자 위주 교육에서 기업과 사회가 필요로 하는 수요자 중심교육으로 전환해야 될 필요성이 대두 되었으며, 공학혁신을 통하여 공과대학의 경쟁력을 향상시키기 위하여 1997년 한국공학교육인증위원회(ABEEK : Accreditation Board for Engineering Education of Korea)를 설립하고 공학교육을 이수한 학생이 갖추어야 할 학습 성과 12가지를 제시하였다.

표 1.1에서 1~5는 전공기반, 6~11은 기본소양, 12는 공학실무에 대한 학습 성과를 제시한다. 그 중에서 전공기반인 3, 4, 5항목, 기본소양인 7항목, 공학실무인 12항목을 종합하는 **"창의적 공학설계"**라는 교과목의 필요성이 대두되었다.

한국공학교육인증원에서 정의하고 있는 공학설계의 3가지 특징은 다음과 같다. 이 3가지 특징중 최소한 하나라도 가지고 있다면, 이를 공학설계 교과목의 성격을 가지고 있다고 분류할 수 있다.

- Open-Ended Problem을 다룸
- Team Work 기반 활동
- Communication Skill 증진 활동

표 1.1 ABEEK가 제시한 학습성과(2005년 신인증 기준)

1. 수학, 자연과학, 공학기초 및 정보기술의 지식을 문제해결에 응용할 수 있는 능력
2. 요구조건에 맞추어 시스템, 요소, 공정을 설계할 수 있는 능력
3. 공학문제를 정확히 파악하고 창의적으로 문제를 해결할 수 있는 능력
4. 실험을 계획하고 수행할 수 있는 능력
5. 공학실무에 필요한 기술, 방법, 도구들을 사용할 수 있는 능력
6. 논리적인 기술력, 구두 발표력, 토론 등 효율적으로 의사를 전달할 수 있는 능력
7. 복합 학제적 팀에서 구성원의 역할을 해낼 수 있는 팀워크 능력
8. 평생학습에 대한 필요성의 인식과 평생학습 능력
9. 기술이 환경과 사회에 미치는 영향에 대한 이해 능력
10. 시사적 논점에 대한 지식
11. 전문직업인으로서의 직업적, 도덕적 책임에 대한 인식
12. 국제적 관점에서 사물을 보고 상호 협동할 수 있는 능력

각각의 특징에 대해서 좀 더 자세히 살펴보면 다음과 같다.

### Open-Ended Problem

주어진 문제의 답이 정해져 있는 것이 아니라 다양한 답이 나올 수 있는 문제를 다룬다는 의미에서 Open-Ended Problem이라는 말을 사용한다. 실제로 실무에서 부딪치는 많은 문제들은 교과서에서 주어진 문제와 같이 제한 조건들과 변수들이 명확히 정해져 있는 것이 아니라 상황에 따라 해석에 따라 충분히 달라질 수 있으며, 이러한 이유로 정해진 정답이 있는 것이 아니라 항상 최선의 답, 더 나은 답을 찾아 가는 과정에 있게 된다. 한국공학교육인증원은 설계교육 과정을 통하여 창의적인 실무능력을 배양할 수 있는 교과과정을 수립하고, 수립된 설계교육 교과목을 통하여 현실적인 제약조건들을 고려한 설계 능력을 배양할 것을 요구하고 있다. 한국공학교육인증원에서 제시하고 있는 설계에서 고려해야 하는 일반적인 제약조건들은 표 1.2에서 보는 것처럼 산업표준, 경제성, 환경영향, 윤리성, 안전성, 미학, 신뢰성 등이다.

### Team work 기반 활동

어떠한 문제를 해결함에 있어서 혼자만의 힘으로 해결이 가능할 수도 있지만, 더 낳은 해결책을 위해서 보통 팀을 이루어 해결책을 찾는 능력이 필요해진다. 이러한 실제 실무 조직에서 필요로 하는 Team Work에 대한 이해도를 증진하고 팀의 성과를 극대화하기 위한 개인의 능력개발이 중요하기 때문에 공학설계의 대표적 특징으로 설정되었다.

### Communication Skill 증진 활동:

기술이 지속적으로 발전함에 따라 오늘날에는 한 분야의 기술만으로 어떤 해결책을 도출한다는 것은 현실적으로 점점 어려워지고 있으며 따라서 학제간(Interdisciplinary) 융합학문의 중요성이 더욱 커지고 있다. 즉, 공학도들이 자신과 다른 지식을 가진 사람들과 의사소통을 해야 할 필요성이 점점 커지고 있다. 이러한 기술적, 사회적 변화에 의해 Communication Skill은 공학도가 갖추어야 할 중요 능력 중 하나가 되었다. 이러한 이유로 의사소통 Skill에 대한 증진 활동이 공학설계의 핵심 요소가 되었다고 볼 수 있다.

표 1.2 설계 교과목에서 고려해야 하는 설계 제약조건

| 제한요소 | 제한요소 설명 |
|---|---|
| 1. 산업표준 | 해당 설계과제가 산업표준 준수를 고려해야 하는가? |
| 2. 경제성 | 해당 설계과제가 제작비용을 고려해서 제작되어야 하는가? |
| 3. 환경에 미치는 영향 | 해당 설계과제가 환경에 미치는 영향을 고려해야 하는가? |
| 4. 윤리성 | 해당 설계과제가 윤리적인 면을 고려해야 하는가? |
| 5. 안전성 | 해당 설계과제가 안전성을 고려해야 하는가? |
| 6. 미학 | 해당 설계과제가 디자인 측면을 고려해야 하는가? |
| 7. 신뢰성 | 해당 설계과제가 지속적 작동의 신뢰성이 고려되어야 하는가? |
| 8. 사회에 미치는 영향 | 해당 설계과제가 사회에 미치는 영향을 고려해야 하는가? |
| 9. 기타 | 이외 고려사항이 있으면 기타로 표시하고 쓰시오. |

이상에서 살펴 본 바와 같이, 공학설계 과정에서 학생들이 습득해야 하는 핵심 능력은『**자신과 다른 배경 지식을 가진 사람들과 조화롭게 팀을 이루어 정답이 없는 문제들을 해결해 나갈 수 있는 문제해결 능력**』이라고 요약할 수 있다. 이는 실제로 산업 현장에서 가장 필요로 하는 공학도의 기본적인 소양이라고도 할 수 있다. 본 교재는 학생들에게 이러한 팀워크 기반의 문제해결 능력을 배양하기 위한 체계적인 방법론을 제시하고 있으며, 본 교재에서 제안하는 다양한 실습 활동 및 프로젝트 수행을 통해 공학도로서의 기본 소양을 충분히 달성할 수 있을 것이다.

끝으로 창의적 문제해결 과정을 살펴보자.

창의성은 선천적으로 타고 나는 것이라는 견해가 있으나 이과목에서는 창의적 사고능력과 기술은 후천적인 학습으로 어느정도 개발가능하다는 전제로 접근하고자 한다.

창의성이란, 어떤 현상을 다른 형태로 변경하여 간편성, 기능성, 효율성, 안전성, 환경적합성 측면등에서 새로운 가치 창출이나 개선이 이루어지는 것을 말한다. 창

의적 문제해결 과정에서 사용되는 발산적 사고와 수렴적 사고, 분석적 사고와 종합적 사고 및 비판적 사고는 모두 팀활동 기법 및 여러 가지 전문적인 도구를 사용하는 총체적인 두뇌활동으로서 창의성을 배양하기 위한 조건들은 다음과 같다.

1) 창의성은 관심과 호기심에서 나온다.

2) 창의성은 적극적이고 긍정적인 사고에서 나온다.

3) 창의성은 유연하고 열린 사고에서 길러진다.

4) 창의성은 칭찬과 보상으로 자란다.

5) 창의성은 팀 활동으로 증폭된다.

## 1.2 공학인의 자세와 평생교육

그림 1.1은 보잉사의 멕마스터가 제시한 공학도가 요람에서 무덤까지 완성해야 하는 학습 구성도이다. 구성도 하단에 두 축인 '사회적 기술'과 '사고 기술' 중에서 본 교재는 전반적으로 '사고 기술'에 대한 중요성 및 이의 함양 방법에 대해서 다루고 있다고 볼 수 있다. 하지만, 최상위의 지붕에 해당하는 Wisdom(개인적 지혜)과 Societal Value(사회적 가치)를 달성하기 위해서는 아마도 기초적인 두 기둥이 균형 있게 갖추어져야 할 것이다. 공학도로서 평생교육에 대한 마인드를 가지고 이 최상위의 목표를 위해 노력하도록 학생들에게 기본 마인드를 심어주는 것 또한 본 교과목이 갖는 중요한 의미이다.

매스터마이즈는 몰입의 즐거움(1997)이라는 책에서 평생학습자의 자세로서 지칠 줄 모르는 학습과 한없는 목표추구가 필요함을 강조하였다. 따라서 우리는 개인의 실력과 더불어 목표도 높아야 몰입의 즐거움을 누릴 수 있다 하겠다.

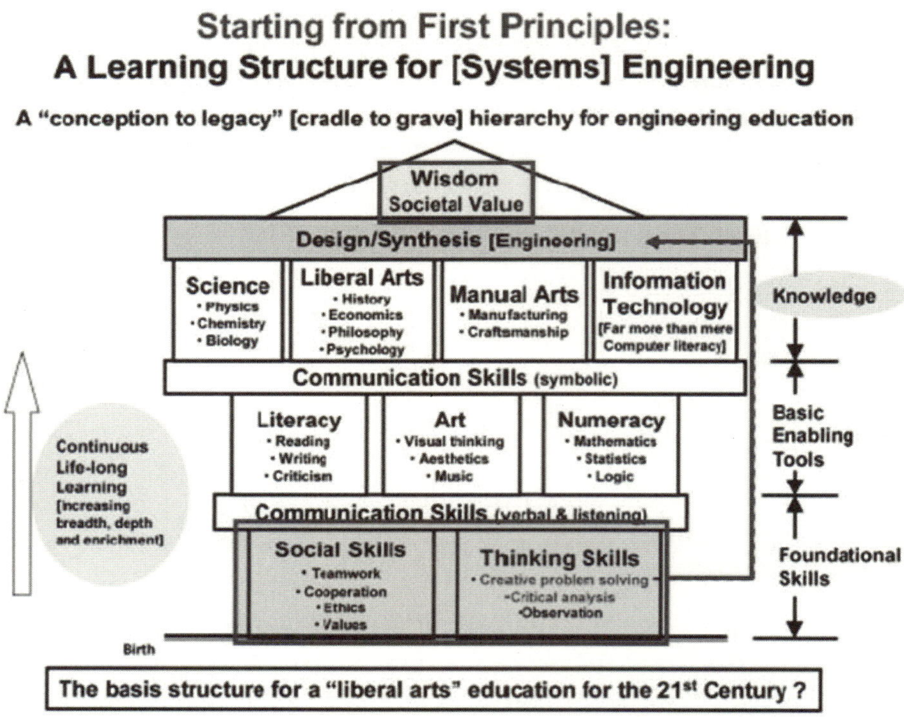


그림 1.1 공학도가 추구해야 할 평생학습 구성도(보잉사 John H. Mcmasters)

## 1.3 패러다임 변환과 미래 예측

생활양식, 사고방식, 가치관, 판단기준 등 모든 것이 시대의 변천에 따라 바뀌게 마련이다. 지금 어떤 것이 사람들에게 사랑을 받고 환영을 받더라도 시간이 지남에 따라 사람들의 선호도는 더 나은 다른 것으로 옮겨가고 사랑받던 대상은 역사의 뒤안으로 물러가기 마련이다. 이러한 변화의 가장 대표적인 분야가 의상 패션의 유행을 들 수 있다.

그림 1.2의 패러다임의 변환 주기를 살펴보면, A: 패러다임 발생기, B : 패러다

임 전성기, C : 패러다임 쇠퇴기가 있는데, 쇠퇴기가 도달하기 전에 새로운 패러다임으로 변환하지 못하면 낙오하게 된다. 그 한 예로 1970년대 스위스는 태엽시계로 세계시장을 주도하였으나 1980년대에 전자시계의 출현으로 주도권을 일본에게 내주었다. 사실 스위스 어느 연구소(1967년)에서 Quartz 시계를 발명하였지만, 스위스 제조업자들은 무시하였고, 세이코에서는 가능성을 인정한 결과였다.

전통적 기술에 얽매인 기득권 세력이 (시계 역사상 지대한) 기술적 변화에 왜 적응하기를 거부했을까? 만약 우리가 미래 기술예측에 대한 객관적인 규칙이나 경향을 알 수 있다면, 이런 실수를 줄일 수 있지 않을까? 여기서 객관적이라는 표현이 중요한 의미를 갖는다. 객관적이라면 누구도 그 경향을 거부하지 않을 것이다. 이 주제에 대해서 좀 더 자세히 이어서 다루어 보도록 하겠다. 표 1.3은 패러다임 변환의 몇 가지 사례들을 보여주고 있다.

## ✓ 학습활동 : 패러다임 변환 사례

우리 주변에서 최근에 일어난 패러다임 변환의 예를 선정하고, 그 변환 곡선의 시기를 표시해 보아라.

표 1.3 패러다임 변환의 몇 가지 사례들

| |
|---|
| 진공관에서 트랜지스터로 |
| 공중전화에서 휴대폰으로 |
| 필름 카메라에서 디지털 카메라로 |
| 타자기에서 PC로 |
| 편지쓰기에서 이메일로 |
| 재래시장에서 TV 홈쇼핑, 인터넷 쇼핑으로 |

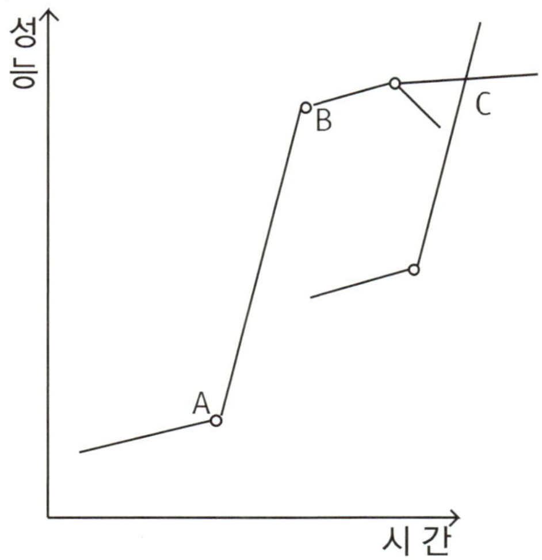


그림 1.2 패러다임의 변환 주기

## 1.4 트리즈(TRIZ)의 기술진화의 법칙[4)]

TRIZ는 러시아어인 T Resheniya Izobretatelskih Zadach 의 약어로서 우리말로는 **창의적 문제해결 이론**으로 해석된다. 구 소련의 해군에서 특허심사관으로 근무하던 알트슐러(G.S. Altshuller)는 10여년 동안 수십만 건의 특허를 접하면서 자연스럽게 기술시스템의 발전과정에 관심을 갖게 되었으며 TRIZ라는 새로운 사고방식의 체계를 수립하였으며  특히 기술시스템도 패러다임의 변환 곡선과 유사한 형태의 주기적 특성을 가지고 변화(진화)한다는 것을 제시하였다. 그리고 그 진화의 최종 목적지는 이상성이라고 하였다.

그러나 최고의 전문가조차 기술의 미래를 예측할 수 없었던 사례로서 다음과 같은 예가 자주 인용된다.

『공기보다 무거운, 비행 기계는 불가능하다.』

- 영국 학술원 회장, 켈빈 경(Lord Kelvin), 1885.

『발명할 수 있는 모든 것은 발명되었다.』

- 미국 특허청장, 찰스 듀얼(Charles H. Duell), 1899.

『세상에 배우가 말하는 것을 누가 듣기를 원하겠어?』

- 워너 브러더스(Warner Brothers) 영화사, 해리 워너(Harry Warner), 1927.

『세계 시장에 아마도 다섯 대의 컴퓨터는 있을 것이다.』

- IBM 회장, 토마스 왓슨(Thomas Watson), 1943.

최근의 사례도 있다: 빌 게이츠는 인터넷의 부상을 예측할 수 없었다. 때늦은 지혜는 항상 반반이지만, 우리가 추구하는 제품과 기술이 시장의 요구에 맞는지 어떻게 확신할 수 있는가? 우리는 최선의 해결책을 어떻게 선택할 수 있는가? 우리가 가장 유망한 개념을 선택할 수 있는 기준은 무엇인가?

4) 창의성 공학의 길잡이(인터비젼, 2007. 6, 박성균 역)

알트슐러는 예측할 수 있는 **기술 시스템 진화의 개념**을 제안하였다. 이 개념에 의하면 혁신 발명을 하는 개인의 노력, 시장의 힘, 정치적 조건, 전통 문화 등과 같은 여러 가지 영향 인자들이 기술 시스템의 진화 속도에 크게 영향을 주지만(그것을 가속하거나 늦춤), 그것들이 진화의 방향을 크게 바꿀 수는 없다. 증기 엔진, 전기 모터, 자동차, 비행기, 라디오, 볼펜, 레이저, 트랜지스터, 집적 회로, 그리고 다른 모든 주요 혁신들은 그것들의 창조자가 태어나지 않았더라도 언젠가는 발명되었을 것이다.

이런 개념의 토대위에서 탄생된 트리즈에서 정형화된 진화의 법칙들은 다음과 같다.

- 이상성 증가의 법칙
- 하위시스템의 불균일 진화의 법칙
- 상위시스템으로 전이의 법칙
- 동적특성(유연성) 증가의 법칙
- 거시수준에서 미시수준으로 전이의 법칙
- 완전성의 법칙
- 에너지 전달경로를 짧게 하는 법칙
- 제어능력 증가의 법칙
- 리듬조화의 법칙
- 물질-장 상호작용의 증가의 법칙

(1) **이상성 증가의 법칙**이란 **기술 시스템이 이상성이 증가하는 방향으로 진화해 가는 것**을 말한다. 이상성은 본질적으로 **이득 대 비용**의 비율이다. 여러 제품(예를 들어 휴대폰, 컴퓨터 등)의 성능은 끝없이 증가하지만, 그들의 가격은 떨어진다. 보다 높은 이상성을 갖는 시스템은 시장의 오랜 선택 과정에서 생존할 수 있는, 즉 시장을 주도하는 기회가 훨씬 많다.

(2) **하위시스템의 불균일 진화의 법칙**은 **시스템의 여러 부분들이 불균일한 속도로 진화한다는 것**을 말한다. 이것이 시스템 갈등을 일으키고, 혁신을 위한 기회를 제공한다. 전통적인 수단으로 시스템을 개선할 때, 시스템의 한 특성은 보통 다른 특성을 악화시키는 대가로 개선된다(예를 들어, 차에 보다 강력한 엔진을 장

착함으로써 차의 동적 특성을 향상시키면, 그 대가로 차의 연료 소비가 증가한다). 이러한 상황을 시스템 갈등이라 한다. 전통적인 설계 철학은 비용이 가장 적은 타협을 찾도록 설계사를 몰아가지만, 알트슐러는 시스템 갈등을 극복하는, 즉 두 개의 갈등 요구조건을 모두 만족시키는 다양한 방법을 발견하였다.

(3) **상위시스템으로의 전이의 법칙**은 **기술 시스템이 단일 시스템에서 이중 시스템 또는 다중 시스템 방향으로 진화한다는 것**이다. 시스템은 보통 단일 기능을 수행하도록 설계된 단일 시스템으로 시작해서, 점차 보다 복잡한 기능을 수행할 수 있는 능력을 얻는다. 연필의 경우, 연필(단일 시스템) → 지우개 달린 연필(이중 시스템) → 여러 경도, 여러 색깔을 갖는 연필(다중 시스템)로 진화한 것이 좋은 예다. 결과적으로 이중, 다중 시스템은 보다 복잡한 기능을 수행하는 높은 수준의 단일 시스템으로 통합된다.

(4) **동적특성(유연성) 증가의 법칙**에 따르면, **고정된 구조는 유연하고 적응력 있는 구조로 진화한다.** 새로운 시스템은 보통 특별한 환경에서 작동하도록 만들어진다. 그러한 시스템은 주 설계 개념의 실행 가능성을 보여주지만, 그 응용과 성능 요소가 제한을 받는다. 진화 과정에서 시스템은 변화하는 환경에 보다 잘 적응할 수 있게 된다. 예를 들면 고속도로의 교통체증시 갓길 주행을 일시적으로 허용하거나 대형 화물차의 견인차와 트레일러를 분리하여 화물의 유연성을 증가시키는 방법 등이다.

(5) **거시수준에서 미시수준으로 전이의 법칙**은 **기술 시스템이 성분 요소의 분할도가 증가하는 방향으로 진화하는 것**이다. 예를 들어, 축, 바퀴, 베어링과 그밖에 "거시" 성분들이 점차 분자, 이온 등으로 대체되는 것을 말한다. 그렇게 되면 그것을 다양한 에너지 장으로 제어할 수 있다. 금속 절단기에서 전자기 가공, 레이저 절단기로 전이 되는 절삭도구의 진화가 그러한 전이의 예이다.

(6) **완전성의 법칙**은 **독립적인 기술 시스템의 경우 작동기관, 전달 장치, 엔진 그리고 제어기관 등 네 개의 주요 부분을 갖는다는 것**을 말한다. 기술 시스템의 발전 초기 단계에서 사람이 종종 이러한 부분의 일부 일을 수행한다. 시스템이 진화함에 따라. '인간 요소'는 점차 제거된다. '사진 카메라'라는 시스템에서 제어 대상은 빛이고, 작동기관은 렌즈이고, 전달 장치는 초점 조절 장치이다. 수동 카

메라에서는 사용자의 손이 엔진과 제어 기관으로 일을 한다. 자동카메라는 전기 모터를 사용하고 마이크로프로세서가 초점을 조절한다.

(7) **에너지 전달경로를 짧게 하는 법칙**이란 **기술 시스템은 에너지원과 작동기관 사이의 거리를 줄이는 방향으로 진화한다는 뜻**이다. 이 법칙에 의해서 여러 에너지 형태(예를 들어, 열에서 기계) 또는 에너지 요소(예를 들어, 기계 리듀서, 전기 변압기) 사이의 에너지 변환 단계가 줄어든다. 정보의 전달 역시 이 경향을 따른다.

(8) **제어능력 증가의 법칙**은 그 명칭이 암시하듯이 **시스템 요소들 사이에 제어되는 상호작용의 진화**를 담당한다. 예를 들면 가스를 액화시켜서 운반하는 것 등이다.

(9) **리듬조화의 법칙**은 **효과적인 기술 시스템이 존재하기 위해서는 그 부분들의 작용 주기(또는 진동수)가 동기화되어야 한다는 것**을 말한다. 생존 능력이 가장 큰 시스템은 그 부분들의 작용이 서로를 지원하고, 서로 동시에 작동될 때 그들 주 부분들이 동기화되는 특징이 있다. 이것은 제조 순서의 주 부품들 사이에 'Just-In-Time' 상호작용이 가장 효과적인 작업을 가져오는 생산 시스템과 매우 유사하다. 이 동기화 원리가 위반된다면, 시스템 요소들이 서로를 방해하고, 그 성능 수행에 어려움을 겪을 것이다. 합성 흡수성 수술용 봉합사는 상처의 치유와 함께 생체내에서 녹아 없어지므로 그 좋은 예이다.

기술 시스템은 얼어 있는 실체가 아니다. 그들은 사회의 변화 욕구를 만족시키고, 매우 경쟁적인 세계시장에서 생존하기 위해서 계속해서 변화한다. 어떤 기술 시스템의 진화는 이전 단계의 시스템과 구별되는 여러 단계들로 표현될 수 있다. 이러한 단계들 사이에서 시스템은 점차적으로 수많은 발전을 누적해서 겪은 다음, 다음 단계 시스템으로 이동한다.

기술 시스템 진화의 역동성을 지난 50년 동안의 자동차 설계의 발전으로 설명할 수 있다. 자동차 설계는 1950년대 팔들이 달린 거대한 구조에서부터, 이전 설계와 비교할 때 난쟁이처럼 보이지만 비교적 훨씬 큰 내부 공간을 갖는 맵시 있는 차까지 다양하다. 수백 종류의 차 모델은 공기 역학적 요구조건, 새로운 재료와 시스템의 가용성(예를 들어, 에어백, 잠김 방지 브레이크), 전동기구의 변화(예를 들어, 전륜 구동, 작지만 강력한 엔진), 소비자의 구미, 그리고 설계자의 예술적 감각에 의해 좌우된 다양한 설계 변화들을 통합하였다. 많은 변화는 흔적도 없이 사라졌고, 어떤 것들은 계속 진화하였지만, 3~5년마다 새로운 설계 경향이 나타난다.

기술 시스템은 보다 나은 성능 시스템으로 적은 자원을 들이고 제조할 수 있는 시스템으로, 또는 여러 가지 성능 기능이 결합된 시스템으로 진화하기 위해 사회로부터 직접적으로 또는 시장의 힘을 통해 계속해서 압력을 받고 있다. 이 진화는 혁신으로만이 아니라 점진적인 변화로도 설명된다. 그러한 변화는 보통 발명 때문에 일어난다. 전문 엔지니어만이 아니라 수천 명의 사람들이 매년 크고 작은 발명을 한다. 이러한 발명들은 일부분만이 실행에 옮겨지지만, 그들 모두는 일반 공학과 특별한 분야의 최신기술(즉, 특별한 종류의 기술 시스템) 양쪽에 기여한다.

발명가들은 자신의 자산(능력)을 제어하지 못한다. 발명가들은 시장과 사회적 힘 또는 그들의 고용주에 의해 압력을 받겠지만, 자신들의 창의성에 크게 의존한다. 그리고 그들은 종종 자신과 같은 기술 시스템에서 일하고 있는 다른 발명가들의 노고를 깨닫지 못한다. 그들의 노력은 겉으로 볼 때 불규칙한 방향을 향해 있다. 우리는 많은 발명들이 거부되는 이유로 자금의 부족, 투자자들의 심리적 관성, "여기서 발명되지 않았다(NIH, Not-Invented-Here)"는 태도 등과 같은 요인들을 들고 있다. 그러나 결국 발명의 최종적인 수용은 객관적인 기술 시스템의 진화 논리에 달려 있다.

(10) **물질-장 상호작용 증가의 법칙**은 **기술 시스템은 진화 과정에서 시스템 요소들 사이에 있는, 그리고 시스템과 그 환경 사이에 있는 의미 있는, 안정적인, 반복되는 상호작용들이 증가한다**로 설명된다.

이러한 법칙들은 수만 건의 특허와 많은 실생활 시스템의 시대적 개발품을 분석한 후에 정형화되었다. 그 과정은 시스템 진화의 전형적인 단계들을 구별할 수 있도록 혁신 발명의 선택과 그 분석을 포함하였다.

이러한 법칙 전부를 시스템 진화의 모든 단계에 일반적으로 적용할 수는 없다. 그들의 일부(이상성 증가, 하위시스템의 불균일 진화, 상위 시스템으로 전이, 그리고 유연성 증가의 법칙)는 시스템의 시대적 발전의 모든 단계에서 기술 시스템의 진화를 지배한다. 예를 들어, 새롭게 개발된 시스템과 성숙한 시스템을 포함해서 모든 기술 시스템의 하위시스템들은 불균일한 속도로 진화한다. 이 불균일 진화는 하위 시스템 사이에서 해결되어야 하는 갈등을 일으킨다.

다른 법칙들은 어떤 특정 단계에서만 시스템의 진화를 결정한다. 리듬조화의 법칙이 한 예이다. 대부분의 생존 가능한 시스템의 핵심 부분들은 서로 동조화된(조화된) 기능을 갖고 있다. 시스템이 일단 이러한 리듬조화를 성취하면 이 법칙은 더 이상 적용할 수 없다.

자연의 법칙과 다르게, 진화의 법칙은 '유연'하여서, 일시적으로 그 법칙을 위반할 수도 있다. 자연 법칙은 위반하거나 무시할 수 없는 반면, 진화 법칙의 위반은 매우 일반적이다. 종종, 비싼 기존 제조 설비를 계속해서 활용하고자 하는 경제적인 압력, 정치적인 이해, 심리적인 관성과 같은 여러 가지 비기술적 요인들이 차세대 제품 또는 공정의 출현을 지연시킨다. 진화 궤도로부터의 이탈은 항상 귀중한 자원을 낭비하고 경쟁력을 잃는 결과를 초래한다.

**사 례 1**

스위스 시계산업의 몰락은 이러한 관점에서 시사하는 바가 있다. 1974년 스위스의 기계식 시계 제조회사들은 세계 수출 시장의 약 40%를 점하고 있었다. 그 시기에 전자시계가 소개되었다. 기계식 시계에서 전자시계로의 전이는 조만간 일어나도록 되어 있었다. 왜냐하면 미시수준으로 전이와 유연성 증가의 법칙이 기계 시스템에서 전기 현상을 기초로 한 시스템으로 이동을 처방해 놓았기 때문이다. 스위스 시계산업 리더들은 이 급격한 새로운 시계 장치의 생존능력을 의심하였다. 10년 후에 세계시장에서 스위스의 기계식 시계의 시장 점유율은 일본 시계 제조회사들이 개척한 전자시계의 출현으로 인하여 10%까지 가파르게 떨어졌다.

(1970-82년 사이 스위스 시계산업 종업원 65,000명 ⇒ 15,000명, 시장의 65%, 이윤의 80% 이상 점유 ⇒ 시장의 10% 미만의 점유로 변화함)

### 알트슐러가 제시한 기술 시스템의 일생[5)]

기술 시스템의 일생은 시스템의 특성이 시간(힘, 생산성, 속도, 생성되는 시스템의 수 등)에 따라 어떻게 변하는가를 보여주는 S곡선(그림 1.3) 형태로 표현될 수 있으며 생물학을 포함한 다른 시스템에서와 흡사하다.

다양한 기술 시스템에서 이 곡선은 자연히 그 자신의 개별 특성을 갖고 있지만, 이 곡선은 항상 특정한 부분들을 갖고 있다. 이 부분들을 그림 1.4에 개략적인 표현으로 나타내었다.

기술 시스템은 '유년기'(부분 1)에 천천히 발전한다. 그러고 나서 '성장과 성숙' 시기(부분 2)가 온다. 이 구간의 기술 시스템은 빠르게 개선되며, 그 대량 응용이 시작된다. 시스템 발전 속도가 떨어지기 시작하는 시점(부분 3)에서, '노년기'가 시작한다. 그 후에 두 가지 변형이 가능하다($\gamma$점 이후). 기술 시스템 A는 퇴화하고, 원리가 다른 시스템인 B로 바뀐다. 현대 범선은 백 년 전 유명했던 쾌속 범선이 달성한 속도를 내지 못하고 있다. 또는 오랜 시간동안 성취한 값을 유지한다. 자전거는 지난 반 세기 동안에 본질적 변화를 겪지 않았고, 오토바이로 대체되지 않았다.

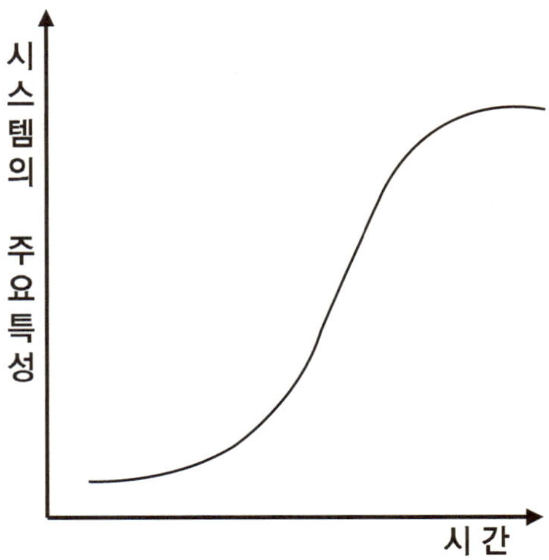


그림 1.3

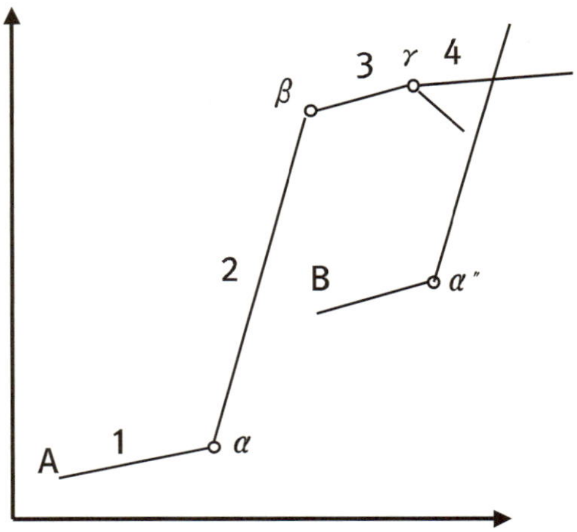


그림 1.4

5) 창의성은 과학이다(인터비젼, 2006. 10, 박성균 역)

각 부분 사이의 관계는 무엇에 의존하는가? 바꾸어 말하면, 기술 시스템의 일생 곡선 상에서 점 α, β, γ를 결정하는 것은 무엇인가?

다양한 기술 시스템 파라미터(비행기와 배의 이동 속도, 드릴 작업 속도, 가속기 에너지의 성장 속도 등)의 발전 곡선을 연구하면 즉시 다음과 같은 사실을 알 수 있다. 실제 곡선은 예상되는 이론 곡선과는 분명히 다르다. 그 차이의 특성을 그림 1.5로 나타내었다. 여기서 점선은 이론 곡선이고, 실선은 실제 값이다.

기술 시스템은 출현한 직후에는 비록 빠르지는 않지만 대량 응용으로 전이하는 순간인 $\alpha''$점까지 꾸준히 발전한다. 사실 대량 적용(A″)으로의 전이는 지연 시간 이후에 낮은 기술 수준에서부터 시작된다.

기술 시스템의 빠른 발전은 시스템의 활용 가능성이 소진되고, 기존 시스템의 장래 발전에 대한 경제적 생존 능력이 없는 $\beta'$ 에서 끝나야 한다(수준 1). 그러나 이와 같은 것은 아무것도 일어나지 않는다. 실제 $\beta''$ 는 이론 $\beta'$ 보다 항상 높다. 곡선 A"가 수준 1에 도달했을 때 많은 사람들은 시스템의 장래 발전에 흥미를 갖기 시작한다. 흥미의 모멘트는 계속 진행된다. - 사업가, 과학자, 전문가 그리고 단순 사용자들은 익숙해진 오래된 시스템을 버리는 것을 두려워한다.

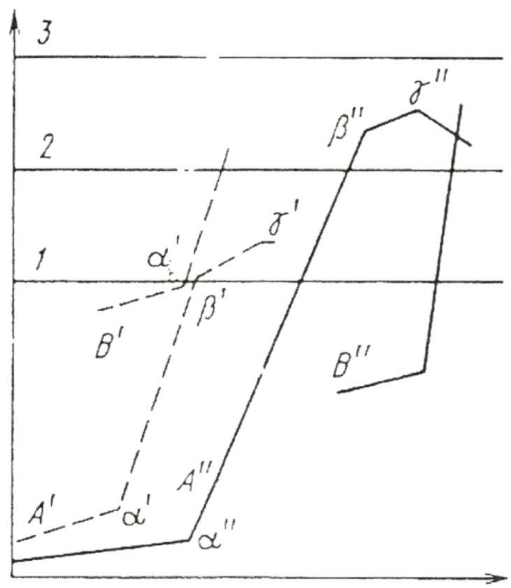


그림 1.5

그렇다면 누군가가 다음과 같이 질문을 할 수 있다. 즉 흥미의 모멘트가 경제적 인자보다 강하다는 의미인가? 그렇다. 하지만 경제적 인자가 스스로 흥미의 모멘트에 순응 할 수 있다. 수준 2까지 시스템은 파괴의 대가(환경오염과 화학적 개발)로 이익을 계속 유지한다. 전형적인 예로 자본주의 국가에서 대형 유조선의 빠른 건조속도를 들 수 있다. 12만 톤의 석유가 바다에 유출된, 유명한 토레이 케년(Torrey Canyon) 참사[6]는 영국과 프랑스 해안선에 심각한 결과를 가져왔다. 이때 이후 대양은 더 조용하지 않았고, 항해가 안전하지도 않았다. 하지만 이미 50만 톤의 유조선은 건조 중에 있고, 100만 톤 배수량의 유조선이 계획 중에 있다. 곡선 A″ 는 수준 2에 도달하고 있다. 경제적 이익(즉 배 주인의 이익)은 환경에 대한 손실을 희생하면서 보장받고 있다. 더욱 큰 유조선이 많아지고 있고, 그들의 속도 역시 빨라지고 있다(지금까지 비록 파괴 문제에 대한 효과적인 해결책을 찾지는 못하고 있지만). 결과적으로 대 재앙의 위험은 냉혹하게도 커지고 있다.

“이것이 오늘 나에게 좋고, 나는 그밖에는 저주를 주지 않고 있다.”가 곡선 A″ 를 수준 2까지 위쪽으로 끌어 올리는 동력이다. 환경에 대한 해로움을 주는 대가로 경제성을 얻는다. 그러고 나서 최고 한계 수준인 3에 도달한다. 이 한계는 물리적 한계로 정해진다. 예를 들어, 차가 이미 도로에 꽉 차있을 때, 도로가 수용할 수 있는 차보다 더 많은 차를 도로에 끼워 넣을 수는 없다.

이론적으로 곡선 A′ 가 수준 1까지 올라가는 동안 누군가가 기술 시스템 B′ 를 개발하여야 한다. 즉 $\alpha$’점이 곡선 A′ 의 $\beta'$ 와 일치하여 계속적인 상승을 보장하는 방식으로 말이다. 사실 실제 곡선 B″ 는 곡선 A″ 가 수준 2위로 올라가 수준 3에 접근할 때에야 비로소 성장하기 시작한다. 하지만 곡선 B″ 의 빠른 성장은 곡선 A″ 가 $\gamma$ 점을 지나 떨어지기 시작한 후에야 시작된다.

그림 1.6 (a)는 우리가 잘 아는 기술 시스템의 ‘일생 곡선’이다. 이 그림을 여러 가지 발명 지표들과 단순히 비교하는 것도 흥미롭다. 그림 1.6 (b)는 기존의 기술 시스템과 관련된 발명수의 변화를 나타내는 전형적인 곡선이다. 첫 번째 피크는 그림 (a)의 $\alpha$ 점에 해당한다. 발명의 수는 시스템의 대량 적용으로의 전이 기간에 증가한다. 그림 1.6 (b)에서 두 번째 피크는 시스템이 자신의 일생을 연장하려고 하면서 생긴다.

6) 유조선에 의한 해양오염 사고의 대표적인 사례연구 대상으로 다음 사이트에서 자세히 설명하고 있다.
http://www.lboro.ac.uk/departments/hu/ergsinhu/aboutergs/lasttrip.html

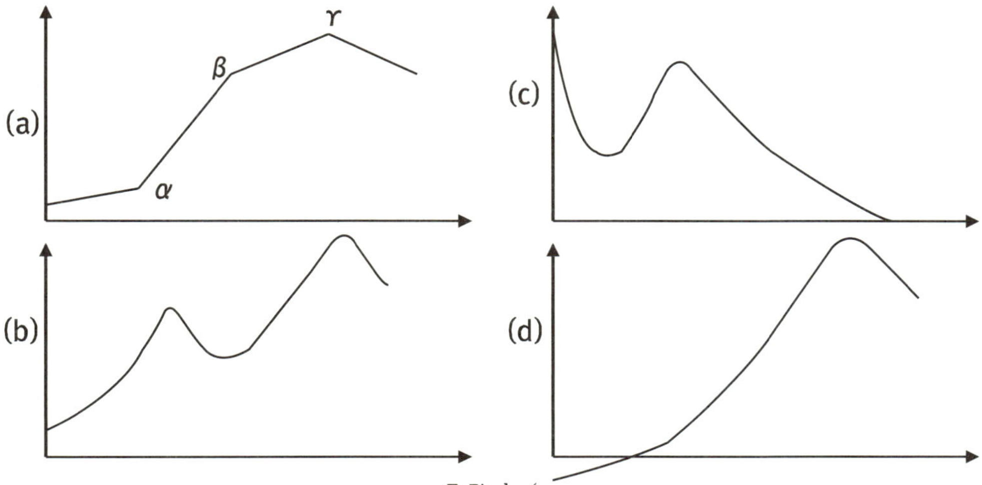


그림 1.6

그림 1.6 (c)는 발명 수준의 변화를 나타낸다. 기술 시스템의 기본을 정하는 첫 번째 발명은 항상 수준이 높지만, 점차 그 수준이 낮아진다. 이 그림의 피크는 시스템의 대량 적용 가능성을 보장하는 발명들에 해당한다. 그 다음 피크(발명수준)는 떨어진다: 발명의 수준은 피할 수 없이 제로까지 떨어진다. 한편 높은 수준의 새로운 발명이 시스템 B와 관련해서 나타난다.

마지막으로 그림 1.6 (d)는 기술 시스템의 발전 기간 동안 발명에 대한 평균 효율(실제적인 경제적 이득)의 변화를 나타낸다. 첫 번째 발명은 매우 높은 수준에도 불구하고 이익을 가져오지 못한다. 기술 시스템은 종이 상에서 존재하거나, 격리된 모형으로 존재하며, 많은 단점과 불완전성을 가지고 있다. 이익은 시스템이 대량 적용으로 전이한 다음에 나타나기 시작한다. 이 기간에 작은 개선조차 큰 '경제'적 이득을 가져오고, 따라서 발명가에게 매우 큰 보상을 가져다준다.

발명가는 기술 시스템 일생에 대한 특징을 알 필요가 있다. 이것은 발명 실행을 위해, 즉 매우 중요한 문제에 대한 올바른 답을 위해 필요하다. "기존 문제를 풀고 그 안에서 분명해진 기술 시스템을 개선해야 하는가? 아니면 새로운 문제를 제시하고 기본적으로 새로운 어떤 것을 성취해야 하는가?" 이 질문에 답하기 위해서는 기존 기술 시스템의 발전 가능성이 어떤지 알아야 한다.

우리는 항상 시스템의 발전 과정에 대한 정보를 미리 수집하고, 시스템의 주요

지표(속도, 생산성, 힘, 정밀도 등)에 대한 변화를 그래프로 그려봄으로써 우리가 개발 하려고 하는 기술시스템이 어느 단계인지 알 수 있다. 여기서는 3가지 경우가 가능하다.

(1) **기술 시스템이 아직 $\alpha$ 점에 도달하지 않은 경우:** 문제는 어떻게 이 점을 발견할 것인가에 있다. 전형적인 실수는 기존 기술 시스템의 발전 가능성으로부터 외삽하여 이 점을 예견하려고 시도하는 데에 있다. 사실 기술 시스템에 대한 $\alpha$ 점은 이전 기술 시스템이 죽기 전까지 도달하지 않는다. 즉 기존 시스템의 존재가 젊은 '생명'의 성장을 억제한다. 예를 들어 '자동차 다음'(즉 차를 대체하는 기술 시스템)은 차의 발전이 그 물리적 한계(그림 1.5 수준 3)에 도달할 때에 강력하게 발전할 것이다. 현재까지의 자동차 개발 이전에 썼던 수많은 자원과 노력을 전기 차의 개발에 쏟아 붙는다면, 전기 차는 빠르게 $\alpha$ 점에 도달할 것이다. 하지만 이런 일은 일어나지 않을 것이다. 차는 아직도 첫 번째와 두 번째 단계 사이에서 발전하고 있고, 차의 사용이 비록 대기를 오염시키고 있지만 발전할 것이다. 그래서 초기 단계에서($\alpha$ 점까지) 기술 시스템 발전을 예견할 때, 우리는 이전 기술 시스템의 상태로부터 기술 시스템의 방향을 잡아야 한다.

(2) **기술 시스템이 $\alpha$ 점을 지났지만, 아직 $\beta$ 점에 도달하지 않은 경우:** 이 경우에 예견이란 두 번째(수준 2)와 세 번째(수준 3) 단계를 정의하는 것이다. 극단적인 경우에 세 번째 단계만을 정의하면 충분하다. 왜냐하면 두 번째와 세 번째 수준 사이의 거리를 줄이는, 분명하게 두드러진 경향이 있기 때문이다. 보통 물리적 한계의 정의는 특별히 어려움이 없다. 물리적 한계는 재료 특성의 지속성, 연료의 열량, 소리와 열의 한계 등과 같이 최고치에 놓인 객관적인 인자와 연결되어 있다.

(3) **기술 시스템이 $\beta$ 점(혹은 $\gamma$)을 지난 경우:** 이 경우에는 바톤을 넘겨받을 새로운 기술 시스템을 찾는 데에 달려있다. 즉 발명가는 두 가지 방식으로 일을 해야 한다. 기술 시스템이 $\alpha$ 점에 도달하지 않았다고 가정하자. 발명가는 '새롭게 태어난' 기술 시스템을 개선하고자 할 수 있다. 이것은 중요한 발명을 약속한다. 새로운 아이디어로부터 발명가는 새로운 것을 만들 것이다. 그리고 이 발명에

이어서 더 높은 수준의 발명을 쌓아 나가야한다. 하지만 $\alpha$점까지의 여정이 매우 길지도 모른다. 기다리는 기간이 우리의 일생보다 길 수 있다는 것을 고려해야 한다. 한편 가능한 이득은 대단하다. 발명가의 명성은 주로 실제적인 이익을 주는 새로운 어떤 것을 해낸 사람에게로 간다. 새로운 아이디어를 말했던 사람(특허를 취득한 사람)이 나중에 더 많이 언급된다.

어느 길을 선택할 것인가 - 우리가 새로운 것을 창조할 것인가, 아니면 이미 알려진 기술 시스템에 대한 작은 개선을 할 것인가? 하늘에 있는 학인가 손에 있는 작은 새인가? 이 의문은 발명문제 해결 이론의 한계 너머에 있다. 이론은 단지 발명가가 두 가지 가능성을 보고 의식적으로 하나를 고르는 것만 요구한다. 그러나 선택은 세상에 대한 태도와 개개인이 스스로 가장 가치 있다고 생각하는 것에 달려 있을 것이다.

선택의 문제는 기술 시스템이 $\alpha$에서 $\beta$로 발전의 폭풍 기간을 지날 때는 언제나 존재한다. 이 부분의 발전에서 시스템은 평범하지만 많은 2수준의 발명을 필요로 한다. 이러한 특허 대부분은 성공을 보장하고, 수십 개의 특허 인증서를 받을 수 있으며, 상대적으로 실행하기 쉽다. 여기서는 뚜렷한 창의적 성공에 대한 어떤 희망도 없다. 쓸모없는 시스템이 1수준의 발명만을 받아들인다. 가장 놀라운 일은 기술 시

스템이 오래되어 쓸모없는 것으로 알려진 경우조차도 선택의 문제가 여전히 남아 있다는 것이다. 이러한 모든 것을 포기하고 알려지지 않은 다음 번 기술 시스템을 선호하는 것은 쉬운 일이 아니다. 하지만 결국 사람들은 '상식'을 역행한다. 창조의 고통과 다른 경험을 바탕으로 조용히 그것을 실행할 것이다. 증기 터빈의 전문가가 갑자기 그것을 버리고 모호한 아이디어의 형태였던 가스 터빈으로 관심을 바꾸게 된다.

## 1.5 창의적 문제해결 과정

'창의적 문제해결'이란 용어에서 문제란 무엇인가? 일반적으로 알려져 있는 정의는 현재 상태(A)와 개선된 상태(B)의 갭을 문제로 본다. 그림1.7 문제해결 과정의 일반적인 체계도에서 보는 바와 같이 한 단계씩 이상적인 최종 결과(Ideal Final Result)를 향해서 올라가야 하고, 이때 자원(물질, 공간, 장, 정보, 기능, 시간, 사람)이라는 베이스를 딛고 올라가야 한다. 또한 현재 상태(A)와 개선된 상태(B)의 갭을 매우는 활동을 어떻게 할 것인지가 문제해결의 열쇠라 할 수 있다. 이 갭을 매우는 활동을 문제해결 과정이라 한다.

품질공학에서 전통적으로 알려진 문제해결 과정이 있는데, 그것은 'Deming 사이클'로 알려진 PDCA 사이클이다. PDCA는 Plan(계획), Do(실행), Check(확인), Act(조치)의 약자이다. 이것은 제품을 판매한 후 소비자가 그 품질에 대해 어떻게 생각하는지 시장조사를 통하여 그 정보를 피드백하고 품질의 재 설계, 공정관리 등을 재검토 하여 필요한 조치를 취함으로써 품질을 향상시키는 과정이다. 이 과정에는 모든 개선과 혁신에는 반드시 수정과정이 포함되어야 한다는 것과 쉬지 않고 끊임없이 반복되어야 한다는 의미가 담겨 있다. 또한 식스시그마 문제해결 과정은 DMAIC 사이클을 사용한다. DMAIC는 Define(정의), Measure(측정), Analysis(분석), Improve(개선), Control(관리)의 약자이다.

이것은 기업에서 전략적으로 완벽에 가까운 제품이나 서비스를 개발하고 제공하려는 목적으로 정립된 통계적 문제해결 기법으로 백만 개중 3.4 개의 불량만을 허용하겠다는 의지로 고객의 관점에서 문제를 찾고 통계적 분석을 통해 문제를 해결할 수 있는 방법론을 제시하여 품질을 혁신적으로 개선하고 경쟁력을 확보하려는 기업의 품질경영전략이다.

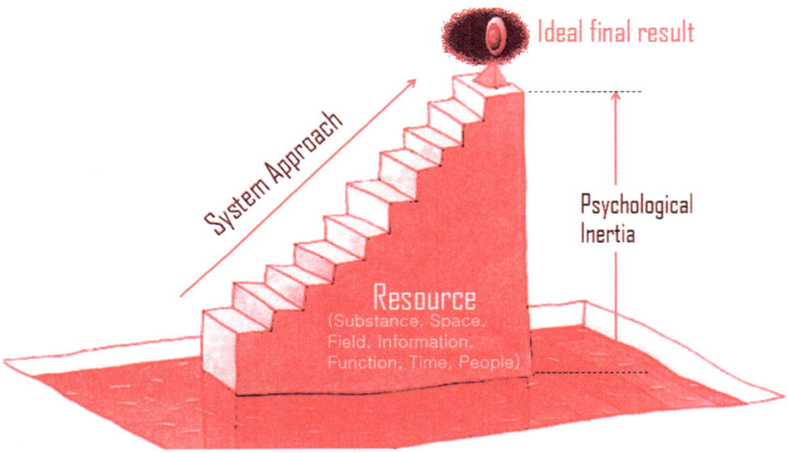


그림 1.7 문제해결 과정의 일반적인 체계도

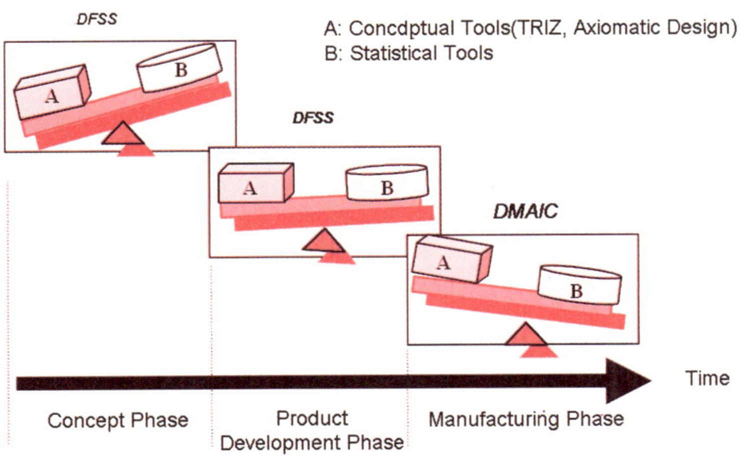


그림 1.8 Kai Yang의 DFSS 전략

또한 Kai Yang은 자신의 DFSS(Design for Six Sigma)란 책에서 그림 1.8과 같은 전략을 제시하였다. 신제품 개발에 대한 로드맵을 시간 축으로 볼 때, 개념개발 단계, 제품개발 단계, 제조 단계로 나누고 기존의 DMAIC사이클에 의한 개선으로는 한계에 봉착했을 때 제품 재설계를 통한 혁신, 창조 과정으로 수준을 높여 문제를 해결하는 방안을 제안 하였는데 사용 도구를 개념개발 도구(A)와 통계도구(B)로 대별하고, 현재 어느 문제해결 단계인지에 따라 도구의 활용비중을 고려해야 한다고 강조하였다.

Gerard Voland는 Engineering by Design이란 책에서 문제해결 단계를 필요성 평가 → 문제의 정형화 → 추상화, 합성 → 분석 → 실행의 5단계로 제시하였다.[7]

이외에도 많은 문제해결 과정이 있을 수 있으나, 가장 일반적으로 알려진 창의적 문제해결 과정은 **문제 정의, 아이디어 창출, 아이디어 평가, 아이디어 판정, 아이디어 실행**이라는 5단계가 있다. 본 교재에서는 이 문제해결 과정을 중심으로 전개하고자 한다.

1. **문제 정의** 과정은 진짜 문제의 원인이 어디에 있는가를 찾는 과정으로서 분석적인 좌뇌와 감성적이고 시각적인 우뇌를 이용하여 문제의 근원을 찾아 나간다. 문제정의 과정의 결과물은 문제의 핵심이 정확하고 간결하고 긍정적인 문장으로 표현된 '문제정의문'의 형태로 나타난다.
2. **아이디어 창출** 과정은 문제 정의문이 완성된 후 브레인스토밍을 포함하는 여러가지 기법을 사용하여 문제 해결책들에 대한 아이디어를 찾는다. 이 과정을 통하여 정제되지는 않았지만 창의적인 아이디어들이 많이 제안되고, 아이디어의 질보다는 양을 중요시하여 빠른 시간 안에 최대한 많은 아이디어를 얻는 것이 목적이다. 이 과정의 결과물로서 정제되지 않은 다수의 아이디어가 얻어진다.
3. **아이디어 평가** 단계는 정제되지 않은 다수의 아이디어를 좀 더 실용적인 아이디어로 만드는 과정이다. 아이디어들을 분류하고 조합하는 과정을 통하여 실제 문제해결에 도움이 되는 방향으로 아이디어들이 다듬어진다. 이 과정의 결과물은 정제된 소수(3~5개 정도)의 실용적인 아이디어들이다.

[7] Engineering by Design(Gerard Voland, Pearson, 2004)

4. **아이디어 판정** 과정은 소수의 후보 아이디어들 중에서 문제 해결방안으로 가장 적합한 아이디어를 최종 선택하는 과정이다.

5. **아이디어 실행** 과정은 최종 선택된 해결방안을 효율적으로 실천하는 과정이다.

창의적 문제해결 과정은 '사이클' 과정임을 명심해야 한다. 한 번의 사이클로 충분한 결과를 얻을 수 없다면, 한 번 더 사이클을 돌리면 내용이 충실해질 수 있다. 또한 5단계 과정 중에서 문제 정의 단계가 실제적으로 제일 중요하다. 문제를 잘 정의하는 것만으로도 문제의 90% 이상이 해결된 것이나 마찬가지라는 이야기도 있다. 5단계 과정에 들어가기 전에 문제해결의 필요성 인식 및 평가가 선행되어야 한다. 즉, 주제 선정이 무엇보다도 우선 선행되어야 한다.

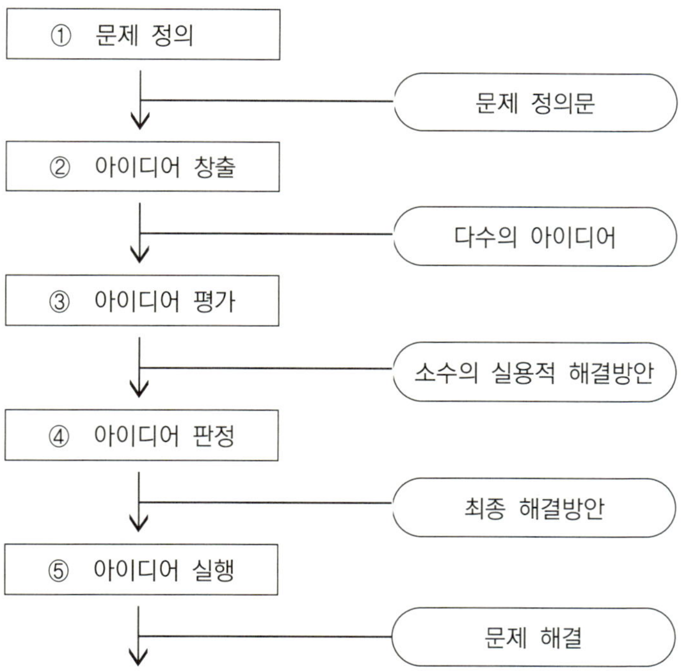


그림 1.9 창의적 문제해결 과정 5단계와 각 단계별 결과물

## 1.6 창의적 문제해결을 위한 여러 능력

창의적 문제해결은 발산적 사고와 수렴적 사고, 분석적 사고와 종합적 사고, 창의력과 비판적 사고는 물론, 팀워크, 의사소통 능력, 심적 장애 극복 능력, 기억술, 시각화 능력, 기타 여러 가지 전문적인 도구가 이용되는 총뇌적 활동(whole brain activity)이다. 이 교재의 전반을 통하여 학생들은 이러한 창의적 문제해결 과정과 그에 필요한 여러 기법과 사고법 들을 배우게 된다.

### 1. 지능모형(Brain dominant model)

인간의 뇌는 크게 좌뇌와 우뇌로 구성 되어있고 뇌의 각 부분은 서로 다른 두뇌 활동을 관장한다. 따라서 사람마다 두뇌 활동이 우세한 부분이 다름에 따라 사고 활동도 사람의 개성에 다라 차이가 나게 마련이다. 인간의 지능은 대체로 언어지능, 논리수학지능, 음악지능, 신체운동지능, 공간지능, 대인지능, 자성지능, 자연지능 등으로 구분된다. 허만(Herrmann)은 사고 선호도에 따라 학습, 문제해결 방법, 창의성, 의사소통 방법 등이 달라짐을 관찰하여 좌우 뇌를 각각 뇌반구와 변연계로 양분한 4분면(A, B, C, D)으로 대별하고 사람의 뇌 활동을 그 사람의 우성 4분면에 따라 구분하는 두뇌우성 모형을 제시하였다(HBDI: Herrmann Brain Dominant Instrument). 이러한 두뇌우성 분류는 개인의 적성 개발에 이용될 수 있으며, 유형별 두뇌활동의 특성에 따른 팀 구성, 의사소통, 직무선택 등을 통하여 창의적 문제해결에 이용된다. 이 교재의 2장에서 지능모형에 대해 공부하게 된다.

### 2. 팀워크(Teamwork)

팀워크는 다수의 구성원이 공동의 목표를 향하여 협동 작업을 수행하는 것을 말한다. 팀원들은 각자 지니고 있는 다양한 지식과 능력에 맞는 임무와 역할을 유기적으로 수행하여 문제해결의 효율을 극대화한다. 팀워크의 장점은 다양한 지식과 능력 그리고 경험을 지닌 팀원들의 능력이 문제해결에 시너지 효과를 발휘하여 창의성을 증폭하고 도전정신과 용기를 북돋아서 개인이 성취할 수 없는 목표를 달성할 수 있다는 점이다. 이러한 팀워크의 장점이 잘 발휘될 수 있게 하려면 팀원 구성 및 팀 운영이 잘 이루어져야 하는데, 이 교재의 3장에서 팀워크에 대해 다룬다.

## 3. 의사소통(communication skill)

의사소통은 엔지니어가 갖추어야 할 매우 중요한 능력이다. 창의적 문제해결 과정에서 팀 활동이 원활하게 이루어지려면 팀원 사이에 원활한 의사소통이 이루어져야할 뿐만 아니라, 엔지니어가 고객의 요구를 잘 파악하고 자신의 아이디어나 해결책을 실현하기 위해서는 자신의 생각을 말과 글 그리고 다양한 매체를 통하여 효과적으로 전달하고 발표할 수 있는 능력이 꼭 필요하다. 좋은 의사소통 능력을 가지려면 좋은 청취자, 발표자, 토론자, 협상자 그리고 문서작성자가 되어야 한다. 이 교재의 3장에서 의사소통에 대해서 다룬다.

## 4. 창의적 사고의 장애요인

창의성은 인간의 천부적 재능이다. 그러나 성장하면서 잘못된 교육과 사회생활을 통하여 그 창의성을 개발 발전시키기보다는 오히려 억제 삭감시키는 우를 범하기도 한다. 이렇게 창의성을 저해하는 장애요인에는 지식장애, 인식장애, 잘못된 가정들, 습관(문화)장애, 감성장애, 그리고 표현장애 등이 있다. 창의적 문제해결을 위한 창의성을 개발하려면 먼저 이러한 장애들을 극복하여야 한다. 우리의 창의적 사고를 저해하는 대표적인 장애 요인들과 이들을 극복하는 방법들은 4장에서 다룬다.

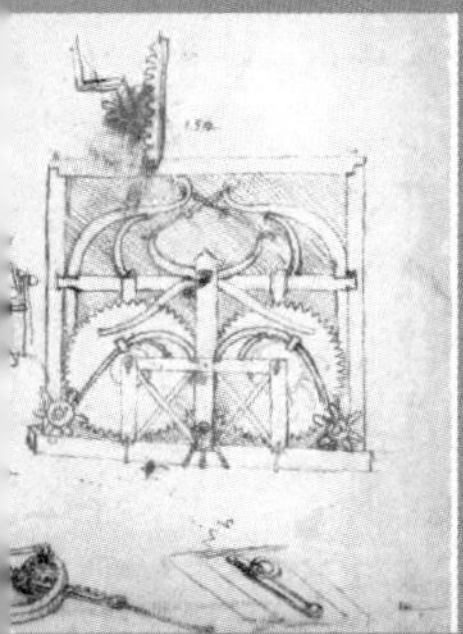

# 지능 모형

CHAPTER 2

# 2.1 지능이란?

스턴버그[8]에 의하면 지능은 분석적 지능(통상적인 IQ에 해당) 뿐만이 아니라, 창조적 지능, 실천적 지능의 세 가지 측면의 사고를 잘 해내는 능력이다.(그림 2.1) 분석적 측면은 문제를 분석하고, 창조적 측면은 해결해야 할 문제를 결정하고, 실천적 측면은 문제에 잘 적응하고 해결안을 실제로 잘 만들어낸다. 종래의 지능검사는 이 세 측면 가운데서 주로 분석적 측면에만 치중되어 있으며, 나머지 두 가지 측면은 고려하지 않고 있지만, 살아가는 데 있어서의 성공을 위해서는 매우 중요한 능력이라고 볼 수 있다. 이러한 세 측면은 서로 독립된 기능이므로 학교에서 분석적 지능만 개발시킬 것이 아니라 실천적 지능과 창조적 지능 또한 개발시킬 필요가 있다.

성공 지능은 분석적·창조적·실천적 측면이 균형을 이룰 때 가장 효과적이다. 이러한 세 측면은 그것이 가지고 있는 것보다 적절히 활용하는 시기와 방법을 아는 것이 중요하다. 성공 지능인은 단지 능력을 갖고 있기만 한 것이 아니다. 오히려 그 능력을 적절히 사용하는 시기와 방법을 늘 생각하는 사람이다.

한편, 가드너[9]는 지능을"언어/논리수학/음악/신체운동/공간/대인/자성/자연"지능으로 구분한다.(그림 2.2) 그에 따르면 사람들은 똑같이 태어나지 않으며 지능 또한 모두 다르다. 이 8가지 지능을 간략히 설명하면 다음과 같다.

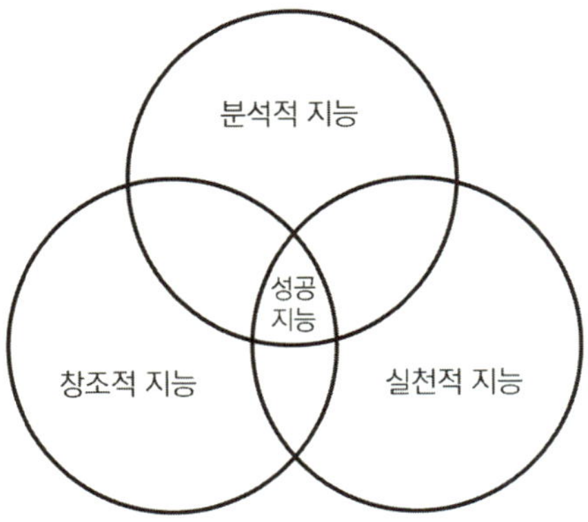


그림 2.1 세 가지 지능 - 스턴버그

8) 성공지능, 스턴버그, 영림카디널, 1997
9) 다중지능-인간 지능의 새로운 이해, 김영사, 2001

- **언어 지능** : 구어와 문어에 대한 민감성, 언어 학습 능력, 특정한 목표를 달성하기 위한 언어 활용 능력 등을 포함(법률가, 웅변가, 작가, 시인 등/ 셰익스피어, 디킨슨 등)
- **논리수학지능** : 문제를 논리적으로 분석하고, 수학적 조작을 수행하고, 과학적인 방법으로 문제를 탐구하는 능력(수학자, 논리학자, 과학자 등/ 뉴턴, 스티븐 호킹 등)
- **음악 지능** : 연주를 하거나 음악적 양식을 이해하고 작곡하는 기술들을 수반하며 언어 지능의 구조와 비슷함(음악가/ 베토벤, 모차르트 등)
- **전체 운동 지능** : 문제를 해결하거나 사물을 아름답게 꾸미기 위해서 몸 전체나 일부분을 이용하는 능력(무용가, 배우, 운동선수, 기능공, 외과의사, 연구원, 과학자, 기술자 등/ 알리 등)
- **공간지능** : 좁은 공간뿐만 아니라 항해사나 비행기 조종사들이 경험하는 넓은 공간을 인지하고 다루는 잠재력(조각가, 외과의사, 바둑 기사, 그래픽 아티스트, 건축가 등/ 미켈란젤로 등)
- **대인(interpersonal) 지능** : 타인의 욕구와 동기, 의도를 이해하고 타인과 효과적으로 일을 할 수 있는 능력 (판매원, 교사, 종교·정치 지도자 등/ 간디 등)
- **자성 (intrapersonal, 自省) 지능** : 자신을 이해하고 자신의 욕망, 두려움, 재능 등을 잘 다루어 효율적인 삶을 살아갈 수 있는 잠재력(테레사 수녀 등)
- **자연 지능**: 자신이 살아가고 있는 환경의 동·식물군을 비롯한 방대한 종들에 대한 인식과 분류에 탁월한 전문 지식과 기술을 말함(환경학자, 동식물 연구가, 조류 학자 등/ 다윈, 윌슨 등)

다중지능 이론의 핵심은 누구나 정도의 차이는 있더라도 이 여덟 가지 지능을 모두 갖고 있으며, 이 지능들은 서로 교류하면서 상호작용한다는 점이다. 21세기 지식기반 시대를 맞이하여 평생교육과 더불어 두뇌의 개발이 더욱 필요해진 오늘날, 우리는 다중지능 이론에서 제시하는 여러 다양한 지능이 종합된 개인의 독특한 지능을 개발할 수 있으며, 이를 위해서는 각각의 지능들 사이의 관계를 통한 지능 향상에 적합하도록 동기부여와 학습활동을 실행시킬 필요가 있다.

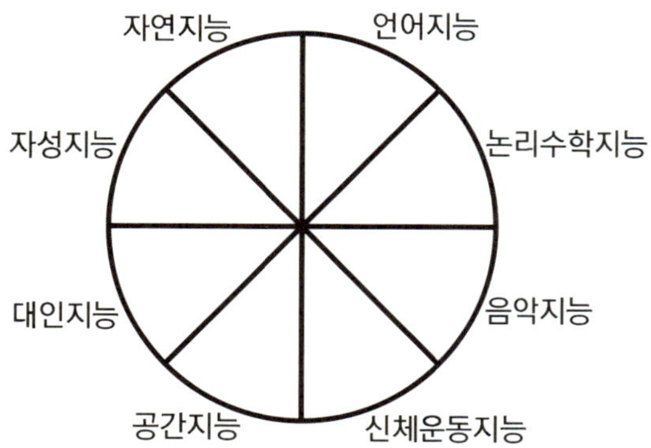


그림 2.2 다중 지능 - 가드너

## 2.2 허만의 두뇌 우성 특성도

네드 허만(Ned Herrmann)은 물리학을 전공했는데, GE의 물리학 관련 프로그램의 창립사원으로 고용되었다. 그가 처음 입사했을 당시 사내에서 그를 엔지니어로 전환시키기 위한 시도가 있었지만 그는 이것을 거부하였다. 그는 인간 두뇌 창의성에 관한 수년간의 연구를 통하여 두뇌가 활동하는 방법에 따라 두뇌가 특성화된다는 것을 알게 되었다. 이와 같이 특성화된 유형들은 각각 고유의 언어, 가치, 인식 방법을 가진다는 4개의 독특한 사분면으로 비유될 수 있다. 즉, 그는 사고 선호도에 따라 문제해결 방법, 다른 사람과의 의사소통 방법 등이 달라짐을 관찰하여 두뇌를 4개의 사분면으로 비유하였으며, 각 개인은 하나 이상의 우성을 가진다고 하였다.

허만은 두뇌 특성에 기초한 사고선호도를 진단할 기존의 방법을 찾아보았지만, 그 목적에 알맞은 기존의 방법을 찾을 수 없었다. 그래서 그는 허만 두뇌우성 분석도구(Herrmann Brain Dominance Instrument, HBDI)라고 불리는 방법을 개발하였다. 이 방법은 120가지 질문에 대한 답을 얻는 후, 그 답이 북 캐롤나이나주에 있는 허만 국제본부 컴퓨터에 의해서 평가되고 그 결과는 그래픽 특성도표와 숫자로 된 점수로 제공된다.[10]

10) www.hbdi.com

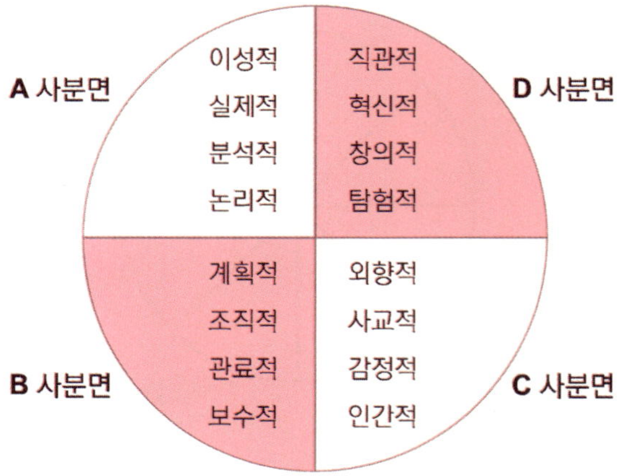


그림 2.3 허만의 두뇌 사분면의 특성

본 교재에서는 120가지 질문을 절반으로 줄인 60가지 질문을 본 장의 끝에 있는 『학습활동』 란에 제시하였다.

그림 2.3에서 보는 바와 같이 A, B 사분면은 좌뇌 영역이고, C, D 사분면은 우뇌 영역이다.

비록 사분면 모델이 물리적 두뇌의 분할에 기초하여 구성된 것이지만, 이것은 은유적인 모델로서 간단한 사고 작업에서도 이에 관계된 두뇌가 얼마나 복잡 미묘하고 다양성을 가지고 있는지를 보여주는 최신의 시각화 기법이다. 게다가 이 모델은 어떻게 사고하는지를 보여주고 밝히는데 유용하며, 다중우성 현상을 설명할 수 있다.

공대교수의 경우에 있어서 허만 두뇌우성 특성도의 전형적인 평균과 공과대학 교과목의 특성도를 그림 2.4에 나타냈다. 어떤 임의의 사분면에서 점수가 가장 안쪽 원(3번 원)에 위치하면, 그 사분면은 낮은 우성(회피)을 의미하며, 그 다음 원(2번 원)에 위치하면 편안한 것이고, 좀 더 밖(1번 원)에 위치하면 강한 우성을 나타낸다. 이 HBDI 특성도는 어떤 개인이나 집단이 갖고 있는 우성의 정도를 일목요연하게 보여준다. 어떤 사분면에서 낮은 점수를 갖는다는 것은 이 방법으로 사고할 수 없다는 것을 의미하는 게 아니라, 선택권이 주어졌을 때 다른 사고유형을 선택 한다는 의미이다. 만약 어떤 학생이 열심히 노력한다면 그가 피하려고 하는 사고유형 과목에서도 우수한 점수를 얻을 수 있다. 반대로 강한 우성을 가지고 있다는 것이 더 나은 사고를 할 수 있다는 의미는 아니고, 단지 강한 우성을 가지고 있는 분

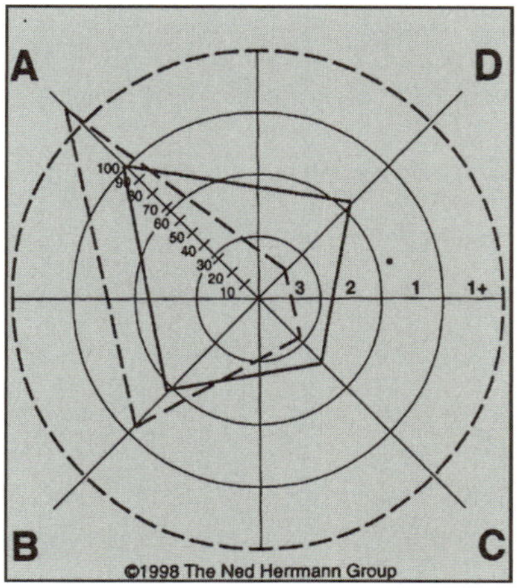


그림 2.4
공대 교수의 전형적인 평균 HBDI 특성도(실선)와 공과대학 교과목 특성도(점선)

야에서 능력을 개발하기 쉽다는 의미이다.

각 사분면의 특성을 세부적으로 요약해 보면 아래와 같다.

## 1. A 사분면의 특성

### 가) A 사분면 사고의 특징

- 실제적, 해석적, 정량적, 기술적, 논리적, 이성적, 비판적
- 자료 분석, 위험평가, 통계, 계산, 기술적 하드웨어, 분석적 문제해결, 논리와 추론에 근거한 의사결정 등을 다룸

### 나) A 사분면 문화

- 현실적, 권위적
- 성취 지향적, 성과 위주형

### 다) A 사분면 사고자의 예

- 스타트랙에서의 Spock, 여론조사가 George Gallup

### 라) A 사분면 사고자의 선호 과목

- 대수학, 미적분학, 회계, 과학, 공학, 기술과목

### 마) A 사분면 사고에 강한 우성을 보이는 직군

- 법률가, 엔지니어, 컴퓨터 과학자, 분석가, 기술자, 은행가, 외과의사

### 바) A 사분면 사고유형이 우성인 사람의 행태

- '본질', '사실접근', '비판적인 분석'에 대하여 이야기
- '계산기', '인간기계', '인텔리'처럼 이야기함
  (C사분면이 열성일 때는 "쌀쌀한 사람"처럼 말함)

### 사) A 사분면 사고유형 개발

- 수학, 과학 특히 공학 해석과목

## 2. B 사분면의 특성

### 가) B 사분면 사고의 특징

- 순차적, 규제되어 있고, 계획적, 보수적, 구조적, 자세하고, 훈련되고, 일관된 사고
- 관리, 전술적 계획, 절차, 조직적인 형태, 안전보장, 결과의 구현, 현 상황 유지, 절대 확실한 것 등을 다룸

### 나) B 사분면 문화

- 전통적, 관료적, 신뢰성
- 성취 지향적, 작업 주도형

### 다) B 사분면 사고자의 예

- FBI 국장이었던 Edgar Hoover, 독일 수상이었던 Bismark, 미국 인디안 추장 Geronimo

### 라) B 사분면 사고자의 선호 과목

- 매우 구조적이고 순차적으로 구성된 과목

### 마) B 사분면 사고에 강한 우성을 보이는 직군

- 계획입안자, 관료, 관리자, 경리담당자 등

### 바) B 사분면 사고유형이 우성인 사람의 행태

- '우리는 늘 이렇게 해 왔다', '법과 질서', '자기 수양', '안전제일'에 대하여 이야기
- '교육자', '까다로운 사람', '억척같은 사람'인양 이야기

### 사) B 사분면 사고유형 개발

- 공식에 대입하여 문제를 해결하는 것과 같은 문제해결 방법을 강조하는 전통적인 공학 교과과정
- 부기과목

## 3. C 사분면의 특성

### 가) C 사분면 사고의 특징

- 감각적, 생리적으로 감성적, 감정적, 사람 지향적, 상징적
- 느낌 인지, 신체감각, 정신적인 가치, 음악, 팀워크, 양육, 대인관계, 의사소통 등을 다룸

### 나) C 사분면 문화

- 인간적, 협동적, 정신적
- 느낌 지향적, 가치주도형

### 다) C 사분면 사고자의 예

- 힌두 사회개혁자 Mahatma Gandhi, 중국인 철학자 노자, Martin Luther King, Jr., Princess Diana

### 라) C 사분면 사고자의 선호 과목

- 사회과학, 음악, 춤, 고난도 기술의 스포츠 과목

### 마) C 사분면 사고에 강한 우성을 보이는 직군

- 간호원, 사회사업가, 교육자, 조련사, 상담가 등

### 바) C 사분면 사고유형이 우성인 사람의 행태

- '가족', '팀', '개인의 성장', '가치'에 대하여 이야기
- '뜨거운 가슴'을 가진 사람, '부드러운 사람', '이야기 꾼'으로 보임

### 사) C 사분면 사고유형 개발

- 공대교수와 공대학생은 C 사분면 사고를 개발하기 위하여 특별한 관심을 가져야 함
- 이 책에서의 모든 팀 활동, 의사소통 연습문제와 '탐험가', '예술가', '제작자'의 개념의 일부 과제

## 4. D 사분면의 특성

### 가) D 사분면 사고의 특징

- 시각적, 총체적, 혁신적, 은유적, 창의적, 상상력이 풍부, 통합적, 개념적, 공간적이고, 유연하며 직관적
- 미래와 가능성, 종합, 놀이, 꿈, 예견, 전략적 계획, 넓은 문맥, 사업가기질, 변화와 혁신을 다룸

### 나) D 사분면 문화

- 탐험적, 사업적, 발명적, 미래지향적
- 명랑, 위험주도형, 독립적

### 다) D 사분면 사고자의 예

- 현대화가 Pablo Picasso, 르네상스 화가 조각가 건축가 과학자인 Leonard da Vinci, 물리학자 Albert Einstein

### 라) D 사분면 사고자의 선호 과목

- 그림, 조각 같은 예술과목, 기하학, 설계, 시, 건축과목

### 마) D 사분면 사고에 강한 우성을 보이는 직군

- 사업가, 탐험가, 예술가, 극작가
- 의학, 물리학, 공학의 연구와 개발에 관계된 과학자

### 바) D 사분면 사고유형이 우성인 사람의 행태

- '아이디어 갖고 놀기', '큰 그림', '첨단', '혁신'에 대하여 이야기
- '구름 잡는 이야기'를 하며 '훈련되지 않고', '비현실적인 몽상가'처럼 이야기

### 사) D 사분면 사고유형 개발

- 창의적 문제해결과 관련된 환경을 유지할 때 D 사고 선호도가 유지되거나 증가
- 공학 교과과정 이수를 계속할 때 D 사고 선호경향이 떨어짐
- '탐험가', '예술가', '엔지니어'의 활동

한편 일반적인 우성의 정도 및 각 사분면에 우성인 유명인의 예를 살펴보면 다음과 같다.

### 1) 일반적인 우성의 정도

- 한 영역에서 우성을 가지는 사람 : 7%
- 두 영역에서 우성을 가지는 사람 : 60%
- 세 영역에서 우성을 가지는 사람 : 30%
- 네 영역에서 우성을 가지는 사람 : 3%

### 2) 두 영역 우성인 유명인의 예

- A+B : Aristotle, Henry Ford, Margaret Thatcher
- B+C : Susan B. Anthony, Mother Theresa, Lech Walesa
- C+D : Shakespeare, Eleanor Roosevelt, Mozart
- D+A : Galileo, Madame Curie, George Bernhard Shaw
- B+D : Sadam Hussein

### 3) 균형적, 또는 총뇌 사고 선호도를 가진 사람의 예

- Ben Franklin, Sebastian Bach, Winston Churchill,
- Thomas Jefferson, Albert Schweitzer

다음은 엔지니어가 우수한 능력을 나타내는 분야와 각 사분면의 관계를 보여주고 있다.

| 보통의 엔지니어<br>A 사분면 | 사업가, 발명가, 개념 설계사<br>D 사분면 |
|---|---|
| B 사분면<br>경영, 안전성과 품질관리 | C 사분면<br>판매, 교육/훈련, 고객관리 |

## ✓ 학습활동

### 〈두뇌 우성〉 조사 설문지

다음 항목 가운데서 수월하고 하기 즐거운 것들을 표시하시오.

A사분면

( ) 지식과 정보 찾기: 도서관 검색
( ) 하나의 기본 틀에서 논리적으로 정보를 다루기(전적으로 세밀하게 하는 것은 아니다)
( ) 유용한 정보를 제공하는 강의를 청취하기
( ) 교과서 읽기
( ) 예제와 답을 분석(연구)하기
( ) 아이디어를 숙고하기(합리적, 비판적)
( ) 과학적 방법을 사용하여 연구하기
( ) 가설을 세우고 그것의 진위를 검증하기
( ) 어떻게 컴퓨터가 작동하는가를 알아보기 (그것을 이용하여 수학이나 정보처리를 한다.)
( ) 사실과 기준 및 논리적 추론에 근거해서 아이디어를 평가하기
( ) 기술적이고 재정적인 사례 연구 하기
( ) (사람과 사회적 관심거리 보다는) 물건이나 기계를 다루기
( ) (미래의 가능성보다는) 현실적인 것을 다루기
( ) 물건의 가격이 얼마인지 알아보기
( ) 기술적 인공물(다리나 기계 등)을 연구하기 위하여 문화가 다른 지역을 조사하기

B사분면

( ) 임기응변보다는 주어진 지침을 철저하게 따르기
( ) 상세한 요구사항이 있는 문제를 신중하게 풀기
( ) 결함과 단점을 찾아내기 위하여 이론과 과정을 시험하기
( ) 실험 작업을 단계에 의해서 수행하기
( ) 실험실습 결과에 대하여 보고서를 작성하기
( ) 교육용 소프트웨어를 가지고 컴퓨터를 이용하기
( ) 학습된 지식의 응용사례를 찾아보기-이론만으로는 부족함
( ) 계획이나 프로젝트를 기획하고 이를 계획과 시간에 맞추어 수행하기
( ) 세부적인 강의를 청취하기
( ) 자세하고 종합적인 노트 필기하기
( ) 정돈된 환경에서 정해진 계획에 맞추어 공부하기
( ) 예산을 상세하게 세우기
( ) 자주 반복함으로써 새로운 기술을 익히기
( ) 조직과 절차를 배우기 위하여 현장 실습하기
( ) 프로젝트에 관하여 "어떻게 하는가"에 대한 지침서를 작성하기

C사분면

( ) 다른 사람들의 아이디어를 경청하여 영감이나 아이디어를 공유하기
( ) 스스로 "왜?"를 자문하고 개인적인 의미를 추구하여 동기를 부여하기
( ) 책의 서문을 읽어 작가의 저술 목적에 대한 실마리를 얻기
( ) 촉각, 느낌, 후각, 미각, 청각 등의 감각을 통하여 배우기
( ) 도구나 물건을 만지고 사용하여 손에 익숙하게 만들기
( ) 스터디 그룹이나 그룹 토의를 이용하기
( ) 자세하게 쓰지는 않더라도, 느낌이나 정신적 가치를 기록하는 일지를 쓰기
( ) 드라마를 제작하기-상상이 아니라 실제 연출을 중시
( ) 인간 중심적인 현장 실습을 함
( ) 사람들을 만나고 그 사람들이 어떻게 사는가를 알기 위하여 다른 문화권을 여행하기
( ) 배경음악을 틀어놓고 공부를 하고, 기억력을 돕기 위한 방법으로 랩송을 만들기
( ) 인간 중심적인 사례연구를 하기
( ) 다른 사람의 시각이나 권리를 존중하기 - 사물이 아니라 사람을 중시
( ) 다른 사람을 가르치면서 배우기
( ) 바디랭귀지(신체 언어)에 대한 실마리를 얻기 위해서 비디오나 오디오를 선호하기

D사분면

( ) 새로운 주제에 대하여 자세한 것 보다는 큰 그림이나 전후관계 문맥을 찾기
( ) 학습을 좀 더 흥미롭게 만들기 위하여 활동적이 되어 주도권을 잡기
( ) 모의실험을 해보며, "만약 … 이렇다면?"을 질문하기
( ) 강의에서 시각자료를 활용하고, 학습에 있어서 말로 하기 보다는 그림을 선호하기
( ) 정답이 없는 문제를 다루며, 여러 가지 가능한 답을 찾아보기
( ) 문제(와 그 해결책)의 '우아함'을 높이 평가하기
( ) 브레인스토밍 회의를 진행하기 - 자유분방한 아이디어를 중시
( ) 아이디어와 가능성을 실험하고 다룸
( ) 모험을 하고 새로운 지역을 탐험하기 위하여 다른 문화권을 여행하기
( ) 경향을 생각하기
( ) 미래를 생각하고 장기적인 목표를 세우기
( ) 사실이나 논리에 의해서보다는 직관에 의존해서 해결책을 찾기
( ) 새로운 것에 도달하기 위해서 아이디어나 정보를 종합하기
( ) 미래지향적 논의하기
( ) 재미 삼아 전혀 다른 방법으로 (절차가 아니라) 일을 시도해보기

평가 : 표시된 것들을 합계해서 비율을 계산하시오.

팀명:______________ 성명:______________________________

| 구분 | 표시 개수 | 비율 | % |
|---|---|---|---|
| A사분면 | | | |
| B사분면 | | | |
| C사분면 | | | |
| D사분면 | | | |
| 합계 | | | |

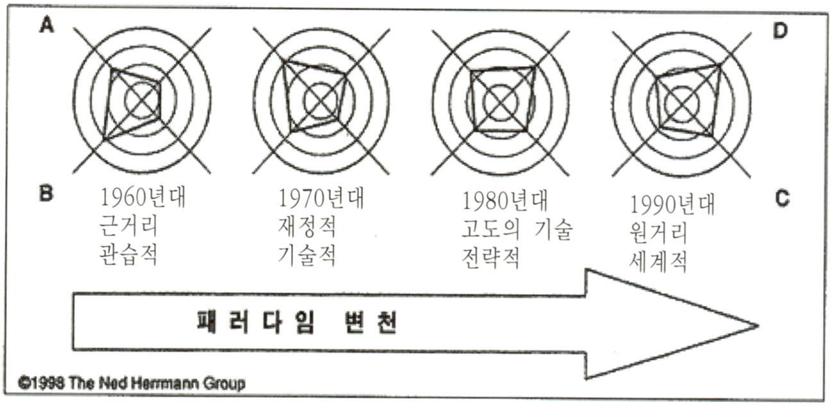


그림 2.5 성공을 위해 요구되는 사고성향

한편 세월에 따라 패러다임이 변하면서 성공한 사람들의 사고선호도도 변했는데 패러다임 변천의 관점에서 1960년대부터 1990년대까지 40년 동안의 성공한 사람들의 사고선호도 경향의 평균변화를 보면(그림 2.5), 60년대에는 B 사분면을 선호하였고, 70년대에는 A 사분면을, 80년대에는 D 사분면을, 90년대에는 C와 D 사분면을 선호하는 경향을 보였다. 이러한 추세로 보면 앞으로 C와 D 사분면과 관련된 소양과 능력이 더욱 강조될 것으로 보인다. 이는 아래의 인용으로 요약할 수 있을 것이다.

"오늘날에 있어 공학적인 성공은 아주 최신의 기술적 능력을 요구한다. 이는 다른 사람과 의사소통을 하고, 팀을 구성하여 일을 하며, 창의적으로 생각하고, 빨리 배우고, 다양성의 가치를 볼 줄 아는 능력이다."[11]

그런데 연구에 의하면 각 사분면이 우성인 사람들은 각각 자기가 선호하는 학습방법들이 있는 것으로 알려져 있다. 따라서 두뇌의 어느 사분면을 우성화시키려면 그 사분면이 우성인 사람들의 학습방법을 의도적으로 연습하면 능력을 키울 수 있을 것이다.

표 2.1에서 표2.8까지는 각 사분면이 우성인 사람이 선호하는 학습방법 및 각 사분면의 사고를 연습하기 위한 활동을 보여주고 있다.

11) George D. Peterson, ABET 전무이사, 1997

표 2.1 A 사분면이 우성인 사람이 선호하는 학습방법

- 지식과 정보 찾기 : 도서관 검색
- 하나의 기본 틀에서 논리적으로 정보를 다루기 (그러나 마지막까지 세밀하게 하지는 않는다.)
- 유용한 정보 강의를 청취하기
- 교과서 독서- 대부분의 교과서는 A 사분면 사고자를 위하여 쓰여 있다.
- 예제와 답을 분석(연구)하기
- 아이디어를 숙고하기(합리적, 비판적)
- 과학적 방법을 사용하여 연구하기
- 가설을 세우고 그것의 진위를 검증하기
- 사실과 기준 및 논리적 추론에 근거하여 아이디어를 평가하기
- 기술적이고 재정적인 사례 연구하기
- 어떻게 컴퓨터가 동작하는가를 알아보기 (그것을 이용하여 수학이나 정보처리를 한다.)
- 사람과 사회적 관심거리보다는 물건이나 기계를 다루기
- 미래의 가능성보다는 실체와 현재를 다루기
- 물건의 가격이 얼마인지 알아보기
- 기술적 인공물(교량, 기계 등)을 연구하기 위하여 다른 문화권으로 여행하기

표 2.2 A 사분면 사고를 연습하기 위한 활동

- 일, 학습, 연구에 있어서 목표를 정하기
- 아직 전혀 모르는 주제에 대하여 데이터와 정보를 모으기
- 자주 사용하는 기계에 대한 설명을 읽고 실제로 어떻게 그 기계가 동작하는가 알아보기
- 고장 난 작은 기구를 택하여 무엇이 문제인지 진단하기
- 현재의 기술적 문제 상황을 택하여 전체적인 상황을 고려하여 분석하기
- 최근의 갑작스런 결정을 검토하고 그것의 합리적 논리적 측면을 확인하기
- 공직에 출마한 정치인에 대하여 어떤 정견을 갖고 있는가를 분석하기
- 투자모임에 참가하거나 퇴직 후의 재정적 문제에 대하여 계획 세우기
- 논리 퍼즐이나 게임하기, 체스 두기
- 컴퓨터에서 분석용 소프트웨어나 스프레드시트 사용법을 배우기
- 그룹의 의사결정 과정에서 악당 옹호자 역을 하기
- 즐겨보는 TV 프로그램이나 영화 시, 연극, 책, 노래나 예술작업에서 논리적 추론에 근거한 비평 쓰기

표 2.3 B 사분면이 우성인 사람이 선호하는 학습방법

- 임기응변보다는 주어진 지침을 철저하게 따르기
- 세세한 숙제 문제를 산뜻하고 신중하게 풀기
- 결함과 단점을 찾기 위해 이론과 과정을 실험하기
- 실험 작업을 차근차근 수행하기
- 실험 실습의 결과에 대하여 순차적으로 보고서를 작성하기
- 교육용 소프트웨어를 가지고 컴퓨터를 이용하기
- 학습된 지식의 응용사례를 찾아내기- 이론만으로 부족함
- 계획이나 프로젝트를 기획하고 그것을 계획과 시간에 맞추어 수행하기
- 세부적인 강의를 청취하기
- 자세하고 종합적인 노트하기
- 정돈된 환경에서 정해진 계획에 맞추어 공부하기
- 자세한 예산계획을 세우기
- 빈번한 반복에 의하여 새로운 기술을 연습하기
- 조직과 절차를 배우기 위하여 현장 실습하기
- 프로젝트에 관하여 어떻게 하는가에 대한 지침서를 작성하기

표 2.4 B 사분면 사고를 연습하기 위한 활동

- 복잡한 조리법의 지시에 따라 새로운 요리를 만들기
- 새로운 것을 학습하기 위하여 계획하기
- 소프트웨어 패키지를 사용하기
- 프로젝트의 각 단계를 자세하게 작성하여 기획하고 수행하기
- 조립식 가구나 장비를 설명서에 따라 조립하기
- 개인 예산계획을 세우고 한 달간의 모든 지출을 그것에 맞추기
- 개인 소유목록을 만들고 그것을 개인금고에 넣기
- 서류나 통신문을 서류 분류 시스템을 이용하여 정리하기
- 책상서랍이나 장롱서랍을 정리하기
- 레코드판이나 디스크, 사진 혹은 다른 수집품을 정리하기
- 은행이나 신용카드의 명세서 또는 월간 청구서에서 잘못된 점을 찾아내기
- 하루 종일 시간을 정확하게 지키기. 시간 관리에 관한 책을 읽고 그 책이 이야기하는 충고를 따르고, 마지막 세부사항까지 지키기
- 어떻게 제품이 만들어지는지 알아보기 위하여 제조공장을 견학하기

표 2.5 C 사분면이 우성인 사람이 선호하는 학습방법

- 다른 사람을 경청하여 영감이나 아이디어를 공유하기
- 스스로 왜라는 질문을 하고 개인적인 의미를 추구하여 동기를 부여하기
- 책의 서문을 읽어 저자의 목적에 대한 실마리를 얻기
- 촉각, 느낌, 후각, 미각, 청각 등의 감각을 통하여 배우기
- 도구나 물건을 만지고 사용하여 손에 익숙하게 만들기
- 그룹학습이나 그룹토의를 이용하기
- 자세하지는 않지만 느낌이나 정신적 가치를 기억하기 위하여 잡지를 간직하기
- 드라마를 제작하기 - 상상이 아닌 감정의 표현에 의한 실제적 행동이 중요하다.
- 사람 중심적인 실습여행을 하기
- 사람들을 만나고 그 사람들이 어떻게 사는가를 알기 위하여 다른 문화권으로 여행하기
- 배경음악으로 공부를 하고 기억력을 돕기 위한 방법으로 랩송을 만들기
- 사람 중심적인 사례연구 하기
- 다른 사람의 시각이나 권리를 존중하기- 물건이 아니라 인간이 중요하다.
- 다른 사람을 가르치며 배우기
- 바디랭귀지에 대한 실마리를 얻기 위하여 비디오나 오디오 선호하기

표 2.6 C 사분면 사고를 연습하기 위한 활동

- 대화에 있어서 대부분의 시간을 다른 사람의 이야기를 경청하는 것에 써라.
- 실외의 새로운 연습활동이나 팀 운동에 합류하라.
- 꼬마 아이들이 원하는 대로 그들과 놀이를 같이 하라.
- 다른 사람이 독자를 위하여 무엇을 해 주었는가를 생각하고 감사를 전할 방법을 찾아내라.
- 자기가 속한 사회에서 자원자가 되어라 (지역 가축 보호소, 양로원, 후견인, 독서나 학습 로그램, 소년단, 어린이 경기, 환경 감시 단체, 불우이웃 돕기 활동 등.)
- 정신세계를 탐험하라, 종교 활동에서 활동적이 되어라.
- 성가대나 남성 4중창단에 합류하라, 노래를 작곡하고 그것을 불러줄 사람을 찾아라.
- 전혀 맛보지 못했던 과일이나 채소를 맛보고 허브를 길러라.
- 꽃을 길러라. 향기로운 부케를 만들어 외로운 사람에게 주어라.
- 특별한 방 분위기를 연출하기 위하여 예술품이나 색깔의 변화와 액세서리를 이용하라.
- 어떻게 의사소통하는가와 감정표현을 원활하게 표현하기 위한 세미나에 참석하라.

- 식구들의 음식을 만드는데 시간을 내라. 특별한 축하를 하기 위한 감동적인 이유를 생각해 내라.
- 악기를 신나게 연주하고 새로운 스타일의 음악을 즐기는 법을 배워라.
- 부끄러움이나 죄의식 없이 눈물 흘리는 것을 인정하여라.
- 직접 혹은 전자우편을 통하여 친구와 함께 하는 것을 배워라. 어떤 화제 거리에 대하여 감정을 공유하여라.

표 2.7 D 사분면이 우성인 사람이 선호하는 학습방법

- 새로운 주제에 대하여 자세한 것 대신에 큰 그림이나 문맥을 찾는다.
- 학습을 좀 더 흥미롭게 만들기 위하여 활동적이 되어 주도권을 잡는다.
- 시뮬레이션을 하고 만약의 상황에 대한 결과를 질문한다.
- 강의에서 시각자료를 이용한다. 학습에 있어서 말보다는 그림을 선호한다.
- 정답 없는 문제를 다루며 여러 가지 가능한 답을 찾아낸다.
- 문제의 멋과 가치를 알고 답의 우아함을 안다.
- 브레인스토밍 회의를 이끌어 나간다 - 팀이 중요한 것이 아니라 엉뚱한 아이디어가 중요하다.
- 아이디어와 가능성을 실험하고 다룬다.
- 모험을 하고 새로운 지역을 탐험하기 위하여 다른 문화권을 여행한다.
- 경향을 생각한다.
- 미래를 생각하고 장기적인 목표를 세운다.
- 사실이나 논리보다는 직관에 의존하여 답을 찾는다.
- 새로운 것에 접근하기 위하여 아이디어나 정보를 결합한다.
- 미래 지향적 논의를 한다.
- 재미로 어떤 것을 하는데 있어 다른 방법(절차가 아니라)을 시도한다.

표 2.8 D 사분면 사고를 연습하기 위한 활동

- 어떤 문제나 이슈에 대하여 국부적이 아닌 큰 윤곽을 본다.
- 어떤 경향에 대하여 연구하고 적어도 세 가지 이상의 미래의 발전방향에 대하여 예견한다.
- "만약 ~라면 어떻게 될까" 라는 질문을 하고 다른 많은 답을 준비한다.
- 독자가 몽상하는 것을 허락하라.
- 독자가 학습하는 것을 기억하기 위하여 스케치하라.
- 로고를 만들거나 홈페이지를 만들어라.
- 독자적으로 혹은 그룹으로 브레인스토밍을 필요로 하는 문제를 풀어라. 그리고 20가지의 가능한 답을 찾아내어라.
- 디자인, 빌딩, 도구의 아름다움을 감상하라.
- 집짓기 완구나 레고를 갖고 놀아라. 그것을 이용하여 유용한 것을 만들어 내어라.
- 연을 디자인하고 만들어라. 연을 날려라.
- 창작동화 구현대회에 참석하라. 전래동요나 신화에 대한 책을 읽어라. 역할분담 게임에 참가하여라.
- 테마만찬에서 미식가를 위한 음식을 만들어라. 테이블을 창의적으로 장식하라.
- 죄책감 없이 아무 장소나 산책하거나 드라이브 하여라.
- 비용 걱정하지 말고 2000장의 사진을 찍어라. 별난 사진을 찍어라.
- 2000년 2020년, 2040년의 자신의 모습을 상상하라.
- 점토나 물감을 가지고 놀아라. 예술 수업을 들어라.

## 2.3 지식창출 모델

이꾸지로 노나까(Ikujiro Nonaka)와 히로다까 가께우찌(Hirotaka Takeuchi)는 그들의 저서 "지식창출 회사 : 어떻게 일본 회사가 혁신의 동력을 창조할 것인가?"에서 일본에서 실용되고 있는 지식창출과정에 대해서 자세한 이론을 개발하였다. 이것을 허만의 사분면 모델과 중첩시켜서 설명해 보자.(그림 2.6)

그림 2.6을 좀 더 이해하기 위해서 몇 가지 정의를 설명할 필요가 있다. 여기서 사용되는 학습이라는 용어는 총뇌 진행과정이다. 따라서 이것은 사실과 정보의 습득 이상의 것이다. 통상 서구에서 지식이라는 것은 정보와 동의어로 사용된다. Nonaka와 Takeuchi는 이것을 단어와 숫자로 표현될 수 있고 과학적 공식, 원리,

과정의 형태로 체계적으로 공유될 수 있는 명시적(明示的) 지식으로 명명하였다. 그들은 일본에서 이해되는 또 다른 형태의 지식을 '묵시적(黙示的) 지식'이라고 정의하였고, 이것은 매우 개인적이고 형식화하기 어렵고, 다른 사람들과 의사소통하거나 공유하기 어렵다. 직관과 예감은 지식 중 이 범주에 속한다. 이것은 개인적인 행동과 경험뿐만 아니라 그가 갖고 있는 이상과 가치, 감정에 깊이 근거하고 있다.  묵시적 지식은 두 영역을 나뉜다.

1. '노하우(know-how)'라는 용어에 포함된 꼬집어내기 어려운 기술이나 기능을 포함한다.
2. 지능 모델, 신념과 지각으로 구성되어, 우리에게 깊이 배어들어 있는 그것들을 우리는 당연히 받아들인다. 그것들은 현실의 이미지와 미래에 대한 우리의 비전을 반영한다.

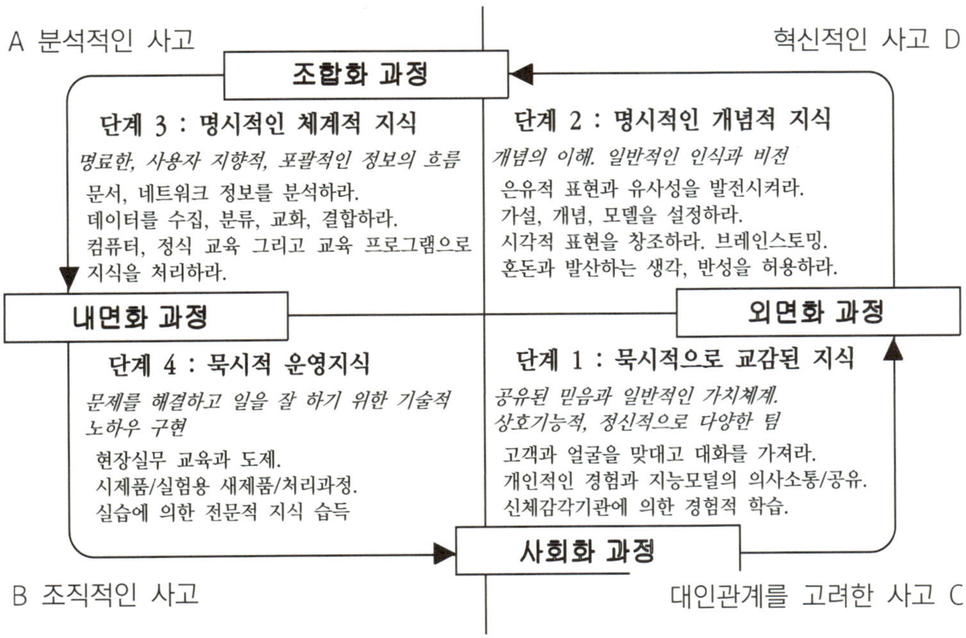


그림 2.6 허만 모델에 중첩된 지식 창출

### 단계 1

학습과 경험 및 정보 공유에 있어서 집중적인 노력뿐만 아니라 지식과 협동에 대한 감각을 개발하는 단계로 주로 C 사분면의 두뇌우성을 필요로 한다.

### 단계 2

혁신, 변화, 개념에 대해 직관적인 이해가 필요한 단계로 유연하게 사고하며, 은유적으로 표현하고, 새 아이디어를 찾는 능력의 증대가 필요한, 주로 D 사분면의 두뇌우성을 필요로 한다.

### 단계 3

팀 통합작용과 조합에 의한 새로운 지식의 종합과 팀 안팎으로부터의 피드백을 통해 계속적으로 개선하며 정보처리를 위해 현재 접근방법을 뛰어넘어 새로운 방법을 만들어내는 단계로 주로 A 사분면의 두뇌우성을 필요로 한다.

### 단계 4

새로운 학습을 이용한 실제적인 경험(새로운 묵시적 지식)을 통해 새로운 팀, 새로운 학습영역, 더 나아가서 조직의 더 높은 수준(부서에서 최고경영자 단계), 그 다음에 더 넓은 공동체로 상승해 가는 새로운 학습과정을 촉발시키는 단계(이제까지의 얻어진 기술적 지식을 구현하는 단계)이며 각각의 단계에서 계속적인 혁신이나 경쟁력 있는 이점을 가져온다. 주로 B 사분면의 두뇌우성을 필요로 한다.

각 단계의 특징이나 필요한 사항들을 정리, 요약하면 다음과 같다.

### 1단계 - 사회화 과정

- 조직적 비전, 관념적 모델, 개인적 경험들이 공유됨
  ⇨ 정규수업과 훈련과정에서 대화와 토론을 통해
- 실제적인 훈련과 관찰은 묵시적(잠재의식적인) 지식을 전달하는데 중요
- 팀워크의 장점 : 다른 사람들은 우리의 활동을 관찰하거나 모방함으로써 이러한 지식을 배울 수 있음
- 이 단계 공학 설계자들에게 중요한 일

·고객과의 유대관계를 갖는 것
·어떤 문제나 현 상품에 관해 묵시적 지식과 경험을 나눌 수 있음
·고객들은 자신들의 필요사항을 깊이 있게 말로 표현하지 않음

## 2단계 - 외면화 과정

⊙ 핵심 구성요소 : 시각화와 개념창출

⊙ 관리자(또는 팀 리더)의 역할
·외면화하기 위해 유사를 통한 모델을 만듦
·은유적 형태의 조직적 비전을 명확히 표현

⊙ "D" 사분면의 통합적이고 융통성 있는 사고

⊙ 브레인스토밍 훈련을 통해 증진

⊙ 은유
·개념의 직관적, 일반적 이해를 형성하기 위한 강력한 도구
·팀을 동일한 방향으로 하나가 되어 움직이게 함

⊙ 팀 상황
·브레인스토밍에 있어서 일부 구성원들은 문제에 대한 명시적 지식을 갖고 있고, 다른 구성원들은 묵시적 지식을 갖고 있을 수 있음
일부의 구성원은 그 분야와 관련이 없는 사람 → 선입관이 없으므로 완전히 독창적인 생각을 함
·졸업 설계과목에서 복합전공의 팀을 사용하는 논리적 근거

## 3단계 - 조합화 과정

⊙ 새로운 지식의 획득과 정보 흐름의 파악을 위하여 자료, 개념, 생각과 결책이 분석되고, 분류되고, 실용화되고, 평가되며, 문서화됨 → 새로운 단계인 명시적 "체계적 지식"의 창출

⊙ 두개의 피드백 루프를 통해 수집된 정보는 지속적인 향상을 가져온다.
·B 사분면의 루프
⇨ 새로운 정보와 학습을 적용함으로써 향상된 문제 해결책과 지식을 이끌어냄
·D 사분면의 루프
⇨ 창의적 문제 해결의 일부로서 결함을 제거하는 합성을 통해 좀 더 나은 해결책을 얻음

⊙ 제품 설계에 있어서 이 세 번째 단계의 결과로 시제품이 만들어 짐

### 4단계 - 내면화 과정

- 새로운 지식이 문제 해결과 실무에 적용됨
- 연습, 실무훈련, 실험과 시험 프로그램 등에 의해 경험 얻음
  ⇨ 특정한 학습 경험의 공유는 역동적 지식창출에 있어서 새로운 순환의 시작
- 내면화와 "운영지식" 획득 단계에서는 B 사분면의 세밀한 부분에 대한 주의 깊은 고려와 계획, 조직의 반복적 훈련이 요구됨
  ·협동교육, 인턴, 견습, 실험의 중요한 장점이 됨
- 일반 공학 계열 졸업생
  ·스스로 업무준비가 충분히 되었다고 생각하는 졸업생들에게 크게 실망
  ·공학관련 직무에 고용하지 않음
  ·공학에 관한 묵시적 지식을 얻을 수 있도록 훈련과정에 들어감

**한편 1장에서 설명한 창의적 문제해결 과정은 아래와 같이 6개의 대표적인 인물로 쉽게 설명할 수 있을 것이다.(5장 이하에서 자세히 설명)**

## 1. '탐험가'

- 전체 윤곽이나 문제의 내용 혹은 그것이 주는 긍정적 측면을 관찰할 때 탐험가처럼 생각해야 한다.
- Indiana Jones와 같은 인물을 상상해 보라.

## 2. '탐정'

- 복잡한 문제와 씨름하고 있다면 탐정처럼 생각해야 한다.
- Miss Jane Marple 혹은 Sherlock Holmes를 생각해 보라.
- 탐험가나 탐정이 수집된 정보 분석에 바탕을 둔 긍정적인 문제정의에 도달하였을 때 문제 정의는 끝난다.

## 3. '예술가'

- 창의적 아이디어의 다양성에 도달하는 브레인스토밍을 하는 단계
  ⇨ 예술가처럼 생각해야 하며, 상상력이 풍부할수록 좋다.
- 피카소나 미켈란젤로와 같은 예술가라고 상상해 보라.

## 4. ‘엔지니어’

- ⊙ 엉뚱한 아이디어들을 결합하여 실제적이고 이해 가능한 최적의 아이디어를 만들기 위해 아이디어를 검
- ⊙ 엔지니어, 발명가, 디자이너, 수선공 등 협동하는 엔지니어 팀을 그려 보라

## 5. ‘판사’

- ⊙ 아이디어와 해결책을 평가하기 위하여 단서들을 나열
- ⊙ 판사는 결점을 찾아내고 이것을 예술가와 엔지니어의 개념집합에서 추가적인 창의적 사고로 극복하기 위하여 노력
- ⊙ 법정을 상상해 보라.

## 6. ‘제작자’

- ⊙ 본질적으로 창의적 문제해결의 실현과정에 대한 책임이 있음
- ⊙ 제작자는 만물박사, 용기가 필요

  ⇨ 창의적인 아이디어와 혁신에 대한 위험을 감수해야 함

  팀워크 관리를 위하여 훌륭한 의사소통기술이 필요

창의적 문제해결 과정의 각 단계에서 마음 자세를 간단히 정리하면 다음과 같다.

| | |
|---|---|
| 1. 문제 정의 | ‘탐험가’ + ‘탐정’ |
| 2. 아이디어 창출 | ‘예술가’ |
| 3. 아이디어 최적화 | ‘엔지니어’ |
| 4. 아이디어 판정 | ‘판사’ |
| 5. 해결책 실행 | ‘제작자’ |

이러한 과정을 허만의 두뇌우성 모델, 그리고 지식창출 모델과 관계지어 종합하면 그림 2.7로 표현할 수 있다.

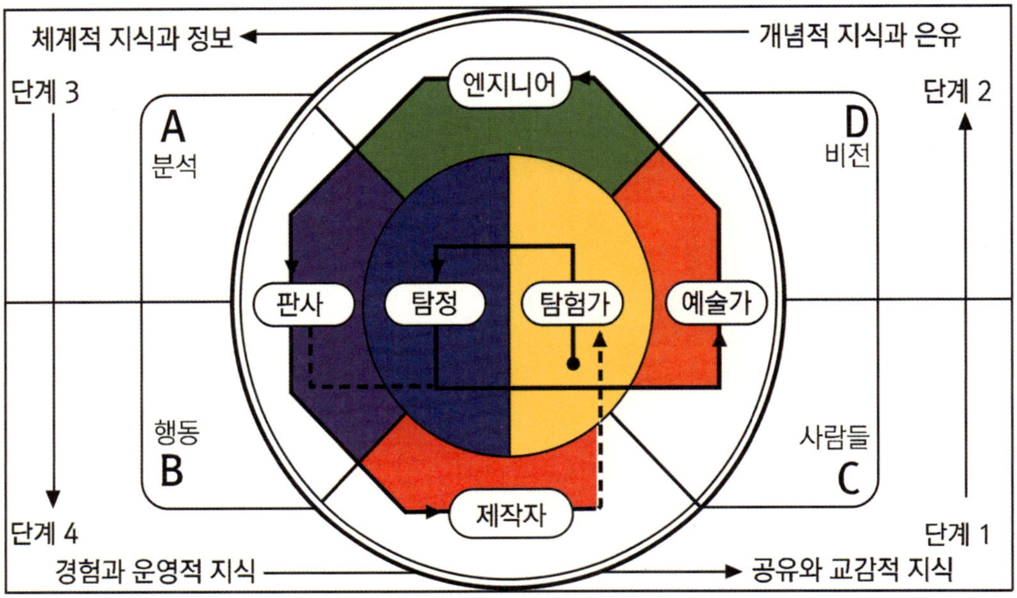


그림 2.7 창의적 문제해결 과정, 허만 모델, 그리고 지식창출 모델의 종합

또한 지식창출 모델에 비추어 프로젝트 팀 활동을 살펴보면 다음과 같다.

### 단계 1 (C 사분면)

· 팀 구성원은 신뢰, 지능모델, 경험, 목표를 공유
· 고객을 잘 알고 있으며, 직관적이며 신체 감각적인 학습을 이해

### 단계 2 (D 사분면)

· 팀 구성원은 목표와 개념에 대한 은유적 표현을 개발
· 묵시적 지식이 명시되어 모두에게 이해되도록 브레인스토밍

### 단계 3 (A 사분면)

· 정보가 수집, 공유, 결합, 종합, 분석, 문서화되고 학습과 문제해결과 관련되어 전달된다.
⇨ 명시적 지식이며 피드백이 있는 광범위한 정보의 흐름

### 단계 4 (B 사분면)

· 새롭게 창조된 지식의 응용을 통해서 경험
⇨ 시험용 프로그램과 시제품에서 해결방안을 배운다.
· 이 과정은 새로운 지식창출 순환과정에서 나선형 회전에 의해서 더 높은 단계로 순환 상승

Evaluation **평가 문제** : 다음 두 학생 중에서 누가 더 똑똑하다고 생각하는가?

아주 다른 두 명의 소년이 있었다. 첫째 소년은 학업성적으로 포함해서 선생님, 가족, 자신 모두가 똑똑하다고 생각한다. 두 번째 소년은 학업 성적이 뛰어나지 않고 기껏해야 눈치가 빠르다거나 현실 감각이 좋다고 할 정도에 불과하며, 그를 똑똑하다고 생각하는 사람이 별로 없었다. 이들 두 소년이 숲속을 걸어가다가 큰 문제에 봉착했다. 몸집이 크고, 매우 굶주린 회색 곰이 그들을 향해 달려오는 것이었다. 첫 번째 소년은 그 곰이 30초 내에 그들을 따라 잡을 것을 알고 공포에 빠졌다. 두 번째 소년은 침착하게 신발 끈을 조이고 있었다. 첫째 소년이 친구에게 물었다. "너 미쳤니! 우리는 저 곰보다 더 빨리 도망갈 수 없어!" 두 번째 소년이 대답했다. "그건 맞아. 그렇지만 난 너보다 더 빨리 달리기만 하면 돼."

## ✓ 생각해 보기 : 창의성이란?

다음은 공과대학 1학년 학생들의 전형적인 HBDI 분석 결과이다. 공과대학 교과목 구성이 A, B 사분면 중심으로 구성되어 있음에도 불구하고 대학 1학년 학생들이 C, D 사분면이 많은 것은 어떻게 해석해야 하는지 생각해 보자.

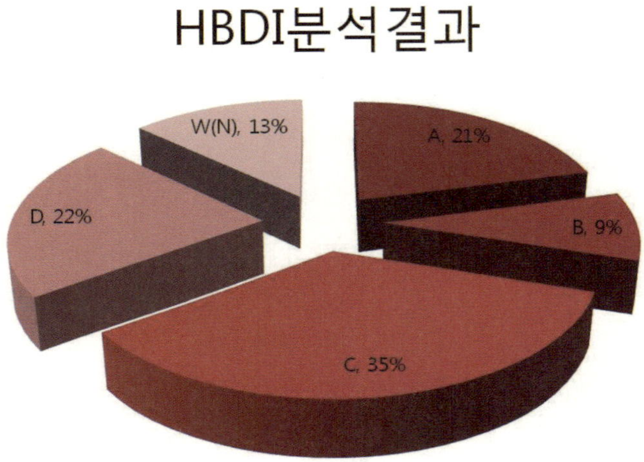

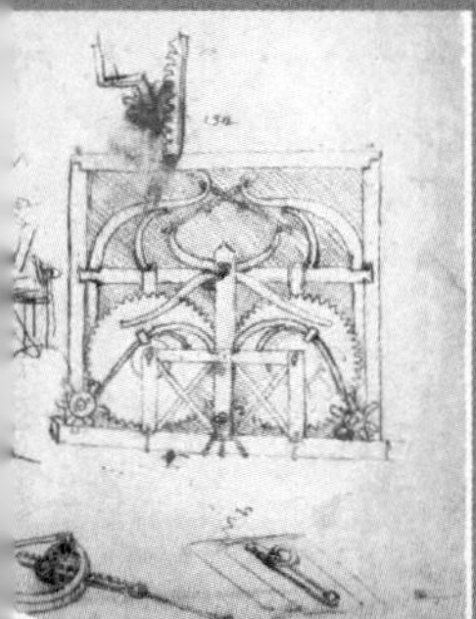

# 팀워크와 의사소통

CHAPTER 3

# 3.1 팀워크

## 3.1.1 팀워크란 무엇인가?

현대 공학설계는 보통 교차 기능 팀으로 여러 부분이 효과적으로 같이 협력하는 사람들에게 달려있다. 이러한 팀은 금융, 마케팅, 법, 심리학, 제조, 유통, 그리고 개발 중인 프로젝트와 직접 관련이 있는 다른 분야에 전문지식이 있는 일원들로 구성된다. 현재 관심 대상인 기술 문제는 상당히 복잡하고, 다차원적일 수 있고, 종종 넓은 학문 분야의 해결책을 필요로 할 수 있다. 잘 갖추어진 팀, 공학인, 그리고 다른 학문 분야의 사람들과 함께 일하는 것이 훨씬 더 효과적으로 그들의 다양한 기술과 지식을 몰두하고 협력해서 빠르고 효과적으로 혁신적인 해결책을 얻을 수 있다.

팀 각 구성원들은 그들의 각기 다른 독특한 경험, 교육, 그리고 전문지식들 때문에 목표를 약간씩 다르게 설정할 것이다. 이러한 인식과 문제해결 방법론의 차이는 모든 팀 구성원이 비슷한 배경과 교육 경험을 갖고 있을 때보다, 분명하게 진짜 창의적이고 효과적인 설계 해결책을 이끌어 낼 것이다. 그러므로 모든 팀 구성원이 그들의 의견과 인식의 차이를 공유하면서 긍정적이면서 협동적인 방법으로 노력에 의미있게 기여할 수 있도록 업무 분위기를 만드는 것이 어려운 과제이다. 그림 3.1은 팀워크(Teamwork)의 중요성을 나타내는 재미있는 그림이다.

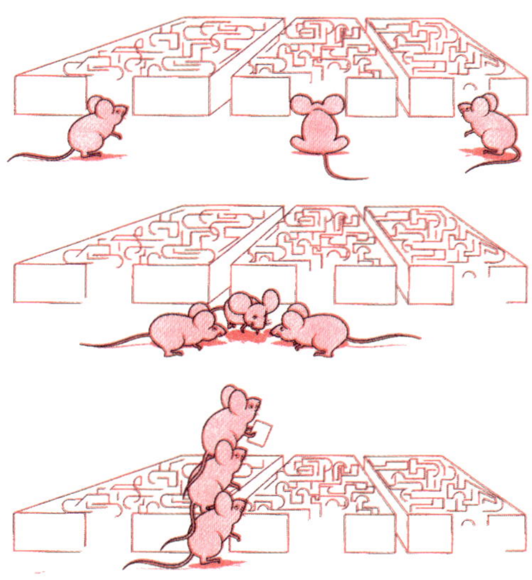

그림 3.1
팀워크의 중요성

공학설계가 성공하기 위해서는 설계 팀의 모든 구성원이 하나의 문제 형식과 최초의 기대치에 동의해야 한다. 그렇게 함으로써 모든 구성원이 과제가 진행됨에 따라 동일한 일반적인 방향으로 움직일 수 있다.

그림 3.2 전통적인 공학에서는 부서들이나 그 기능들 간의 상호작용 없이 사람들이 서로 고립되어 작업한다.

그림 3.3 동시공학에서는 모든 부서와 기능을 포함하는 사람들이 팀을 이루어 작업한다. 소비자와 원자재 공급자들도 제품 개발과정의 맨 처음부터 합류한다.

그림 3.4 "우리가 원하든 원치 않던 간에 우리는 한 배에 탔다.

최종 설계를 얻기 위한 전체 일의 양이 팀의 모든 구성원들에게 공정하게 분담되어야 한다. 과제 일은 일반적인 활동과 보다 특별한 활동으로 나뉘어야 한다. 일반적이거나 전체적인 활동은 전체 팀 또는 특별 하위 집단에 의한 협동 노력을 요구할 것이다. 반면, 특별한 또는 집중 활동은 특수한 개인이 완성하는 것이 더 좋다.

## ✓ 학습활동

팀워크에 대한 이해도 측정질문 (5분 활동)

예 아니요

1. 팀의 목적은 개인을 향상시키고 모든 멤버들이 그들의 가능성을 성취하도록 돕는 것이다.
2. 효율적인 팀은 프로젝트에 대해서 잘 모르는 사람은 포함시키지 않는다.
3. 사람들이 스스로 팀을 선택한다면, 팀 멤버들은 일반적으로 유사한 사고를 가질 것이다.

4. 일단 한 사람이 다양한 사고방식을 갖는 팀에 어떻게 참여하는지를 배우고 나면 그 능력은 다른 어떤 팀에도 잘 발휘하게 된다.
5. 사람들이 어느 한 프로젝트에 참여하여 일을 하면 팀워크는 저절로 생긴다.
6. 잡담이나 친목 활동은 팀 개발에 중요하지 않다.
7. 효율적인 팀에서 갈등은 발생하지 않는다.
8. 개인의 성취는 팀의 종합적인 성취보다 더욱 중요하다.
9. 팀장이 회의를 많이 하면 할수록 좋다.
10. 팀 리더는 팀 멤버보다 중요하다.

## 3.1.2 문제해결을 위한 팀워크의 장단점

일반적으로 팀워크에 의한 문제해결 과정은 브레인스토밍(Brainstorming)으로 시작한다. 다른 사람의 아이디어를 보거나 듣는 것은 우리가 더 많은 아이디어(새로운 아이디어, 결합된 아이디어, 이전에 언급된 아이디어의 개선 등)를 얻게 해준다. 이와 같은 아이디어 촉발법은 팀워크의 장점 중 하나이다. 즉 사고의 상호작용은 더 많은 아이디어를 창출한다.

팀의 또 다른 장점은 문제해결에 이용할 수 있는 확실한 정보와 함축된 경험의 양이다. 레오나르도 다빈치는 그가 살던 시대에 알려진 거의 모든 것을 아는 사람이었을 것이다. 오늘날에 있어서 화학, 문학, 또는 전기공학과 같은 모든 분야를 완벽하게 아는 사람은 거의 없다. 일라이 휘트니(Eli Whitney)가 목화 분리기계를, 알렉산더 벨은 전화를, 조나 솔크(Jona Salk)는 소아마비 백신을 발명했다는 것을 우리가 알고 있지만, 보잉 747기를 발명한 사람에 대해서는 언급이 없는 이유는 무엇일까? 한 가지 이유는 비행기가 여러 팀의 엔지니어들에 의해서 만들어졌기 때문이다. 또한 90%의 발명 특허는 완전히 새로운 제품을 위한 것이 아니라 기존의 특허를 개선한 것이다. 대부분의 발명가들은 고립되어 혼자 일하는 것이 아니라 다른 사람들의 아이디어 위에 무엇인가를 더한다.

현대사회의 폭발적인 지식 확장은 어느 한 개인이 어떤 문제에 관한 모든 정보를 이해한다는 것은 불가능하다. 이것이 문제 해결에 팀이 자주 사용되는 이유이다. 그림 3.5에서 보는 바와 같이 두뇌 영역이 A영역, B영역, C+D영역인 세 사람을 생각해 보자. 각 사람은 전문 분야와 경험이 다르고, 서로 다른 뚜렷한 또는 내재적 지식을 소유하며, 어떤 특별한 주제나 문제들에 대해서 서로 다른 아이디어와 편견을 갖는다. 이 세 사람이 같이 일한다면 그룹, 또는 팀 W는 아주 작은 부분만 공유하고, 넓은 범위 분야를 포함한다. 따라서 창의적인 아이디어를 찾아낼 확률은 높아지고, 한 사람의 아이디어나 제안이 다른 구성원들의 상상력을 자극할 수 있게된다. 또한 함께 일하는 사람들의 다양성은 편견 때문에 생기는 문제점을 보완할 것이고, 더 적절한 판정을 내리는 데 도움이 될 것이다. 팀 이용의 장단점을 요약하면 표 3.1과 같다.

그림 3.5의 W 팀은 "총뇌 팀(Whole Brain Team)"이다. 일반적으로 사고선호도 모델(HBDI Model)을 이해하지 못하는 사람들은 팀 내 모든 구성원이 유사한 HBDI 프로필을 갖는 동질적인 팀(Homogeneous Team)은 구성원들이 같은 사고방식을 가지고 대화하기 때문에, 유사한 "세계관"을 가지며, 또한 문제해결 접근 방법이 같기 때문에 신속한 합의점에 도달할 수 있다. 이것은 시간이 한정되어 있을 경우에는 장점일 수 있다. 그러나 동질적인 팀은 팀 외부로부터 가치 있는 아이디어나 중요한 이슈를 간과하게 되는 그룹 문화 또는 "종족"을 곧바로 형성한다. 허만은 수백 번의 워크숍과 상담 경험을 통하여 동질적인 팀들이 분명하게 신속한 결론에 도달한다는 것을 발견한 반면, 이질적인 팀(Heterogeneous Team)들은 몇 가지 매우 우수하고 혁신적인(비록 많은 시간이 걸리지만) 해결책을 얻는다는 것을 발견했다.

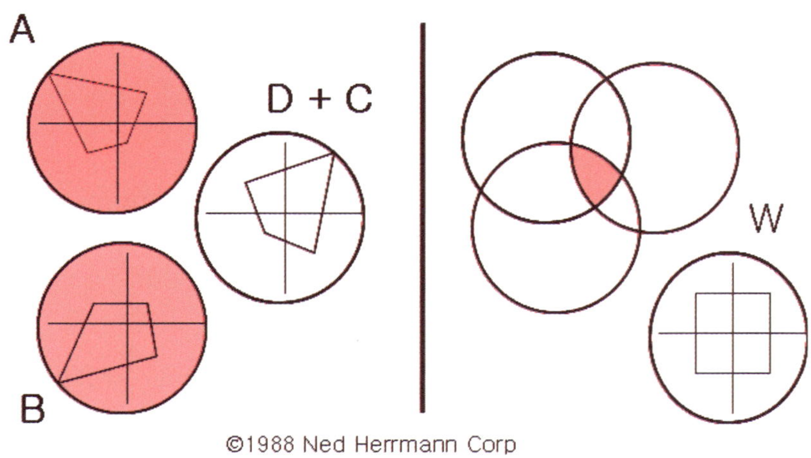


그림 3.5 팀에 의한 문제 해결표

표 3.1 창의적 문제해결을 위한 팀 이용의 장단점

**장점**

1. 서로 다른 전문성과 사고능력을 갖춘 팀 구성원들로부터 문제해결을 위해 더 많은 종류의 지식을 이용할 수 있다.
2. 구성원들이 서로 긴밀히 협조하게 하여 아이디어는 더욱 창의적이고 더 나은 해결책에 도달하도록 한다.
3. 어느 특별한 문제에 최선의 해결책이 있다면, 팀을 통해 그 해결책을 발견할 가능성이 높다. 팀은 기회포착과 더 큰 모험을 감행하는 장점이 있다. (따라서 혁신을 일으킬 가능성을 증가시킨다.)
4. 일반적으로 문제해결과 결정과정에 참여한 구성원들의 해결책은 어느 개인에 의해 개발된 해결책보다 구성원들이 흔쾌히 받아들인다.
5. 팀 구성원들 간에 서로 배울 수 있다.

**단점**

1. 팀 개발을 위한 노력과 전체 팀원의 참여 시간이 필요하기 때문에 막대한 투자가 필요하다.
2. 일반적으로, 팀에 의한 처리방식은 많은 아이디어를 창출하기는 하지만 그것들 중 몇 개만 정말로 좋은 해결책이므로 비효율적이다.
3. 그룹이나 팀을 형성하는 구성원이 다른 구성원과 잘 어울리지 못할 수도 있다. 해결되지 않는 분쟁, 부정적 감정, 때로는 적대감 등으로 인해 팀 구성원들이 다양성에 대한 가치를 인정하지 않거나 창의적인 윈-윈(win-win) 결과를 개발하지 않는 한 팀의 창의적 아이디어를 감소시킬 수 있다.
4. 팀은 "그룹사고"현상에 빠질 수 있다. 그룹은 극도의 동질감을 보이거나 동료 간의 압박감을 느낄 수 있다. 독립적인 아이디어가 용납되지 않고, 그룹 구성원들은 리더나 지시자들을 두려워하게 될 수 있다.

## 3.1.3 팀 개발

### 1. 팀 구성원의 개발

창의적인 문제 해결 팀에는 어떤 개인적인 특성이 필요할까? 표 3.2에 요구되는 특성 몇 가지를 요약했다. 팀의 어느 한명도 이모든 항목을 만족시킬 수는 없지만 그들은 전체로서 팀에 존재해야 한다. 이 특성들 중에서 몇 개가 D사분면 사고(표 3.2의 오른쪽 행)에 포함되는지 살펴보아라.

팀워크란 단순히 같이 일하는 것으로 생각하는 사람이 많고, 또한 어떤 능력이 팀워크를 향상시키는지 전혀 생각해 보지 않은 사람이 많기 때문에, 첫째로 인식해야 할 것은 팀워크 기술을 배워야 한다는 것이다. 부지런히 참을성 있게 배운다면 그 효율성은 상상하는 것 이상이 될 것이다. 높은 생산성을 갖는 팀 구성원들은 그 경험을 인생에서 가장 만족스러운 것 중에 하나로 평가할 것이다.

표 3.3은 팀 효율을 극대화하는 8가지 기본적인 팀 기술을 요약하였다. 이 기술들을 읽어 내려가며, 여러분이 얼마나 잘, 그리고 얼마나 자주 그 항목들을 실천하는지 자신을 평가하고 만약 어느 한 항목이 여러분이 거의 사용하지 않거나 취약한 것이면 앞으로의 팀 회의 중에 연습하여 의식적으로 향상시키도록 노력해야 한다.

표 3.2 창의적인 팀이 가지고 있는 특성

| | |
|---|---|
| ▪ 지성: 높은 지적 수준<br>▪ 문제 및 관련 분야에 대한 전문성<br>▪ 문제 관련분야 이외의 다양한 경험, 다양한 관심, 다중전공<br>▪ 가정(assumption)을 확인하려는 의지<br>▪ 자기훈련, 강한 직업윤리, 헌신, 참을성과 집중력<br>▪ 소비자 및 동료들과의 대화능력과 솔직한 토론능력<br>▪ 자신감과 자부심, 동기유발<br>▪ 열정과 에너지 | ▪ 새로운 생각에 대한 열린 자세로 배우고자 하는 열정<br>▪ 아이디어를 창출하는 능력, 독창성, 임기응변<br>▪ 모호함에 대한 인내력, 사고의 탄력성<br>▪ 위험을 감수할 의지, 실패를 두려워하지 않음<br>▪ 판단을 늦출 수 있는 여유<br>▪ 호기심, 상상력, 창의력, 재치, 연구력, 비전<br>▪ 유머 및 추진력<br>▪ 미적 관심, 정교함에 대한 이해<br>▪ 다양한 접근방식을 고려하고자 하는 의지와 명확한 것에 대한 추구 |

"창의적 문제해결과 공학설계" (파워북, 2000) 인용

표 3.3 여러 가지 관점에서 본 8가지 개인의 기본적 팀 기술

| 기술 | 어떻게 발휘되고 어떤 형태로 표출되나? | | | |
|---|---|---|---|---|
| | 개인적인 측면 | 팀에 대한 측면 | 생상성에 대한 측면 | 경영에 대한 측면 |
| 적극적 활동성 | 팀 성공에 나도 개인적으로 책임을 지겠다. | 무슨 대가를 치르든 우리는 하나다. | 팀은 기꺼이 도전을 받아들인다. | 응집력 있는 팀으로 보인다. |
| 신뢰성 | 맡은 일은 끝까지 해낸다. | 다른 팀원을 신뢰한다. | 맡은 일은 시간 내에 제대로 끝낸다. | 팀과 개인적 신뢰도가 명백하다. |
| 참여도 | 토의에 적극적으로 기여하고 리더와 조직의 업무 부담을 나누어 가진다. | 제시간에 회의에 참석하고 또한 공헌한다. | 참여는 생산성을 높이는 시너지 효과를 일으킨다. | 팀은 역동적, 적극적, 그리고 생산적으로 보인다. |
| 능동적 의견 청취 | 먼저 남을 이해하고 내가 이해받으려 한다.<br>남의 의견에 주의를 기울이며 중간에 가로막지 않는다. | 팀의 구성원은 이해 받는다는 느낌을 갖게 되고 다른 관점을 이해한다. | 다양한 관점에 대한 충분한 이해는 더 낫고 더 많은 창의적 해결책을 얻게 한다. | 팀은 창의적이고 혁신적이며, 시너지 효과를 일으키는 것으로 보인다. |
| 지도력 | 나는 다른 구성원들의 개성과 장점을 인정하며 팀의 이익을 위하여 잘 발휘하도록 고무한다. | 팀 구성원들은 자신들의 가치를 느끼게 되며 팀을 위하여 최선을 다하게 된다. | 구성원들은 함께 일하며 각자가 혼자 일할 때보다 훨씬 많은 성취를 이루도록 다양성의 장점을 적용한다. | 팀은 향상을 위한 내부적 제안에 대해 반응하는 것으로 보인다. |
| 의사 소통 | 나는 개인적으로나 공개적 발표에서나 명확하고 효과적으로 의사소통을 한다. | 개인 간의 의사소통은 효율적이 되고 잘못 이해하는 것을 피한다. | 이해가 어려운 것을 처음부터 확실히 이해하는데 시간을 너무 낭비하지 않고 점차적으로 이해를 넓혀간다. | 팀 발표가 명확성과 효율성의 모범이 될 만하다. |
| 유용한 피드백 | 팀 구성원들의 공헌도에서 미흡한 점이나 팀워크를 해치는 행동에 대하여 충고할 때에 존중하는 마음으로 재치 있게 한다. | 팀 구성원들은 인정받을 만한 행동에 대해 유용한 피드백을 제공한다. | 팀은 함께 배우고 성장한다. | 팀과 구성원 모두가 적응하고, 변화하며, 성장할 수 있는 능력을 보인다. |
| 피드백 수용과 책임감 | 나는 다른 구성원의 기분과 관찰사항을 수용, 존중하며 주의 깊게 고려하여 태도를 바꾼다. | 팀 구성원들은 피드백을 들을 수 있고 이해할 수 있으며 그들이 배우고 성장할 수 있는 환경에서 그 피드백을 이용한다. | 팀은 내부 문제를 신속하게 또한 생산성 저하를 최소화하며 처리할 수 있는 능력을 갖게 된다. | 팀과 구성원들 모두는 맡겨진 책무를 완수하고 변화하는 문제를 신속히 해결하는 것으로 알려진다. |

"창의적 문제해결과 공학설계"(파워북, 2000) 인용

## 2. 팀 개발 단계

여러 전공을 갖는 사람들이 제품개발 프로젝트에 참여하여 기능적이고 효율적인 팀으로 일하기까지는 2년 이상 걸릴 수 있다. 그러나 팀 개발에 걸리는 시간은 팀 활동의 빈도와 강도에 따라 다를 것이다. 어떤 팀은 예측 가능하고 필요한 단계들을 통해 신속하게 성장하는 반면, 다른 팀들은 더 오래 시간이 걸린다. 이들 단계들은 구성기(forming), 시련기(storming), 안정기(norming), 활동기(performing)로 구별된다.[12)]

### 1) 구성기(forming) :

그룹을 처음 구성한 구성원들은 여전히 개별적으로 행동할 것이고 전체로서의 그룹에 공헌하지 않으며, 자기 자신만을 생각한다. 잡담과 같은 자유로운 대화가 그룹의 활동과정에서 시작된다. 구성원들은 서로 조금씩 알게 되고, 자신에게 허용되는 한계를 알게 된다. 그룹의 목표와 목적을 정의하려하지만 부적절한 비판으로 팀은 가치 있는 많은 것을 성취하기 어렵다.

### 2) 시련기(storming) :

임무가 어렵고 거의 진척되지 않는다는 것을 깨달게 되면 그 전체 과정에 대해 동의하지 않고 비판하기까지 하며 서로 참지 못하게 된다. 어떤 구성원들은 그들 자신이 모든 것을 하려고 하며, 다른 구성원들과 협력하기를 꺼려한다. 만약에 어떤 구성원들이 문제와 관련된 분야와 해결방안에 대해서 자신들이 더 많이 알고 있다고 생각하게 되면 팀의 목적과 가치에 대한 회의를 품게 되고, 긴장과 분란이 생기며 질투하게 된다.

### 3) 안정기(norming) :

팀의 목적들이 집합되어 완성되면 공동의 문제들 또는 목표들은, 비록 개인의 책임감과 자율성이 여전히 강하게 작용하고는 있지만, 구성원들을 서로 끌어 당겨 그룹에 속하게 한다. 그룹 구성원들 간의 대화가 중립적 주제를 넘어 구성원이나 재정 문제로까지 확대된다. 몇 가지 문제들을 해결한 후, 그룹은 팀 개발의 중요성을 인식하게 된다. 팀에 대한 책임감을 느끼기 시작하고 다른 사람에게 팀의 단합된 모습을 보이며 가치와 동기가 논의된다. 이제 구성원들은 팀 규칙과 규범을 받아들이기 시작한다.

12) Peter R. Scholters, *The Team Handbook*, Joiner Associates, 3800 Regent Street, Madison, WI 53705-0446, 1988

**4) 활동기(performing) :**

구성원들은 서로의 장단점을 받아들이고, 수행가능한 팀 임무를 정의한다. 팀 문제를 진단하고 해결하는 능력을 갖추어, 마침내 그 팀은 효율적이고 생산성 높은, 응집력 있는 집단이 된다. 구성원들은 팀에 소속된 느낌을 갖기 시작하고 그 능력을 신뢰하기 시작한다.

## 3.1.4 팀 기본 규칙과 구성원의 임무

1) 팀이 구성되면 제일 먼저 팀의 규칙을 정한다.

2) 팀의 모든 구성원이 동의해야 한다.

**팀 기본 규칙의 예**

팀 생산성 향상과 조화를 위하여 우리는 개인적으로나 조직으로서 다음의 규칙들이 개정되거나 폐지될 때까지 준수하기로 동의한다.

1. 우리는 존중과 친절로 서로를 대한다.
2. 우리는 팀 결정을 합의에 의해 내리는데 동의한다.
3. 우리는 팀의 논의사항을 팀 멤버가 기밀사항으로 요청하지 않는 한 팀 외부와 공유할 수 있다.
4. 우리는 제시간에 팀 회의에 참석하기로 동의하며 늦을 경우나 참석할 수 없는 경우에는 미리 회의 주재자에게 알리는 것에 동의한다.
5. 우리는 우리에게 할당된 과제를 정해진 시간 내에 완수시킬 것에 개별적으로 동의하며, 만약 정해진 스케줄 내에 과제를 완성시킬 수 없으면 미리 팀 리더에게 알리는 데에 동의하고, 과제 마감일 회의에 참석할 수 없으면 과제 결과를 어떤 방법에 의해서든지 보내는데 동의한다.
6. 우리는 ______________ 에서 매주 ____요일 _____시에 열리는 팀 회의에 참석하는 것에 동의한다.
7. 우리들 각자는 e-mail을 매일 확인하는 것에 동의하고 팀 관련 과제의 중요한 전개사항은 즉시 팀 멤버들에게 E-mail을 통해서 알리는 것에 동의한다.
8. 우리는 회의 주재자, 서기, 진행 관찰자의 임무를 공유하여 돌아가면서 맡는 것에 동의한다. 매번 회의의 마지막에 다음 회의의 임원들을 결정한다.

3) 팀 구성원들 간의 효율적이고 만족스러운 상호관계를 유지해야 한다.

- 팀의 임무를 자세히 명시하고 정확히 이해되고 재검토된 임무 규정문을 스폰서나 매니저에게 제출한다.
- 잘 정의된 규정문은 팀이 올바른 목표를 향해 집중하도록 해 준다.
- 팀의 전반적 목적과 해결되어야 할 특별한 과제에 대해서 언급한다.
- 팀이 서비스를 제공할 고객이나 관련자들에게 필요한 정보(연락처 또는 대표자)를 기록한다.
- 팀 활동 범위에 대한 제약이나 범위에 관하여 언급(지역, 제조공장 등)한다.
- 팀 작업 수행에 대한 시간 계획을 세운다.
- 팀이 사용할 수 있는 예산을 편성한다.
- 팀이 완수할 수 있는 작업 리스트와 예상 완료날짜( 활동계획, 진행보고서, 개념설정, 최선의 해결책, 최종보고서)를 정한다.

표 3.4 팀 구성원의 임무와 책임

| 팀 구성원 | 영문 | 임무와 책임 |
|---|---|---|
| 서기 | recorder | 제안, 아이디어, 결정사항을 기록하고 토의내용을 열거한다. |
| 과정 관찰자 | process observer | 그룹의 진행 상황에 피드백을 제공한다. |
| 의견을 구하는 사람 | opinion seeker | 동의할 것인지 결정하기 위한 이슈와 점검사항 이면의 가치를 명확하게 할 것을 요구한다. |
| 격려자 | encourager | 다른 사람들의 공헌을 인정하고, 칭찬하고, 동의해 주며, 그룹을 따뜻하고 유대감 있게 한다. |
| 의견 발의자 | opinion giver | 의견이나 신념을 말한다. |
| 코디네이터 | coordinator | 임무와 아이디어, 그리고 제안들 간의 관계를 명확히 한다. |
| 화합자 | harmonizer | 차이점을 조화시키고 긴장을 완화시키고 팀 구성원들의 차이점을 찾아내어 그 가치를 이해하도록 돕는다. |

| 진행자 | gate keeper | 토론의 흐름을 조정하고 대화빈도를 조절하며 같은 종류의 토론을 최소화하고 주장이 강한 구성원에 토론이 이끌리지 않게, 또한 조용한 구성원들도 참여하도록 유도한다. |
|---|---|---|
| 시작자/공헌자 | initiator/ contributor | 새로운 아이디어와 방법을 제안한다. |
| 정보 찾는 사람 | information seeker | 제안된 것의 실제적 정확도를 점검한다. |
| 정보 제공자 | information giver | 정보, 진실, 그리고 데이터를 제공한다. |
| 노력자 | elaborator | 문제를 진단하고 필요에 맞게 상세하게 한다. |
| 방향제시자 | orienter | 무엇을 요약하고 팀의 방향에 대해 질문하고 조직 내의 위치를 정의한다. |
| 평가자/비평가 | evaluator/critic | 기준과 목표에 비추어 팀의 성취도를 검사한다. |
| 에너자이저 | energizer | 팀을 행동적이고 결단력 있게 고무한다. |
| 과정 기술자 | procedure technician | 자료를 분배하고 장비를 준비한다. |

## ✓ 학습활동

팀 기본 규칙과 팀원 임무규정문을 작성하여 원본은 팀원들과 공유하고, 복사 본을 제출한다.(10분 활동, 토의)

팀 기본 규칙 서식

1.
2.
3.
4.
5.

팀원 임무규정 서식

팀원 임무규정 (기간 : ~ )

| 팀 구성원 | 임무와 책임 | 책임자 | 서명 |
|---|---|---|---|
| 팀장 | | | |
| 서기 | | | |
| 과정 관찰자 | | | |
| | | | |
| | | | |

동료 공헌도 평가표

**목적**: 다음 형식은 팀 구성원들이 서로의 공헌도를 평가하는데 사용된다. 과정의 마지막 평가는 개인별 점수를 결정하는데 사용될 수 있다.

**방법**:

1. 다음의 빈칸을 채우고 서명하여 제출하라.

2. 각 구성원들의 팀 공헌도를 평가하여 다음과 같은 등급으로 표시하라.

P = 낮음, A = 적당 또는 평균, T = 높음

A. 질, 공헌도, 제안, 의견, 아이디어, 창의력 등의 질과 가치

B. 양, 참여도, 책임감, 팀 회의의 출석률, 팀에게 할당한 임무 완수의 의지, 회의 준비

C. 태도, 태도가 좋지 않았다면, 맨 아래 준비된 여백에 그 문제에 대하여 써라 (대립적인, 부정적인, 무관심, 게으름, 교만함, 비협조적인 등).

D. 공헌도(백분율로) 각 멤버의 전반적 팀 임무에 대한 공헌도, 모든 멤버의 공헌도의 합은 100%가 되어야 함

E. 예, 아니오. 여러분은 이 사람을 다음 팀 구성에 참여시키고 싶습니까? 만약 아니오라면 어떻게 그 팀 구성원이 향상 될 수 있는지 의견을 적으시오.

3. 어느 한 멤버에 의한 매우 뛰어난 한두 가지 공헌에 대해 적어라.

작성자 이름________________________ 팀이름/번호___________________

| 팀 멤버 이름 | A | B | C | D | E |
|---|---|---|---|---|---|
| 1 | PAT | PAT | PAT | - | Yes or No |
| 2 | PAT | PAT | PAT | - | Yes or No |
| 3 | PAT | PAT | PAT | - | Yes or No |
| 4 | PAT | PAT | PAT | - | Yes or No |
| 5 | PAT | PAT | PAT | - | Yes or No |
| 6 | PAT | PAT | PAT | - | Yes or No |
| 7 | PAT | PAT | PAT | - | Yes or No |
| 8 | PAT | PAT | PAT | - | Yes or No |

문제점

칭찬할 것

### 3.1.5 예비발표 가이드(팀 소개)

일반적으로 5~7명으로 구성된 팀이 프로젝트를 진행하기 위해서 팀이 개발되어야 한다. 팀 개발을 목적으로 팀 구성 직 후에 예비발표를 실시하는데, 이때 준비해야 하는 것들로는 다음과 같은 것들이 있다.

**1) 개인 소개**

**2) 팀 기본 규칙**

**3) 팀원 임무 규정**

**4) 주제 선정을 위한 예상 주제 목록**

위 네 가지 항목 중에 2), 3)은 앞 절에서 제시된 내용과 양식을 사용하면 된다. 여기서 1) 개인소개와 2) 주제 선정을 위한 예상 주제 목록에 대해서 설명이 필요하다. 앞 절에서 설명한 바와 같이 팀 개발에는 구성기, 시련기, 안정기, 활동기로 구성되는 단계들이 있다. 팀 "구성기" 단계에서 구성원들 간의 서로를 이해하고, 팀원 임무 규정을 정할 때 도움이 되도록 개인소개가 필요하다. 개인소개는 특별히 양식이 필요하지 않고, 팀 내에서 양식을 통일할 필요도 없다. 저자의 경험으로 볼 때, 통일된 양식은 개인소개를 하는데 오히려 장애요인으로 작용한다. 파워포인트의 다양한 기능에다 사진, 애니메이션, 동영상 등을 활용하면 멋진 자기소개 자료가 나올 수 있고, 이렇게 완성된 자기소개 자료는 개개인의 이력관리로 계속 활용할 수도 있다.

프로젝트를 하기 위해 주제를 선정하는 일은 제일 어렵고, 중요한 일이다. 회사나 어떤 공동체에서는 필요에 의해서 프로젝트 팀이 결성되지만, 대학, 창의적 공학설계 과목에서 프로젝트를 선정하기 위해서는 학생들 스스로 과제를 선정해야 하기 때문에 학생들이 혼란스러워 할 수 있다. 따라서 "필요성의 인식"이라는 주제로 다음 절에서 설명하도록 하겠다. 이 절에서는 단순히 참고로 기존에 학생들이 추진했던 과제목록을 제시한다(표 3.5).

표 3.5 기존에 추진된 예상 과제 목록

| 과제 명 | 문제 정의 |
|---|---|
| 흡연 | 흡연자와 비흡연자의 갈등은 왜 존재하는가? |
| 숙취해소법 | 숙취를 해소하는 방법은? |
| 미래의 핸드폰 | 현재의 핸드폰과 미래의 핸드폰 |
| 전자파 폐해 | 전자파의 폐해를 극복하는 방법은? |
| 환절기의 피부 관리 | 환절기에 거칠어지는 피부를 해결할 수 있는 방법은? |
| 라면을 맛있게 먹는 방법 | 라면, 이대로 먹을 수 없다. |
| 휴대폰 중독 | 휴대폰 중독으로부터 해방! |
| 다이어트 | 건강하고 아름다운 몸을 위지하기 위한 다이어트는? |
| 트랜스젠더 | 트랜스젠더를 과연 남자, 여자로 인정할 수 있는가? |
| 황사 | 황사가 우리에게 미치는 영향과 그에 대한 대처방안 |
| 눈을 위한 제품들 | 눈을 위한 제품들(예, 안경)은 무엇이 있는가? |
| 압정 | 압정의 뾰족한 부분이 위를 향해 있어서 위험하다. |
| 냉장고의 개선 | 식재료를 빨리 찾기가 어렵다. |
| 감기 | 감기가 강해지려면? |
| 자전거 | 타기 편한 자전거, 엉덩이가 덜 아픈 자전거 |

| 대학 1년생의 대학생활 | 보람된 대학 생활을 하는 방법 |
|---|---|
| 만원을 잘 쓰는 방법 | 만원, 효율적으로 쓰는 방법은? |
| 음식물 쓰레기통의 개선 | 가정용 음식물 쓰레기통의 개선 방안은? |
| 숙면을 취하는 방법 | 깊은 숙면을 취하는 방법 |
| 회초리 | 가장 적절한 회초리는? |
| 구두 굽을 조절하는 방법 | 어떻게 하면 비 오는 날 바지가 덜 젖을 수 있을까? |
| 여드름 | 여드름의 원인은? |
| 발표할 때 긴장 | 발표할 때 긴장을 해소하는 방법 |
| 비듬 | 비듬 해소법 |
| 미니 홈피 | 미니 홈피 활용법 |
| 리모컨 | 집에서 리모컨을 쉽게 찾기가 어렵다. |
| 백수 | 백수 탈출 방법 |
| 내 집 마련 | 대학졸업 후 최단시간 내에 내 집 마련 방안은? |
| 시계 | 시계의 활용도를 높이는 방법 |
| 이어폰 줄 | 이어폰 줄이 자주 꼬여서 짜증이 난다. |
| 시간 관리 | 효과적인 시간 관리법 |
| 웰빙 | 도심 속에서 웰빙을 체험할 수 없을까? |
| 대체 에너지 | 가능한 대체 에너지는? |
| 면접 | 면접 200배 잘 보기 |

## 3.2 의사소통

준비 활동 : 유치원 아이들에게 이해하기 어려운 법칙(예, 엔트로피, 엘리베이터 알고리듬) 설명하기(5분 활동, 5분 발표)

상대방이 이해하기 어려운 알고리듬을 설명할 때 느끼는 어려운 점에 대해서 이야기 하고 이를 해결하기 위한 방안에 대해서 토론해 보자. 아울러 의사소통 능력의 중요성과 필요성을 체험하도록 하자.
엘리베이터 알고리듬이란? - 엘리베이터 사용자가 자기가 가고자하는 층으로 먼저 엘리베이터 버튼을 눌렀다고 하더라도 엘리베이터가 자기 앞에 먼저 서지 않을 수 있다. 이는 엘리베이터의 현재 진행 방향과 밀접한 관련이 있는 것인데 엘리베이터가 올라가고 있다면 올라가는 방향에 있는 층에서 올라가는 방향의 층으로 이동하는 사람에게 엘리베이터는 멈추게 된다. 즉, 엘리베이터는 먼저 버튼을 누른 사람에게 항상 우선권이 있는 것이 아니고 엘리베이터 진행방향과 같은 방향으로 진행하고자 하는 사람에게 우선권을 준다.

**의사소통과 관련된 주요내용은 다음과 같다.**

▷ 의사소통과 팀워크

▷ 의사소통의 장애요인

▷ 30초 메시지

▷ 효과적 기술 문서 작성

### 3.2.1 의사소통과 팀워크

의사소통은 말하기와 듣기, 읽기와 쓰기의 두 가지가 있으며 쓰기에는 기술문서 외에 도면 작성까지도 해당한다. 의사소통은 인간관계의 상호작용까지도 포함하며. 훌륭한 의사소통은 공학설계 및 제품 구현 과정의 모든 단계와 관련이 있으며 의사소통이 분명치 않을 경우 뛰어난 기술적 아이디어나 혁신적 설계개념이 제대로 상대방에게 전달되지 못하여 제품이나 사업화로 연결되지 못하는 경우가 생기게 된다. 직장에서 해고당하는 가장 큰 이유는 상사 또는 동료들과의 보조를 맞추지 못하기 때문이다. 남들의 의견을 어떻게 듣고 어떻게 긍정적으로 교류해야 하는지등과 같은 의사소통 기술은 건설적인 팀워 형성에 매우 중요한 요소이다. 따라서 의사소통 기술은 성공하는 엔지니어의 필수 병기이며 많은 연습과 다듬는 과정을 반복함으로써 발전된다.

활동 : 좌절하지 말고 대화하라!(15분)

네드 허만 그룹은 의사소통에 대한 "네 가지 관점"을 제시하였다. 그것은 네 개의 사분면 사고선호자들을 짜증나게 하거나 낙담하게 하는 "주요 요소"를 평가하는 것이다. 표 3.6의 항목 중 의사소통의 효과를 감소시킨다고 생각되는 항목을 표시하라. 이들 중 많은 것은 다른 사분면의 강한 선호도의 결과이거나 어느 특정한 사분면의 사고성향을 회피하는 결과일 것이다.

표 3.6 효과적인 의사소통에 대한 장애(또는 무엇이 사람들을 짜증나게 하는가)
"어떻게 우리와 다른 사고선호 경향을 갖는 사람들과 의사소통을 할 수있을까?"

**A분면 선호인과의 의사소통 장애**

〈합리적인 자아 : 분석, 정량화, 논리적, 비평, 현실적, 숫자를 좋아함, 돈에 관해서 앎, 일이 어떻게 움직이는지 앎〉

- 분명치 않은 주제에서 벗어난 대화
- 지나친 수다 떨기
- 막연하고, 모호한 설명 또는 지시
- 비논리적인 논평
- 비효율적인 시간 사용
- 자료나 사실의 부족
- 부적절한 비공식적인 행위
- 공공연한 개인감정 표출
- "올바른"답을 알지 못한다는 느낌

- 도전과 토론에 대한 두려움
- 아이디어의 충분치 못한 증명이나 사실의 부족
- 명확하지 않음
- 지나치게 손과 제스처를 사용함
- 비현실적이거나 과민하게 감동하는 경향

### B 분면 선호인과의 의사소통 장애

〈보호 자아 : 예방 행동을 함, 절차를 세움, 일을 시킴, 믿을 수 있음, 조직화 함, 단정함, 시간에 맞춤, 계획 〉

- 명확한 의제가 없거나 알려지지 않음
- 체계화가 안 됨
- 주제에서 자꾸 벗어남
- 같은 이야기의 끝없는 반복
- 예상할 수 없는 경우
- 너무 빠른 속도로 말함
- 분명치 않은 설명이나 언어
- 너무 가지치기를 많이 하고 말함
- 불완전한 문장
- 끝맺음의 부족
- 한 사람이 전체의견을 마무리하지 못하게 함
- 한 번에 너무 많은 생각을 함
- 예상하지 않은 엉뚱한 이야기

### C 분면 선호인과의 의사소통 장애

〈감성 자아 : 다른 사람에게 민감함, 가르치기를 좋아 함, 많이 접촉함, 지원, 표현, 감성적임, 말을 많이 함, 느낌〉

- 대화의 부족
- 눈을 마주치지 않음
- 비인격적인 접근이나 예

- 건조하거나 "차가운" 성의 없는 대화
- 무감각한 비평, 의견
- 서로간의 공감형성을 위한 시간부족
- 인색한 감사나 칭찬
- 감정 존중의 부족
- 지나치게 직선적이거나 퉁명스러움
- 비판적이거나, 판단적인 태도와 목소리
- 대화를 끊거나 무시함
- 남에 대한 동정심 부족
- 일대일 대화의 회피
- 자료에 의존, 난센스의 부재

**D 분면 선호인과의 의사소통 장애**

〈경험자아 : 추론, 상상, 사색, 위험을 무릅씀, 충동적, 규칙을 깸, 놀라움을 좋아함, 호기심/놀이〉

- 같은 얘기의 반복
- 너무 느린 속도의 대화
- "책에서는" 또는 "안전하게"란 말을 사용
- 지나치게 조직적이고, 예상할 만한 대화
- 유머나 재미가 없음
- 유연함의 부족, 너무 완고함
- 개념이나 은유적인 뜻을 이해할 수 있는 능력의 부족
- 지나친 숫자 사용
- 나무들 때문에 숲을 볼 수 없는 경우
- 막연한 것에 대해 이야기하는 능력의 부족
- 좁은 식견
- 새로운 접근에 대한 거부
- 건조하고, 지루한 주제나 방식

## 3.2.2 의사소통의 장애요인

능숙한 의사소통은 유창한 말 이상을 요구한다. 대화는 유창한 말보다 중요하다. 우리가 대화할 때, 단지 어떤 사실과 방법만 전달하는 것이 아니라 감정과 가치, 희망, 꿈을 함께 전달하고, 우리의 태도를 바디랭귀지로 표현한다. 의사소통은 사람들의 언어, 사고방식, 문화, 그리고 기억 등이 같을 때 더욱 쉬워진다.

오늘날과 같은 변화의 시기에는, 서로 간에 많은 공통적인 연대감이 있다고, 또는 평상시와 같이 신뢰할 수 있다고 가정해서는 안 된다. 능숙한 의사소통은 변화의 시기에 더욱 중요하다. 우리의 성공은 생각과 방법을 남에게 파는 우리의 능력에 달려있다. 의사소통은 단지 보내고 받는 것뿐만이 아니라 상대가 이해해야 하고 응답해야 한다.

의사소통은 그림 3.6에서 보는 바와 같이 발신자, 수신자, 메시지를 포함한다. 우리는 발신자로서 우리의 메시지를 최대의 관심과 동기를 유발해야 한다. 수신자는 그 메시지를 제대로 이해하기 위한 충분한 시간과 정보를 가져야 한다.

필터는 메시지를 왜곡시킨다. 그 내적 요인으로는 언어, 문화, 가치, 편견, 기억, 경험, 감정, 기대, 패러다임, 시간압박, 대화능력 부족, 두뇌의 사고 성향 등이 있다.

외적 요인으로는 말하는 사람이나 듣는 사람 주변의 환경의 영향으로 전화벨소

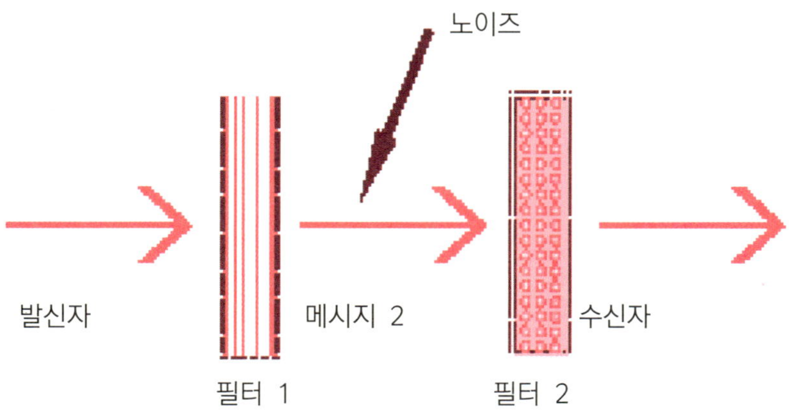


그림 3.6 의사소통에 영향을 주는 요인들

리, 차 소리, 다른 사람들의 말소리, 천둥소리, 음악소리 등이 노이즈로 작용하여 메시지에 혼란을 야기한다.

의사소통의 장애요인을 극복하기 위한 방안으로는 다음 몇가지에 주의할 필요가 있다.

1. 말하는 사람이 무엇을 말해야 하는지 자기 스스로도 잘 모르는 경우가 많이 있다. 이러한 경우 아이디어는 조직되어 있지 않은 경우가 많으며, 또한 어떻게 이 아이디어를 순차적이면서 논리적으로 말로 표현해야 할 지 잘 모르는 경우이다. 이런 경우에는 듣는 사람은 논리적이지 못한 메시지를 종합하고 이해하느라 너무 많은 에너지를 소모하므로 일반적으로 중도에 이야기 듣는 것을 포기해 버리는 경우가 많다. 따라서 말하려는 사람의 아이디어가 논리적으로 정리되어 있어야 한다.
2. 말하는 사람의 아이디어가 조직적으로 정리되고 전달될 준비가 다 갖추어졌다고 하더라도 아이디어가 말로 변하는 순간 필터를 통과하면서 메시지의 왜곡이 일어나게 된다. 이 필터에 해당하는 것이 바로 말하는 사람이 가지고 있는 내적요인이다. 즉, 같은 아이디어라고 할지라도 그 사람이 가진 경험, 언어, 사고방식, 문화 등에 따라서 서로 다른 메시지가 되는 것이다. 그림에서 메시지 1로 표현된 아이디어가 필터 1을 통과하면서 왜곡되고 일정부분 정보가 손실된 상태로 표현되어 전달된다. 필터 1의 형성에는 앞에서 설명한 내적요인이 영향을 미친다고 볼 수 있다.
3. 듣는 사람도 비슷한 형태의 필터를 가지고 있다. 즉, 듣는 사람의 경험, 언어, 사고방식, 문화 등이 필터 2에 해당하고 이는 듣는 사람이 가지고 있는 내적요인이라고 말 할 수 있다. 만약 말하는 사람이 영어로 이야기하고 듣는 사람이 한국어만 이해할 수 있다면 필터 2는 모든 메시지를 거부할 것이다. 따라서 말하는 사람의 필터와 듣는 사람의 필터를 최대한 비슷하게 맞추면 의사전달에서 정보의 손실이 최소화 될 것이다. 이들 관계는 라디오 방송과도 비슷한 면이 있다. 즉, 방송국에서 어떤 메시지를 특정한 주파수(필터 1)로 송신했을 때 그 주파수를 맞춘(필터 2) 라디오에서만 그 메시지를 들을 수 있는 것이다. 하지만 만약 방송국에서 보내는 메시지가 뒤죽박죽된 메시지라면 아무리 청취자가 그 메시지를 들어도 이해할 수 없을 것이다. 그러므로 필터1과 필터2를 잘 일치시켜야만 한다.

4. 말이 필터 1을 통과해서 필터 2에 이르기 까지 노이즈가 메시지에 첨가된다. 즉, 주위의 소음이나 다른 주의를 끄는 것들 및 다른 이야기들이 이에 해당한다. 따라서 노이즈를 제거하고 가급적 큰소리로 이야기해야 한다.

### 실습활동 : 자신의 의사소통에 대한 행동방식 관찰하기

자신의 의사소통 행동 방식에 대하여 아래와 같은 문항의 점검표를 만들어 매일 점검하고 자신에게 개선이 필요한 부분을 순서대로 5가지를 나열한 후 해결방안을 검토하라.

자신의 의사소통 능력 점검표

- 사람을 판단하기 전에 그를 알아보는 노력을 하는가?
- 침착하고, 편안하고, 개방적이고 친절하며 남에게 관심을 보이는가?
- 사람을 존중하고 있는 그대로 받아들이는가?
- 함께 시간을 보내고 일대일로 대화하는가?
- 이해적이고 협조적인가?
- 서로의 관점을 청취하고자 하는가?
- 긍정적 태도를 가지는가?
- 항상 리더(또는 조정자)가 되려고 하지 않는가?
- 자신의 몸동작을 관찰하는가?
- 유머 감각을 가지려고 하는가?
- 공정한 논쟁법을 배우고 있는가?
- 대화 중재자를 가지려 하는가?

## 3.2.3 능숙한 의사전달자가 되기

**능숙한 의사전달자가 되기 위해서 다음사항들을 준수하는 것이 좋다.**

사람들 판단하기 전에 그를 알아야 한다.

침착하고, 편안하며, 개방적이고 친절하게 남에게 관심을 보인다.

사람을 존중하고 있는 그대로 받아 들인다.

함께 시간을 보내고 일대일로 대화한다.

이해적이고 협조적이어야 한다.
서로의 관점을 들어야 한다.
긍정적 태도를 가져야 한다.
항상 리더(또는 조정자)가 되려 하지 말아야 한다.
바디랭귀지를 관찰한다.
유머 감각을 가진다.
공정한 싸움법을 배워야 한다.
대화 중재자를 가진다.

### 데일 카네기의 의사소통 아이디어

- 이름을 기억하라.
- 당신이 잘못했을 때 인정하라.
- 상대방의 흥미를 끄는 단어로 말을 하라.
- 다른 사람의 체면을 지켜주어라.
- 다른 사람들의 의견을 존중하라.
- 진심으로 우러나온 칭찬과 진솔한 감사를 전하라.
- 질문을 하라 : 직접적인 지시를 하지 마라.
- 예의 바르고, 격려를 하라. 웃음을 잃지 말라.
- 상대방으로 하여금 자신이 중요하다고 느끼게 하라.

### 좋은 청취자가 되기

우리가 하는 말을 청취가가 잘 들어주기를 원한다면 다음과 같이 해야 한다.

- 잘 들리도록 크게 말 한다.
- 정확한 언어를 사용한다.
- 청취자가 집중할 수 있도록 흥미로워 하는 단어로 명확하게 말한다.
- 청취자의 사고 경향, 지식수준, 문화적 경험에 대해 이해하고 말한다(눈높이를 맞춘다).
- 청취자의 반응을 유도한다.

1970년대 하버드대학 연구는 의사소통 시간의 **9%는 쓰기**, **16%는 읽기**, **30%는 말하기**로, **45%는 듣기**로 한다는 것을 알아냈다. 우리는 분당 120~140 단어로 말하나 집중하면 600 단어까지 들을 수 있다.

『들을 때 힘을 갖게 되나, 말할 때 사라져버린다.』

- Francois Voltaire -

UCLA에서 행한 한 연구는 음성 메시지의 7%는 **단어**로, 38%는 **음정, 고저, 억양, 비율, 강조**로, 48%는 **바디랭귀지**로 얻는다는 것을 발견했다. 따라서 듣는다는

표 3.7 능숙한 청취자의 특성

- 그는 다른 사람이 말해야만 하는 것을 듣기 원한다.
- 그는 문제해결에 도움 주기를 원한다.
- 그는 다른 사람의 감정을 진실한 것으로 받아들인다(그러나 감정은 일시적임을 이해한다.).
- 그는 다른 사람이 생각하는 것을 신뢰하고, 그들 자신의 문제들을 해결한다.
- 그는 이해하기 위해 듣고, 부정적으로 판단하지 않는다.
- 그는 메시지를 수정하거나, 주제를 바꾸지 않는다.
- 그는 작은 문제들이 아니라 목표에 집중한다.
- 그는 처음 느낌이나 외모에 속을 수 있다는 것을 알고 있다.
- 그는 발표자의 말을 끊지 않는다.
- 그는 결론으로 건너뛰지 않는다.
- 그는 미리 판단하지 않는다: 내가 전에 이것을 들었는데 이것은 따분해 이것은 너무 어려워.
- 그는 집중한다.
- 그는 시선을 계속 마주친다. (단지 서양문화에만 해당, 다른 곳에서는 아마도 무례하게 여겨질 수 있다.)
- 그는 적절하면 미소를 띤다.
- 그는 그들이 듣고 있다는 것을 보여주기 위해 적절한 바디랭귀지로 응답한다.
- 그는 질문을 한다.
- 그는 말한 것의 의미와 사실을 요약할 수 있다.
- 그는 무언의 메시지를 골라낼 수 있다.
- 그는 비 관습적인 행동이나 노여움에 의해 흐트러지지 않는다.
- 그는 그들 자신의 행동을 조절할 수 있고 해결책에 집중할 수 있다.
- 그는 협조적인 반응(요청 받으면, 건설적인 비평)을 줄 수 있다.

것은 메시지를 구성하는 단어 이상의 것들을 포함한다. 우리는 질문하고 자신이 답을 발견할 때 가장 잘 배우기 때문에, 청취자의 질문을 끌어내는 것이 중요하다.

**◆ 실습 활동: 다음 글을 읽고 팀별로 의사소통에 대한 행동방식을 토의하고 그 결과를 발표해 보자.**

앤드류 카네기(1835-1919)는 미국의 대표적인 성공한 자선사업가중의 한 사람이었다. 그는 가난한 집안에서 태어났으나 후에 미국의 철강사업을 일으켜 막대한 부를 축적한 후에 거의 모든 재산을 사회에 환원함으로써 노블리스 오블리제를 실제로 실천한 인물로 유명하다. 그는 임종을 앞두고 유족들에게 "내가 죽거든 관에 구멍을 뚫고 네 손과 발이 보이도록 내놓고 시가지를 행진하라"고 유언하였고 유족들은 그렇게 하였다. 이 모습을 지켜본 뉴욕 시민들은 경악하였다.

## 3.2.4 어떻게 30초 안에 당신의 관점을 남에게 이해시킬 수 있는가?

이러한 의사소통은 현대와 같은 바쁜 시대에 적절하다. 우리는 지금 정보화 시대에 살고 있으며, 쏟아져 나오는 정보에 묻혀있다. 의서소통 전문가인 밀로 프랭크(Milo O. Frank)는 그의 책에서 "어떻게 30초 내에 당신의 관점을 이해시킬 수 있는가"에 대하여 소개하였다. 그의 개념을 소개하면 다음과 같다.

- 당신의 생각을 말하고 쓰는 것에 집중하라.
- 논리적이고 간결하게 하라.
- 주의 깊게 듣는 능력을 향상시키고 대화가 계속되게 하라.
- 더 나은 발표를 하라. 아이디어 '판매'에 성공하라.
- 논점을 효과적으로 하기 위해 질의응답을 하라.
- 자신감을 증진시키고 목표를 성취하라.

왜 30초 이내이어야 하는가? 왜 1분, 2분, 5분이어서는 안되는가? 표 3.8에 그 이유를 나열하였다.

표 3.8 메시지가 왜 30초 이내이어야 하는가?

요청하는 글이나 메모는 너무 지루하다. 당신에게 온 잡다한 메일이나 전화부탁을 생각해 보아라.

- 보통 사람의 평균 집중시간은 30초이다.
- 의사들은 진단을 시작하고 신체를 검사하기까지 환자의 이야기를 듣는 시간은 겨우 19초이다.
- 신용보고서에는 당신에게 100단어 이내로 설명하게 한다.
- 이메일 메시지는 컴퓨터 한 화면 이내일 때, 즉 스크롤이 필요 없을 때 가장 효과적이다.
- TV 광고는 메시지를 30초 안에 효과적으로 전달한다(대게 광고 시간은 약 15초이다).
- TV 기자들은 뉴스를 소개하는데 약 30초를 사용한다. 그 후에 토픽이나 설명이 30초를 넘지 않게 뒤따른다.
- 만약 당신이 30초 안에 설명할 수 없다면, 아마도 당신은 전달하고자 하는 내용을 정확히 파악하지 못했을 것이다. 보충 설명을 위해서 더 많은 시간이 필요할지 모르지만, 당신이 전달하고자 하는 주된 내용은 매우 간결해야 한다. 링컨 대통령의 케티스버그 연설과 조지 워싱턴의 취임 연설은 간결하지만 매우 효과적인 메시지들이다.

표 3.9 30초 메시지 준비요령

"초보자는 30초 메시지를 발표하기 위해 보통 1시간 이상 준비해야 한다."

- 준비

전할 메시지를 준비할 때 목적, 청중, 정책(접근방법)을 결정하여야 한다.

- 메시지

메시지의 세 가지 사항에 대하여 생각하여야 한다.

고리: 관심 끌기, 유머나 시각교재 사용
주제: 메시지의 목적, 누가, 언제, 어디서, 무엇을, 어떻게, 왜에 따라
마무리: 당신이 원하는 것을 강력하게 또는 은근하게 요구

- 발표

구술발표에서, 태도와 외모, "행동하기", 말하는 방식 등은 메시지의 의미를 전달하는데 도움이 되기 때문에 중요하다.

태도와 외모 : 잘 어울리게, 얼굴표정, 시선, 자세, 몸짓, 억양, 외모, 옷 등
행동하기 : 친근한 행동, 미소, 배우처럼, 대본 읽듯이 하지 말 것
말하는 방식 : 말할 때 표정과 목소리에 감정을 나타내기, 목소리에 억양

첫 번째 접근방식

두 번째 접근방식

블론디만화(1991.9.15) King Features Syndicate의 승인을 얻어 인쇄함.

첫 번째 접근 방법과 두 번째 접근방법의 차이는 무엇일까? 두 번째 접근 방법이 성공한 이유는 무엇일까? "청취자"에게 제시된 이득 내용들이 그것과 관련이 있다고 생각하는가?

## 3.2.5 효과적인 기술문서 작성

- **뚜렷함** : 모든 공학 정보는 애매모호하지 않아야 하며, 의심의 여지를 남기지 말아야 한다. 준비가 잘된 공학 도면은 설계 결정의 명확한 서술을 제시할 수 있는 뛰어난 도구이다.

- **간결성** : 주도 면밀성이나 뚜렷함에 도움이 되지 못하는 지나치게 상세한 내용은 피해야 한다.
- **정확성과 정밀성** : 정확성은 정확한 정보의 제공을 말하며, 정밀성은 정보의 불확실성 수준을 말한다. 예를 들어 어떤 전구를 '100 와트' 전구로 표현할 때, 이 전구 등급은 정확한 전구의 등급이지만, 정밀성의 수준이 실제로 100±2와트일 때 정밀성은 100분의 2이다.
- **주도면밀함과 논리적 구성** : 작성하기가 용이한 서식으로 필요한 모든 정보를 나타내야 한다.
- **독자에 초점** : 정보의 사용자에 초점을 맞추어야 한다. 예를 들어 마케팅 부서에서 보는 도면은 제조 작업장 요원이 보는 도면과는 아주 다를 것이다.
- **신뢰성** : 투자 은행가, 매니저 또는 설계구매 고객들은 설계가 잘 작성되어 있고 제품이 제 기능을 발휘할 수 있다는 보증을 원한다. 즉 그들은 제시된 개념이 시험을 거친 것임을 알기를 원한다. 이러한 신뢰성을 얻는 것은 좀처럼 단순한 일이 아니다. 설계가들은 아이디어의 연구, 분석, 종합, 시험하는 과정을 모두 수행해야 한다.
- **시기의 적절성** : 제품 사용 또는 프로젝트 납기 등 일정에 맞추어 작성한다.

글 잘 쓰는 과학자가 성공할 확률 높다
갈릴레이·다윈·프로이드는 베스트셀러 작가
(출처: 글 잘 쓰는 과학자가 성공할 확률 높다(신동호 기자, 과학동아 2002년2월))

〈베스트셀러 작가 반열에 오르기도〉[13)]

위대한 과학자들 가운데는 위대한 작가가 많다. 지난 5백 년 동안 과학혁명을 주도해 왔던 코페르니쿠스, 갈릴레이, 뉴턴, 다윈, 프로이드, 베게너, 슈뢰딩거, 자크 모노, 제임스 왓슨, 레이첼 카슨 등은 단지 논문뿐 아니라 대중이 읽을 수 있는 훌륭한 책을

13) 창의공학(박강 외, 인터비젼, 2005)

쓴 사람들이다.

갈릴레이는 지구중심설과 태양중심설을 믿는 두 학자와 한명의 지식인 간의 논쟁을 희곡처럼 구성한 '대화록'을 써 단숨에 유명해졌다. 이로 인해 결국 로마 교황청에 끌려가 무기징역을 선고받기도 했다. 다윈이 5년 동안 남미와 갈라파고스를 둘러보고 돌아와서 쓴 '비글호의 항해'는 보고 경험한 것을 너무도 생생하게 묘사하고 있어 문학사에서도 고전으로 꼽힌다. 진화론을 체계화한 '종의 기원'은 판매가 시작되자마자 매진된 베스트셀러였다. 감춰져 있던 무의식의 세계를 파헤친 정신과 의사 프로이트는 '꿈의 해석'을 고전으로 남겼다. 양자역학의 기초를 세운 슈뢰딩거는 말년에 15년 동안 아일랜드에 살면서 물리학, 철학, 과학사를 섭렵해 '생명이란 무엇인가'를 썼다. 젊어서 이 책을 읽고 감명 받은 DNA 나선구조 발견자 제임스 왓슨은 나선구조를 밝혀내는데 관여한 사람들의 도전과 욕망을 그린'이중 나선'을 써서 과학자들의 애독서가 되고 있다. 미국의 해양생물학자인 라첼 카슨이 쓴 '침묵의 봄'은 환경운동의 기폭제 역할을 했다.

요즘도 선진국에서는 과학자들이 책을 통해 대중의 지적 욕구를 채워주는 지식인 역할을 많이 하고 있다. 대중 저서로 퓰리처상을 두 번 받은 사회생물학자 에드워드 윌슨, '이기적 유전자'를 쓴 리처드 도킨스, '시간의 역사'를 쓴 스티븐 호킹, 가이아 학설을 주창한 제임스 러브록과 린 마굴리스, 마음을 파헤치는 이론 물리학자 로저 펜로즈 등은 전문 작가 빰치게 글을 써 베스트셀러 작가의 반열에 오른 인물들이다.

글은 엉켜진 생각을 질서 있게 정리해주는 묘한 마력을 지니고 있다. 그래서 글쓰기를 '마음의 서치엔진(search engine)'이라고도 한다. 과학은 '생각하는 방식'이다. 생각하는 방식을 바꾸지 않고서는 새로운 것을 발견할 수 없다. 하찮은 실험 결과도 자꾸 글로 정리하면서 마음의 서치엔진을 작동시키다 보면 대 발견에 이를 수 있는 것이다.

**글쓰기 관련 추천도서를 열거하였으니 참고하기 바란다.**

1) 우리글 바로쓰기1, 2, 3(이오덕, 한길사, 1992)
2) 우리문장쓰기(이오덕, 한길사, 2005)
3) 한국의 이공계는 글쓰기가 두렵다(임재춘 저, 마이넌, 2003)

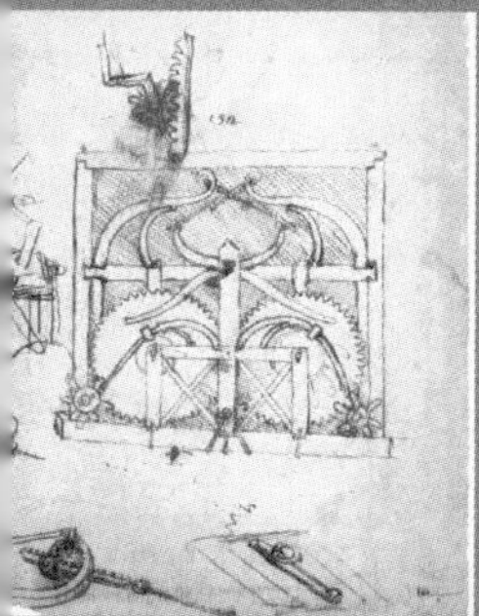

# 창의적 사고를 저해하는 장애 요인들

CHAPTER 4

## 4.1 개요

일반적으로 사람들은 *창의성*은 인간에게 주어진 천부적 재능이라 생각한다. 그러나 이 창의성과 창의적 사고는 다른 개념이다. 즉, 천부적으로 창의성은 떨어진다 해도 많은 사람들이 창의적 사고를 자지고 우리에게 닥친 문제를 해결할 수 있다. 다만 우리 각자가 '창의적이지 못하다.' 또는 '창의성이 없다.'고 생각하는 것은 우리의 창의적 사고를 저해하는 여러 가지 장애가 있기 때문이다. 따라서 우리가 창의적 사고로 어떤 문제를 해결하기 위해서는 이 장애를 극복해야 한다.

대부분의 공학인들은 천성이 분석적이다. 새로운 아이디어와 개념이 제안되었을 때, 그들은 즉시 그것의 강점과 약점을 평가하기 시작한다. 그러나 그러한 사전 분석이 처음의 비현실적인 아이디어를 다듬어, 실현가능한 개선된 형태로 바꿀 수 있는 우리의 기회를 박탈할 수 있다. 이 장을 통해 우리는 많은 공학 혁신이 사소한 개념에서 시작하여, 계속 다듬어 지고, 통합을 통해 최종 실용적인 해결책으로 거듭난다는 것을 알게 될 것이다.

따라서 창의성을 장려하는 여러 가지 기법을 검토하기 전에 우리는 창의적 사고를 저해하는 일반적인 요인들을 검토하고자 한다. 보통 창의적 사고를 저해하는 장애 요인은 대부분이 심적 장애(보통 '심리적 관성'이라 부르는 장애), 즉 인식장애,

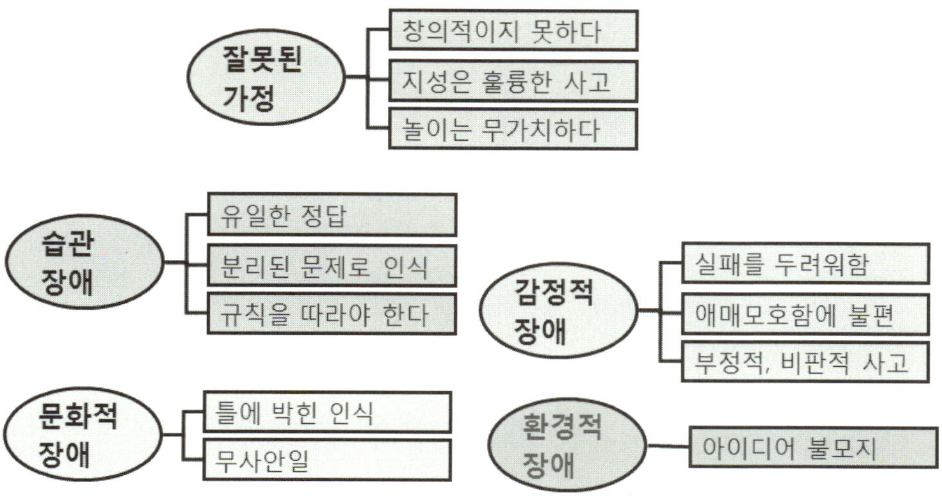


그림 4.1 창의적 사고를 저해하는 심적 장애들

잘못된 가정들, 습관(문화)장애, 감성(감정적)장애 문화적 장애, 환경적 장애와 표현 장애 등이 있다.

그런데 이런 대부분의 심리적 장애 극복도 어렵지만 모든 사람이 우수한 창의적 해결책을 얻는데 가장 장애를 느끼는 것이 지식장애이다. 어쨌든 문제해결을 위한 창의성(창의적 사고)을 개발하려면 먼저 이러한 장애들을 극복하여야 한다.

## 4.2 지식 장애

공학인들이 기술적 문제에 대한 창의적이면서 실용적인 설계 해결책을 얻기를 원한다면, 그들은 과학적 원리와 현상에 대해서 잘 알아야 한다. 공학은 기술적 문제를 해결하기 위한 과학의 응용이다. 대부분의 공학적 해결책은 공학인이 사용하는, 한 가지 이상의 과학적 원리에 기반을 두면서 창의적인 방식으로 이끌어 낸다. 즉, 아이디어를 이끌어 내는 합리적이며 깊은 과학적 지식기반 없이 우리는 새롭고 놀라운 방식으로 문제를 해결하기는 어렵다. 우리는 공학적 해결책을 이끌어 내는데 지식적인 어려움, 즉 장애를 겪을 것이다.

표 4.1 발명문제를 해결하기 위한 물리효과와 현상의 응용(일부 예시)

| 기능(또는 목적) | 과학 현상 |
|---|---|
| 혼합물 분리하기 | ▪ 전기 및 자기를 이용한 분리<br>▪ 전기장/자기장을 걸어 액체 유동 점도 변화시키기<br>▪ 원심력 ($F = mr\omega 2 = mv 2 / r$)<br>▪ 收着 (Sorption)<br>▪ 확산<br>▪ 삼투현상 |
| 물체 위치 안정시키기 | ▪ 전기장, 자기장 걸기<br>▪ 전기장/자기장에 의한 액체의 위치 고정<br>▪ Gyroscope effect<br>▪ Reactive force |

표 4.2 과학현상을 설명하는 과학 키트들

| No | 과학 키트 | 특징 |
|---|---|---|
| 1 | Solar Cells | 태양전지 |
| 2 | Nitinol Memory wire(special) | 형상기억 |
| 3 | Amazing Long-Spinning Top | 팽이 |
| 4 | Piezo-electric Igniter | 압전 소자1 |
| 5 | Platinum Pro Levitron Top (Levitron Top Starter) | 부양 팽이 |
| 6 | Ferromagnetic Putty | 자기유체 |
| 7 | Invitation to Science Inquiry -by Tik Liem | 과학 실험책 |
| 8 | Invitation to Science Inquiry -Supplement | 과학 실험책 추가분 |
| 9 | The Unknown World-Nova Video | 미세 유기체 DVD |
| 10 | Eddy Current Kit | Eddy Current |
| 11 | Oxygen -With Teacher Guide | DVD |
| 12 | Physics Demonstrations Sourcebook | 책과 DVD |
| 13 | Rock Candy Crystal Glowing Experiment Kit | 설탕 결정성장 |
| 14 | Fuel Cell Car Kit | 연료전지 차 |
| 15 | Astronaut ice Cream | 우주인 아이스크림 |
| 16 | Super Precision Motorized Gyroscope(Gimbal Accessory Set) | 모터 자이로스코프 |
| 17 | Ultra Stirling Engine | 손 선풍기 |

알트슐러는 더 나아가 단순히 과학적 지식을 아는 것만이 아니라, 과학적 현상을 기능과 목적으로 재배치해야 한다고 주장하였다.[14] 표 4.1에서 보는 바와 같이 좌, 우 세로축으로 기능(또는 목적)과 그와 관련된 과학현상이 제시되어 있다. 예를 들어 혼합물의 분리를 원하는 경우, 전기 및 자기를 이용한 분리 등 6가지의 과학현상이 제시되어 있다. 제시된 과학현상은 공학의 전 분야에서 추출된 것들이므로 해당 분야 전공자가 아닌 경우에 완벽하게 이해하기가 어려움이 있다. 이러한 과학 현상을 설명하는 간단한 모형들이 과학 키트로 판매되고 있다. 이 키트를 이용하면 그 원리를 쉽게 이해할 수 있다.(표 4.2)

14) 창의성은 과학이다(박성균 역, 인터비젼, 2006), 부록 3

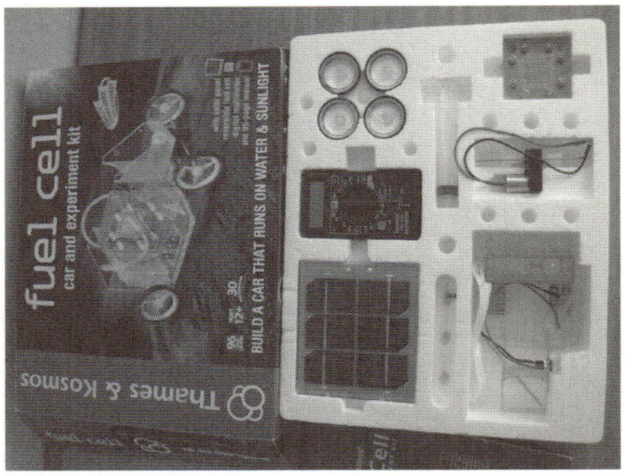


태양열/연료전지 차 키트

Eddy Current 키트

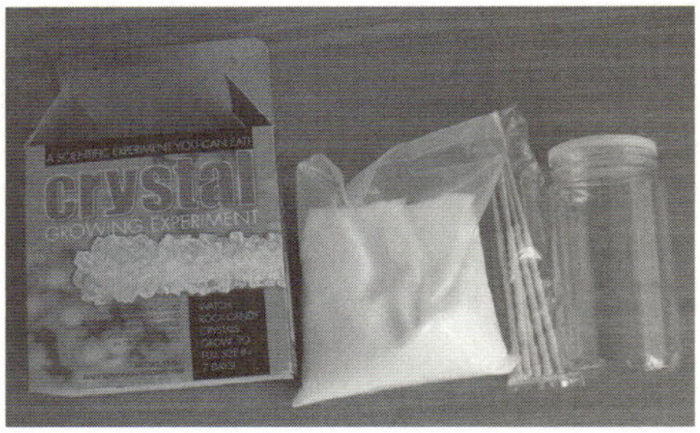


결정성장 키트

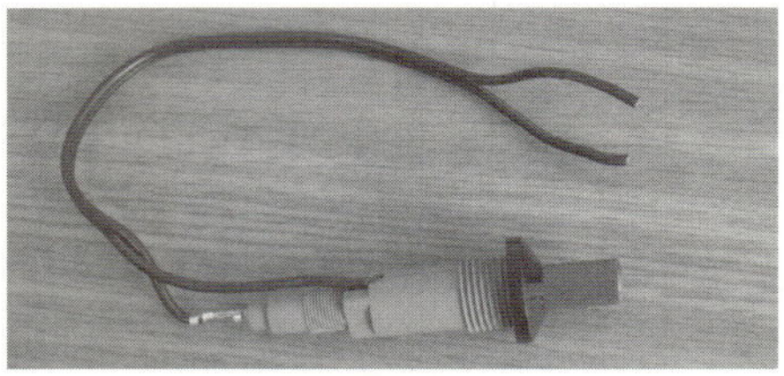

압전 소자

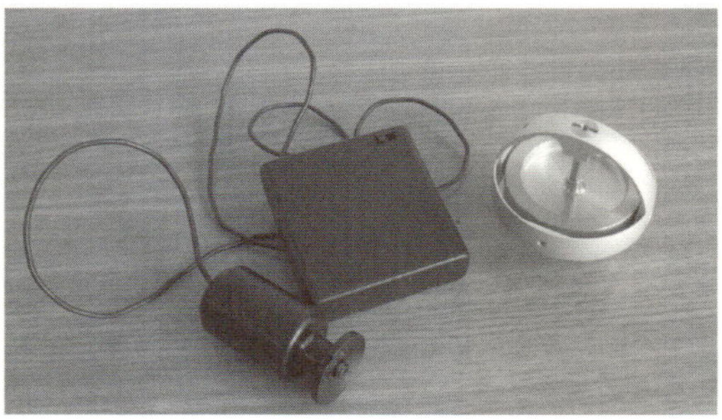

자이로스코프

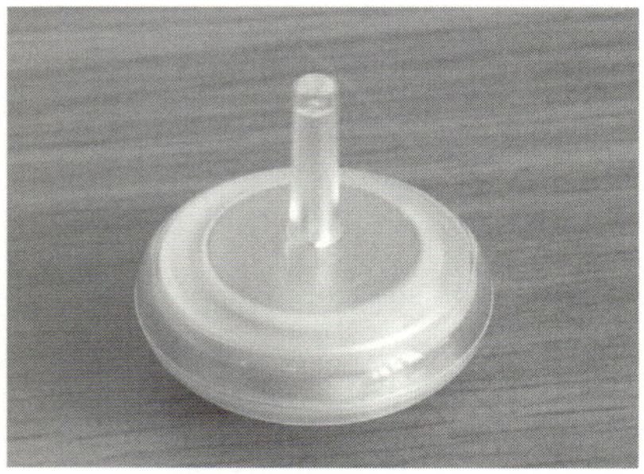

영구 운동 팽이

우주인 아이스크림

자기부상 팽이

자기 유체

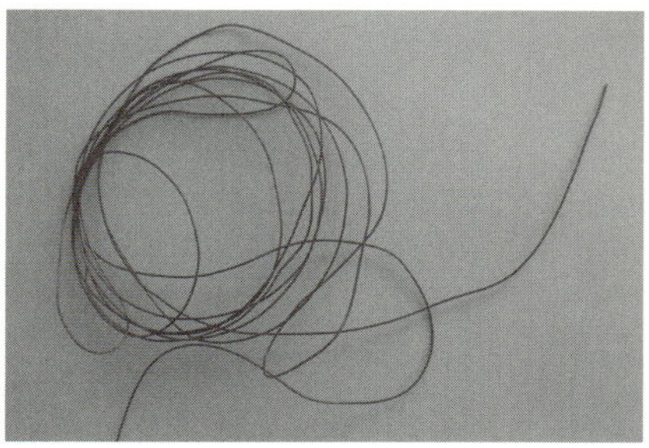

형상기억 합금

스털링 엔진

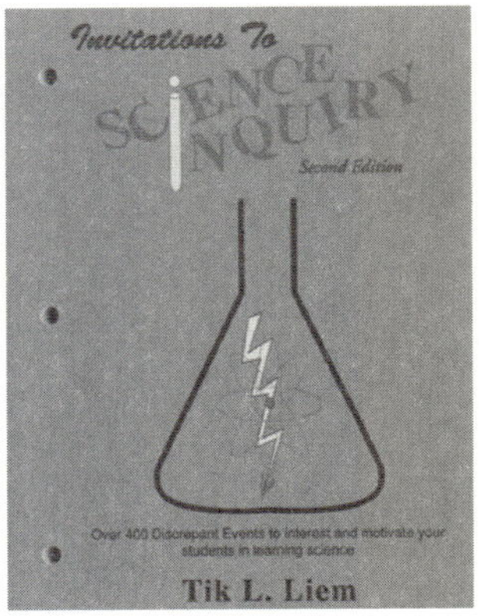


기초과학 실험책

미생물 세계의 DVD

과학 연극

물리 실험 DVD

## 4.3 인식 장애

때때로 우리는 해결해야 할 문제의 중요한 면을 적절하게 식별하지 못한다. 즉, 인식하려는 의지를 제한한다. 그러한 무능력은 다음과 같은 이유 때문이다.

1. 제안된 해결책 또는 문제 자체에 있는 일반적이고 상식적 요소 외의 ***사소하고 진부한 요소들***을 중요시 생각하지 않는다. 즉 일반적 요소 외의 다른 해석을 하

려는 우리의 능력을 제한한다.

우리는 연필을 봤을 때 필기도구로만 생각한다. 그러나 연필은 다음과 같이 쓰일 수 있다.

- 땔감
- 충격 흡수제나 범퍼(지우개가 부착되어 있다고 가정해서)
- 롤러, 예를 들어 책장과 같은 무거운 물체 아래에 여러 개의 연필을 넣고, **책장**을 새로운 위치로 옮길 수 있다.
- 구조물 지지 막대
- 무기(뾰족한 연필 심)
- 흑연(연필 심 자체)

2. 문제의 한계에 대한 사고의 제한 : 우리는 주어진 조건에 얽매어 추가적인 제약이 실제 설계 규격 너머에 존재한다고 생각하여, 가능한 해결책의 범위를 불필요하게 제한해 버린다.

   예를 들어 가정의 빗물 낙수 홈통이 막히는 것을 예방할 제품 설계를 요구받았다고 가정해 보자. 이러한 막힘은 나뭇잎, 공, 죽은 동물, 또는 다른 쓰레기들 때문에 생길 것이다. 우리는 처음에 표준 홈통과 낙수 시스템에 관한 상세한 정보를 얻는다. 그것으로부터 우리는 일련의 설계 목표와 규격을 개발한다.

   우리는 또한 성공적인 설계는 기존 낙수 시스템의 개선이어야 한다고 생각한다. 그러나 모아진 빗물을 집밖으로 방향을 돌리는 보다 효과적인 다른 방법으로 기존 홈통을 바꾸는 것이 최선의 해결책일 수 있다. 우리가 "홈통의 막힘"을 예방하라고 요구 받은 원래의 문제의 진술 때문에 우리는 낙수 시스템을 완전히 제거하려는 생각의 접근은 고려하지도 않을 수 있다. 이것은 전문 용어가 우리에게 주는 사고의 제한 때문에 문제의 본질과는 다르게 잘못 목표를 설정한 사례라 하겠다.

3. 과도한 정보

   종종 공학인들은 문제를 충분히 이해하기 위해서 많은 데이터를 분석해 나가야 한다. 그러나 데이터들 중에 중요한 것과 중요하지 않은 것을 구별하기가 매우 어렵다. 그런데도 우리는 실제 많은 데이터들이 불필요하다는 것을 인식 못하고 그러한 데이터들을 모두 중요하다고 생각하여 그 모든 데이터에 기초한 방대한 설계 규격을 만들어 낸다. 그러면 해결책은 너무 복잡해 진다.

## 4.4 잘못된 가정

### 잘못된 가정 I : 나는 창의적이지 못하다.

준비 활동 : 아래 그룹 중 가장 창의적이라고 생각되는 그룹을 원으로 표시하여라.

| | | |
|---|---|---|
| NASA 엔지니어 | 고교 교사 | 주부 |
| 대학생 | 초등학교 1학년생 | 언론인 |
| 영화감독 | 추상화가 | 자동차 수리공 |

통계 자료에 의하면, 25세 이상은 2% 미만, 17세는 10%, 5세는 90% 이상이 창의적이라고 한다. 어릴수록 창의적 사고를 하는 이유는 창의적 사고를 저해하는 심적 장애요인들이 적기 때문이다. 따라서 스스로 노력을 통해서 심적 장애를 극복할 수 있다면, 나이와 무관하게 누구나 창의적인 사고를 가질 수 있다.

"누구는 창의적일 것이다" 혹은 "누구는 창의적이지 못할 것이다"라는 선입견 자체가 창의적 사고를 가로막는 심적 장애인 것이다."

나는 ~ ~ 이기 때문에 창의적이지 못할 것이야" 라는 심적 장애를 떨쳐버리고, "나는 창의적이다"라는 자신감을 가지고 창의성을 발휘해야 한다.

## Evaluation 평가 문제

다음 문장들의 맞고 틀림을 판단하고, 틀린 경우엔 옳은 문장으로 고쳐라.

1. 창의적임은 완전히 새로운 무엇인가를 생각해냄을 말한다.
2. 가치 있는 무엇인가를 만들어내기에 충분한 지식은 전문가들만 갖고 있다.
3. 천부적으로 타고난 극소수의 사람들만 창의적이다.
4. 창의적인 사람들은 괴상하며 정신상태가 비정상적이다.
5. 당신이 진정으로 창의적 재능을 가지고 있다면 누군가가 당신을 알아볼 것이다.
6. 창의적인 아이디어는 마술과 같이 완벽하다 -그것에 대해서 더 해야 할 것은 없다.
7. 창의적 사고는 훌륭하지만 비현실적이다.
8. 창의성은 복잡한 기술이나 고도의 기술(하이테크)을 의미한다.
9. 최선의 방법과 발명들은 벌써 성취되었다.
10. 40세를 넘은 사람들은 너무 나이가 들어서 창의적이 되기 어렵다.
11. 남자들만 창의적인 천재들이다.
12. IQ가 높은 사람들만 창의적일 수 있다.

### 잘못된 가정 II : 지성은 훌륭한 사고를 뜻한다.

아는 것이 많은 사람들이 창의적인 사고를 할 것이라는 가정도 잘못된 것이다. 아는 사람은 대부분 어떤 관점에 대해서도 이성적이며 설득력 있는 진술을 할 수 있다. 따라서 그것이 대안을 찾을 필요성을 못 느끼게 만들거나, 몇 개의 제안된 아이디어에 안주하여 진짜 창의적인 아이디어를 봉쇄해 버린다.

또한, 말을 잘하는 사람은 사고 능력이 좋은 것으로 자주 오해 된다. 이들은 일반적으로 깊이 생각하는 것 대신에 말만 번지르르하게 하는 것을 좋아한다. 이들은 신속한 사고력을 가지고 있지만 몇 개의 자료로서 속단하여 결론에 이르게 된다. 문제에 대한 답을 빨리 생각해 내는 것만이 좋은 것이 아니다. 비록 다른 사람이 보기에는 약간 답답해 보일지라도 시간을 두고 탐구적으로 심사숙고하는 것이 문제 해결에 더욱 좋을 때가 많다.

9급 실력의 바둑을 두는 사람이 프로 기사들보다 더 바둑을 빨리 둔다는 것(즉, 생각을 더 빨리한다는 것)을 생각해보면 심사숙고의 장점을 잘 알 수 있을 것이다. 지성을 비판적으로 사용하면 건설적으로 사용하는 것보다도 대개 개인적으로는 더 만족감을 준다. 그 이유는 다른 사람의 잘못을 입증함으로써 남들에 대한 즉각적인 우월감을 느끼게 되기 때문이다. 그러나 지성의 잘못된 사용은 비판하는 사람 본인과 그 말을 '듣는' 모든 사람의 창의적 사고를 파괴하기 때문에 피해야 한다.

## 잘못된 가정 III : 노는 것은 하찮은 것이다.

노는 것이 하찮은 것이라는 가정도 잘못된 것이다. 노는 것은 정신건강에 매우 중요하다. 예를 들어 가족들과 즐거운 놀이를 하거나 여행을 가는 것은 정서적인 풍요를 가져올 뿐만 아니라 창의성을 더욱 향상 시키는 원천이 된다. 모래 놀이나 블록 장난감 또는 뫼비우스의 띠 등을 가지고 시간을 보낸 어린이들이 창의성이 더 좋다.

여러분이 한가한 시간에 "만약 이렇다면(what if?)"이라는 질문을 하고 답을 하는 놀이를 하는 습관을 들이거나 기타 일반적 상황이라도 골몰히 생각해 보는 것은 창의성 향상에 매우 도움이 된다.

(예)

만약 사람들의 키가 50cm 밖에 되지 않는다면 어떻게 될까?

에너지 소비, 과밀도시, 식량공급 등의 문제 영향

아기들이나 휠체어에 탄 사람에 대한 통찰력 배양

또한 유머도 창의성 향상에 매우 중요하다. 사람은 어떤 결과가 통상적이고 예측되었던 것과 다를 때 웃게 된다(예, 치마를 입은 남자, 콧수염 난 모나리자). 이러한 유머는 발상의 전환을 우리에게 경험시키고, 스트레스와 긴장감과 단조로움을 경감시켜 주어서 창의성 향상에 도움을 많이 준다. 따라서 창의성도 향상시키고 생활도 즐겁게 만들기 위해서는 유머를 일상화하는 것이 좋다.

## 4.5 습관(경험) 장애

우리의 창의적인 사고를 저해하는 원인 중 하나로 습관/경험 장애가 있다. 다음 예제를 풀어보고, 이들 장애 요인들에 대해서 생각해 보자.

1. 다음 도형 가운데서 그 외의 것들과 구별이 되는 도형을 원으로 표시한 다음 선택한 이유를 설명하여라.

   a. □ b. ⌘ c. ◆ d. ＋ e. ▲

   이유:

2. 정사각형은 몇 개인가?

   (    ) 개

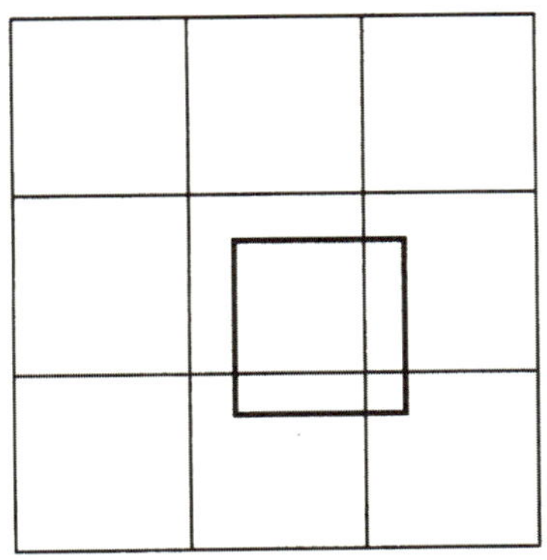

3. A에서 B까지 가는 길을 그려라.

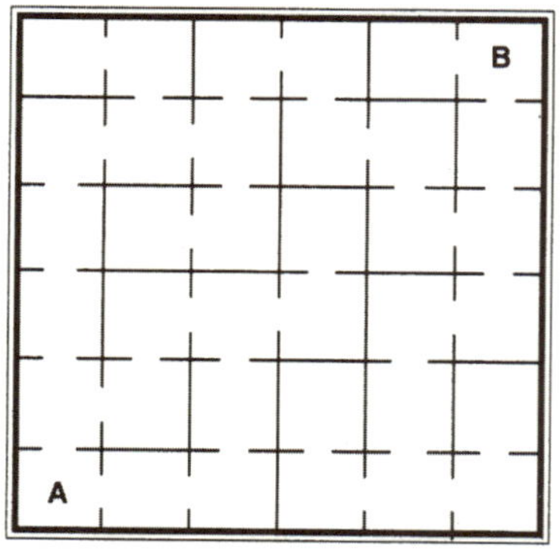


1번 문제의 활동에서 정답이 유일 했는가? 만약 서로 다른 답이 존재한다면 왜 이런 결과가 나온 것일까? 학교에서 풀던 문제는 거의 대부분은 *유일한 정답*을 갖는 것들이었다. 하지만 일상생활에서 부딪히는 문제들은 정답이 없을 수도 있고 정답이 여럿일 수도 있다. 창의적인 문제 해결을 위해서는 정답이 유일 하다는 가정을 버려야한다.

2번 문제에서 정사각형이 몇 개 보이는가? 정사각형 17개를 찾아낼 수 있는가? 이것이 정답인가? 우리는 문제를 *문제의 배경*과 분리된 문제로 생각하기 쉽다. 하지만 우리가 풀어야할 문제들은 모두 문제 발생의 배경을 가지고 있고, 상황에 따라 답이 틀려지는 경우가 많다. 위의 문제도 문제의 범위를 사각형 그림에서 조금 더 넓혀 보면, 문제 중에 글자 "정사각형"이 또 하나 보인다. 즉 정사각형은 18개인 것이다. 만약 이 사각형 그림이 정육면체 블록을 쌓아놓은 것을 위에서 본 그림이라면 우리는 이 블록을 옆에서 봄으로서 무수히 많은 정사각형을 찾을 수 있을 것이다. 따라서 우리는 문제를 배경과 연관시켜서 생각하는 습관을 길러야 한다.

3번 문제는 예전에 풀어본 경험이 있을 것이다. 그림 속의 A에서 시작하여 벽사이로 난 틈을 잘 통과해서 B까지 가는 길을 찾았는가? 그 길이 유일한 정답인가? 다른 대안은 없는가? 이 문제에서 요구하는 것은 "A에서 B까지 가는 길을 그려라"는 것이다. 하지만 여러분들은 이 문제를 풀면서 "1) 길이 사각형 내에 있어야하고, 2) 벽사이로 난 틈을 지나가야 한다."라는 가정을 이미 했다. 이 가정은 미리 제시되지 않았지만 여러분 스스로 만들어서 다른 창의적인 해결책을 포기한 것이다. A와 B를 직선으로 연결한다든지, 사각형을 벗어나서 연결한다든지, 종이를 접어서 A와 B를 맞댄 후 연필로 종이를 뚫어서 연결하는 등의 해결책을 포기한 것이다.

습관이나 경험이 쌓이면 문화가 될 것이다. 창의적 사고를 저해하는 문화적 장애는 습관이나 경험보다 더 극복하기가 어려울 것이다. 여러 회사들은 업무 환경에, 그리고 그들이 제공하는 제품과 서비스에 반영된 매우 다양한 문화적 편견을 가질 수 있다. 예를 들어 회사 내의 문화가 종업원들에게 일상 업무에 대한 새로운 방식을 고려하는 것조차 못하게 할 수 있다. 그들은 위험을 피하기 위해서 현상을 유지해야 한다고 믿으며, “배를 흔들고” 싶어 하지 않는다. 이와는 반대로 어떤 회사는 창의적 업무에 대해서 종업원들에게 보너스, 추가 휴가나 승진과 같은 인센티브를 제공할 지도 모른다. 이러한 차이에 따라 창의적 사고의 차이가 나타난다.

## 4.6 감성(감정적) 장애

우리의 창의성은 감성 장애에 의해서도 저해될 수 있다. 문제를 해결할 때, 이러한 장애는 새로운 시도나 확실하지 않은 접근에 대해서 우리의 뜻을 제한하는 경향이 있다.

- 부정적 사고
- 실패의 두려워하거나 위험을 피하려는 경향
- 애매함에 대한 불안이나 불편
- 생성된 문제의 정형화와 해결책의 종류에서 현상을 받아들이는 경향
- 조급함 - 효과적이고 최적의 방식으로 문제를 해결할 수 없는, 빠르게 개발된 해결책으로 안내함

석유나 광물을 탐색할 때처럼, 창의성은 다양한 해결책 방향을 검토하면서 어느 정도 위험 수반과 참을성을 요구한다. 이러한 해결책 방향의 대부분은 막다른 골목에 이를 수 있다. 하지만 우리는 성공을 기대할 수 있다면 한 분야 이상에서 기꺼이 탐색해야 할 것이다.

## 1. 부정적 사고

다음 그림에서 당신이 볼 수 있는 것은 무엇인가?

여러분 중 대부분은 흰 바탕에 있는 점을 보았을 것입니다. 하지만 사각형의 대부분은 흰 종이이고 검은 점은 0.1%도 차지하고 있지 않다.

사람들은 다른 사람들의 많은 장점에는 눈길을 주지 않고 몇 안 되는 단점에는 비난을 서슴지 않는 경향이 있다. 이러한 부정적 사고, 비판, 빈정거림, 기죽이기 야유는 그러한 행동을 하는 개인의 창의적인 사고를 저해할 뿐만 아니라, 주위 사람들에게 악영향을 미치기 때문에 그 결과는 두 배 이상으로 나빠진다.

회사나 산업체 등 조직체에서 기능을 제대로 못하는 비생산적인 팀의 가장 큰 원인은 지나치게 비판적이고 부정적인 팀원들이 많은 영향 때문이다. 따라서 지나친 공격과 비난은 반드시 버려야할 습관이다. 한번 비난하기 전에 칭찬을 더 많이 해라. 부정적 사고는 건설적 불만과는 다르다.

에드워드 보노(Edward de Bono)는 조직의 모임이나 창의적 문제해결과정에서 부정적 사고를 제한할 때 효과적으로 사용할 수 있는 “6가지 색의 모자”라는 도구를 개발하였다. 이 도구는 서로 다른 때에 어떤 특정 작업을 할 수 있게 특정사고 모드를 조장할 수 있게 한다.

이 도구에 사용되는 여섯 색 모자의 각각의 의미를 설명하면, 하얀 모자는 목적, 객관적 사실, 숫자, 정보, 데이터를 위해 사용(예, "우리가 갖고 있는 정보는 무엇인가?", "우리는 어떤 정보를 필요로 하는가?", "우리는 어떻게 정보를 얻을 것인가?")

되며 빨간 모자는 직관적 사고, 느낌, 직관(예, "이 사람이 그 일에 적합한 사람이라는 느낌", "아이디어의 가능정 유무")을 대표하며 검은 모자는 논리적 부정적 사고, 주의, 어려움, 위험(예, "무엇이 잘 못 될 수 있을까?", "잠재적 문제점, 우리가 이러한 행동을 했을 때 발생할 수 있는 위험")을 표현하기 위해 사용되며 노란 모자는 긍정적, 발전적 사고, 이점, 이익(예, "이 행동의 긍정적 가치", "이 제안이 구체화되었을 때 또 다른 유용성" 등)을 표현하기 위해 사용되고 초록 모자는 창조적 사고, 창의, 대안, 아이디어(예, "전혀 다른 방법으로 해볼까?", "새로운 대안, 개선방법?")을 대표하며 파란 모자는 문제해결, 사고의 계획, 통제를 제어한다.

보통 회의는 파란 모자가 상황을 정의하는 것으로 부터 시작하여 회의의 방향을 설정하고 마지막으로 목적과 결과물을 도출하게 된다.

이러한 기법은 부정적인 생각을 하는 사람들이 긍정적이고 건설적인 제안을 비판하지 못하도록 긍정적 평가를 위한 시간을 만들어 주는 좋은 방법이다.

또한 각 색의 모자는 아래 그림과 같이 우리가 앞 장에서 공부한 지능모형의 사분면 사고를 대표한다.

- A사 분면 사고 : 사실 ,모양, 목적 관련 정보에 사용

- D사 분면 사고 : 창의적이고 새로운 아이디어를 표현

- C사분면 사고 : 감정과 느낌(분노와 공포 포함)을 표현

- B사분면 사고 : 다른 사고 단계(문제해결 과정)를 관리

- 주로 A와 D 사분면 사고 : 긍정적인 발전적 사고를 표현

- 주로 A와 B 사분면 사고 : 논리적인 부정적 사고와 신중함을 표현 노랑 모자 다음에 사용

## 2. 실패의 두려움, 위험의 회피

회의 중에 좋은 아이디어가 떠올랐을 때 다른 사람들의 야유나 비난을 받을 까봐서 발언을 하지 못하는 경우가 많다. 또 조직 내에서 상사가 새로운 과제를 부여하려 할 때 우리는 대부분 상사의 눈길을 피하려 한다. 그것은 실패에 대한 두려움 때문에 어떤 새로운 것을 시도하는 것을 포기하는 경우이다. 창의적인 사람이 되기

위해서는 처음에 실패하더라도 계속 새로운 시도를 하는 용기가 필요하다. 하나의 창의적 아이디어가 성공적으로 실현되기 위해서는 많은 실패와 비난이 있을 수 있다.

또한 우리는 실패로부터 많은 것을 배울 수 있으며 대부분의 성공은 많은 실패 후에 완성되었다. '포스트 잇'이나 에디슨의 전구개발 과정은 실패의 연속이었다. 하지만 이러한 실패에서 좌절하지 않고 실패 원인을 분석하여 결국에는 성공에 이르게 된 것이다. 학과목의 프로젝트에서도 실패를 많이 한 학생이 가장 창의적인 결과를 내는 경향이 있다. 아무런 시도를 하지 않아서 실패가 없는 학생, Couch Potato[15]보다 시도를 많이 하고 많은 실패를 경험한 사람이 더욱 창의적인 결과를 얻을 것이다.

13척으로 왜군 133척을 격파한 명량해전을 생각해보자. 이순신 장군이 실패를 두려워하고, 위험을 피하려 했다면 그러한 해전은 있을 수 없었을 것이다.

## 3. 애매함에서 오는 불편함

불분명한 상황은 종종 심각한 오해와 충돌을 일으킨다. 그래서 사람들은 그러한 상황을 피하려고 노력한다는 것을 우리는 경험적으로 안다.

이러한 애매한 상황은 구술적인 정보에서 뿐 아니라 시각적인 정보에서도 나타난다. 예를 들면 그림 4.2에서 무엇이 보이는가? 거울에 비친 사람의 얼굴 옆모습, 꽃병, 또는 술잔? 하지만 이 외에도 그림의 부분으로 볼 수 있는 많은 이미지들이 있다. 돌려서 보거나 그림을 나눠서 보면 납작한 모자를 쓴 남자(그림의 아래 부분), 고래 꼬리(그림의 윗부분), 비만 남자의 배(그림 오른쪽 아래) 등을 볼 수 있다. 또는 그림을 축소하면, 작은 열쇠 구멍으로 볼 수도 있고, 확대하면 서로 뒤쪽으로 주차한 두 대의 차로 볼 수도 있다. 이러한 그림들은 보는 상황에서 시각적인 신호와 뇌의 해석 사이에서 충돌을 일으키게 만든다.

또한 앞에서 말했듯이 구술적인 표현에서도 애매한 문장은 사람들을 불편하게 만든다. 중문장이 될수록 사람들은 더 애매함을 느끼고 반어법, 역설에서 역시 해석에 불편함을 느낀다.

15) (미국속어) 소파에 앉아 TV만 보며 많은 시간을 보내는 사람.

그림 4.2 어떻게 보이는가?

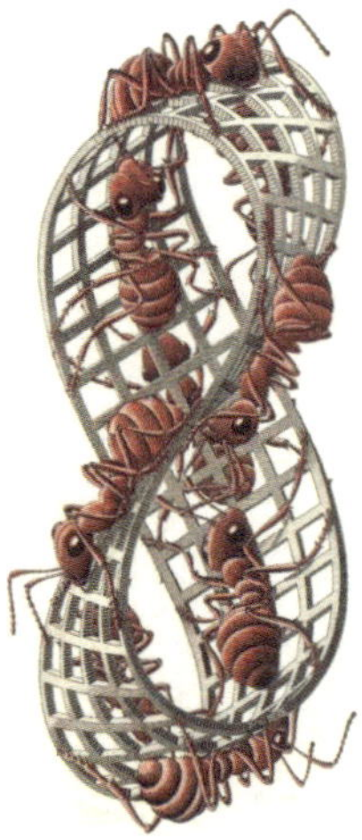

그림 4.3 에셔(M. C. Escher)의 애매한 감정을 불러일으키는 작품들

그러나 실제로 실생활에서 닥치는 문제들이나 상황은 학교의 시험문제처럼 깨끗하게 만들어지고 명확하게 정의된 것 들이 아니다. 실생활에서 부딪치는 문제들은 아주 애매한 상황을 포함하는 경우가 많다. 하지만 비록 우리가 이런 애매한 상황

을 좋아하지는 않지만 이러한 상황이 우리의 창의적인 사고를 갖게 하는 훈련의 자원이 될 수 있으므로 그러한 상황이나 아이디어를 탐구해 볼 필요가 있다. 즉 이러한 상황과 아이디어가 창의적 사고의 원천이 된다.

그러므로 모호함이나 애매함을 해결하기 위해 서두르지 말고 현재 상황을 다각도로 바라보면 더 많은 아이디어가 나올 수 있다. 따라서 더 많이 질문하고 무의식이 애매함을 처리할 기회를 갖도록 해야 한다.

이러한 애매함이 존재하는 문제는 대체적으로 모순을 갖고 있다. 일반적으로 모순에 직면하면 타협을 하거나, 피하려는 경향이 있다. 8장에서 소개되는 트리즈에서 이 모순을 어떻게 다루어야 할지에 대해서 자세히 다루도록 하겠다.

## 4.7 표현 장애

표현 장애는 전문용어의 사용으로 생길 수 있다. 그러한 용어들은 이미 알려져 있는 것들을 매우 정확하게 반영하기 위해서 존재한다. 그러나 전문용어 때문에 때로는 다른 사람 또는 우리 스스로와 효과적으로 의사소통하려는 우리의 능력이 방해받는다. 우리는 가장 적절한 형태로 문제와 가능한 해결책을 모델화해야 하며 그 과정에서 문제 또는 해결책을 문장이나 말로 정의해야 한다. 그러나 문제 해결을 하고자 하는 사람이나 구성원들이 전문용어 사용에 얽매이게 되면 그 용어 자체의 한계 내에서만 생각하게 된다. 따라서 창의적으로 문제를 해결하고자 한다면 그 전문 용어의 의미 한계 밖으로 나와 그러한 용어가 만든 기존 이미지로부터 벗어나야 한다. 그러므로 모든 문제는 "간단한 언어"를 사용해서 다시 기술되어[16] 생각할 수 있는 범위를 넓혀주어야 한다.

16) 그러자 갑자기 발면가가 나타났다(박성균 역, 인터비전, 2005), 24장

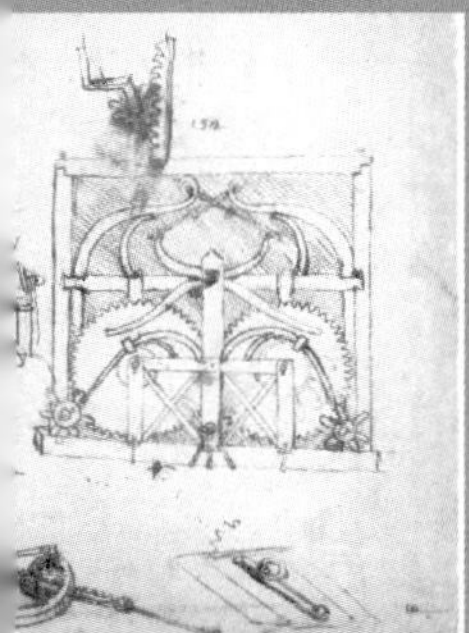

# 문제 정의

CHAPTER 5

5.1 개요
5.2 문제정의
5.3 진짜 문제
5.4 문제정의 과정
5.5 발산적 사고를 위한 탐험가
5.6 수렴적 사고를 위한 탐정
5.7 수렴적/발산적 연쇄질문
5.8 프로젝트 수행을 위한 문제정의과정(요약)

## 5.1 개요

이 장에서 배울 내용은 다음과 같다.

문제정의 : 좌뇌 사고와 우뇌 사고를 모두 요구하는 "진짜"문제를 찾는다.
좌, 우뇌는 서로 다른 임무를 수행한다.
"탐험가"의 마음가짐의 특성, 미래 시각과 경향 주시, 문제탐구를 위한 기술들, 상황적 문제 해결. "탐정"의 마음가짐의 특성, 근본원인을 찾아내는 도구들,

과제 : 원인결과도 작성, 문제 정의문 작성

이 책의 1-4장에서 지능모형, 팀워크와 의사소통, 창의적 사고를 저해하는 장애요인에 대해서 다루었다. 이상을 바탕으로 프로젝트 수행을 위한 팀 구성이 가능해졌고, 그에 따라서 3장 끝 부분에서 예비발표 가이드를 제시하였다.

이 장에서는 창의적 문제해결 과정(5단계)의 처음 단계인 문제 정의를 소개한다. 문제 정의를 자세히 들어가기에 앞서 다음 이야기를 읽고 토론해 보자.

### 낙타 분배 문제

중동지방의 어느 곳에 17마리의 낙타를 전 재산으로 가진 사람이 있었다. 그에게는 그의 운송업을 도와주는 세 아들이 있었는데 여행 중에 아버지가 오아시스에서 중병이 걸렸다. 그는 아들을 불러 놓고 마지막 유언을 했는데(사업에서 아버지를 도와준 공정한 비율에 따라) 장남은 1/2, 차남은 1/3, 막대는 1/9를 가지기로 하였다. 그리고 아버지는 죽었다. 장례를 치른 후, 아들들은 아버지의 유언에 따라 낙타를 어떻게 나누어야 하는지 논의하였다. 의견차이가 생기면서 정해진 비율을 맞추기 위해 낙타 한 마리를 죽여서 비율에 맞게 나누어 갖자는 쪽으로 의견이 모아졌다. 낙타를 타고 캠프를 지나던 어느 배고프고 지친 노인이 이 이야기를 들었다. 노인은 만약 자기를 하루 밤 쉬게 해주고, 음식을 주면 그들의 고민을 해결해 주겠다고 제안하였다. 이 노인은 어떤 해결책을 내놓았을까?

그날 밤, 장남은 다른 형제들이 마음을 바꾸기 전에 9마리의 낙타를 데리고 급히 캠프를 떠났다. 잠시 후 차남이 깨어났다. 차남은 형이 9마리 낙타를 데리고 떠난 것을 알고서 그의 몫인 6마리를 데리고 떠났다. 아침에 막내는 형제들이 벌써 자기 몫을 가지고 간 것을 알고, 그의 몫인 2마리의 낙타를 데리고 떠나면서 노인의 현명함에 감사를 드렸다. 노인은 잘 먹고 쉰 다음 자신의 낙타를 데리고 길을 떠났다.

이 이야기의 진짜 문제는 무엇인가? 여기에는 몇 가지 "명백한" 문제가 있다. 배고픈 노인, 아버지의 죽음, 낙타를 죽이지 않고 유산을 분배하는 것 등이 그것이다. 이 이야기의 진짜 문제는 아버지의 계산이 맞아떨어지지 않는다는 것이다. 이것을 알아차린 노인은 이 상황에서 이득을 얻을 수 있었다.

표 5.1 총뇌의 문제정의

| 좌뇌 "탐정" | 초점 | 우뇌 "탐험가" |
|---|---|---|
| 할당된 문제나 위기<br>제대로 작동되지 않는 것 | 문제형태 | 말썽을 찾고 인식함<br>문제나 기회를 드러냄 |
| 자동적인 연쇄명령→<br>누구의 책임인가?<br>누가 전문가 인가? | 사람 | 협동적인 팀워크→<br>다른 분야 전문가를 포함시킨다. |
| 현 상황에서 무엇이 제일 바쁜가? | 느낌 | 만약 이것이 된다면 얼마나 좋을까? |
| 좁은 범위 → 입무에 집중 | 범위 | 넓은 범위 → 변화를 탐험한다. |
| 이미 알고 있는 사실을 나열함<br>어떤 데이터가 필요한지 정함 | 사실 | 전후 관계를 조사한다 :<br>목적을 세운다.<br>이상적인 상태를 상상한다. |
| 제한과 한계를 정하라 : 시간, 예산, 직원, 자원 | 경계 | 마음속에 한계를 고려한다.<br>경계를 극복하도록 노력한다. |
| 기존의 도구와 방법을 사용<br>전통적인 방법: 귀납적, 데카르트 사고, 분석적, 연속적, 수렴적 사고 | 문제해결 패러다임 | 새로운 패러다임, 경향 그리고 다른 방법을 구한다. 연역적 사고, 발산적, 직관적, 감각적, 유연한 사고를 사용 |
| 근본 원인과 단서를 찾는다.<br>데이터를 수집하고 분석하라 | 임무 | 전후 관계와 경향을 찾는다. 연관시키고 미래를 바라본다. |
| 문제: 자전거가 도난당함<br>실험, 소비자설문조사<br>결론: 더 좋은 자물쇠가 필요하다. | 사례 | 도난당한 자전거를 전후관계에서 본다.<br>자전거 안전 시스템 문제<br>자전거 설계, 주차, 등록 등의 변경을 고려한다. |

표 5.2 훌륭한 경향 주시자가 되는 법

| |
|---|
| **1. 정보 유입을 심사하라.**<br>쓸모없는 정보의 유입을 줄여라. |
| **2. 독서 시간을 값어치 있는 것으로 만들어라.**<br>아이디어가 담긴 글을 읽으면서, 노트를 한다. 세계관을 넓힌다. |
| **3. 우수한 관찰 능력을 발달시키도록 하라.**<br>다른 사람들(예, TV 100분토론)의 대화를 잘 관찰한다. |
| **4. 질문하라.**<br>모든 종류의 상황에서 질문하는 주도권을 잡아라. |
| **5. 경향분석 전문가들의 방법을 이용하라.**<br>일간신문분석, 영화, MTV, 대중문화 등의 전문가 분석 보고서를 참조하라. |
| **6. 기회를 찾아라.**<br>사람들의 주의를 끌 수 있는 이슈를 찾고, 새로운 기회를 줄 수 있는 패턴을 찾아라. |

## 5.2 문제 정의

문제를 푸는 데에서 가장 근본적인 질문인 '문제가 존재하고 있는가?'에 대해 답하기 전에, 먼저 문제가 무엇인지를 정확히 이해할 필요가 있다.

아리스토텔레스는 "한 문제로부터 탈출할 수 있는 최고의 방법은 그것을 푸는 것이다."라고 하였다. 이러한 문제는 수학에서는 명확하지만 일반적으로 문제는 어떤 사람이 한 상황에서 다른 상황으로의 바람직한 변화를 인식할 때 존재한다. 즉, 문제는 현재 상태 A에서 개선된 상태 B로 변환 가능한 상황을 의미한다. 이것은 역시 어떤 영역에서 희망하는 것(기준 값)과 실제 상황(값)과의 차이를 의미한다.

공학에서의 예를 들어보면,

| 문제 예 | 상태 A | 상태 B |
| --- | --- | --- |
| 기계 소음 문제 | 소음을 내는 기계 | 소음이 적은 기계 |
| 학업성적 향상 문제 | 나쁜 학업 성적 | 좋은 학업 성적 |
| 출산율 저하 문제 | 낮은 출산율 | 높은 출산율 |

그러나 어떤 영역(사건)에서 상태 B가 어떤 것이냐에 따라 차이가 달라진다. 즉, 문제를 여러 개로 말할 수 있다는 것이다.

따라서 문제를 해결하려고 하는 참여자들에게 "우리의 문제란 현재 상태 A에서 개선된 상태 B로 바꾸는 것이다"라고 한다면 참여자에게 혼란이 있을 수 있다. 왜냐하면 개선된 B의 상태를 사람마다 달리 생각할 수 있기 때문이다. 따라서 참여자 모두에게 상태 B를 정확하게 인식시켜줄 필요가 있다. 이렇게 모든 참여자에게 현재 상태 A와 개선 상태 B를 애매한 부분 없이 정확하게 인식하도록 하고 이해하게 하는 것이 문제정의이다.

예를 검토해 보면 결국 문제를 어떻게 보느냐에 따라, 즉 문제정의를 어떻게 하느냐에 따라 여러 가지 해결책이 나타나고 만약 해결을 했다면 그 후의 상황이 달라지게 되는 것을 알 수 있다.

문제점을 정의하기 위해서는 해결해야 하는 문제점들을 구체적으로 찾아내는 과정이 필요하다. 이렇게 찾아낸 문제점들을 해결 목표와 해결 방법을 정량적이고 체계적으로 설정하는 과정이 문제해결을 위한 문제 정의하는 과정이 된다.

문제 정의 과정은 처음에 문제의 발견과 마지막으로 문제정의문을 만드는 것으로 끝난다. 문제의 발견 단계는 문제가 되는 상황, 목표 등을 간략하게 서술하고 관련된 자료를 조사하여 문제 상황에서 가장 중요한 사실을 선정하는 단계로 문제를 파악하여 문제 해결의 실마리를 찾는 단계다. 이 단계를 미약할 경우, 다음 단계인 문제 정의를 제대로 할 수 없다. 따라서 문제 발견 단계에서는 가능한 많은 관련 데이터를 모으는 것이 좋다. 이렇게 하기 위해서는 발산적 사고의 "탐험가"적 마음가짐과 수렴적 사고의 "탐정"적 마음가짐으로 임해야 한다.

**상황의 예;**

**상황; 어느 잠수부가 바다 속을 탐사하다가 고래에게 먹혔다**

문제 정의 1: 어떤 방법으로 여기서 빠져나갈까?
문제 정의 2: 구조되기 전까지 이 안에서 어떻게 살아남을까?
문제 정의 3: 어차피 살기는 힘드니까 어떻게 하면 가족들에게 유언을 남길 수 있을까?
문제 정의 4: 어차피 살기는 힘드니까 어떻게 하면 기왕이면 멋지게 죽어 세상에 알릴 수 있을까?

만약 이렇게 각각 다르게 문제를 파악하고 각기 해결책을 찾아냈다면 그 후의 상항은 달라지게 된다. 즉,

해결책 1: 고래 밖에 있는 잠수부
해결책 2: 고래 안에 살아남은 잠수부
해결책 3: 잠수부의 유언을 들은 가족
해결책 4: 뉴스에 소개되는 멋지게 죽은 잠수부

## 5.3 진짜 문제

앞에서도 잠깐 언급했지만 어떠한 사건에는 "명백한" 문제가 여러 개 있을 수 있다. 이렇게 "명백한" 문제가 여러 개 있을 경우에 문제의 해결을 위해서는 "진짜" 문제란 것이 무엇인가를 정확히 알아야 한다. 따라서 진짜 해결하려고 하는 문제의 개념을 확실히 이해하지 않고 문제를 풀려고 하는 것은 당연히 그 문제에 대한 분명한 해답을 도출하는 데 있어서 실패하게 있다. 결국 좋은 해법을 위해서는 어떠한 명제(사건)에 내포되어 있는 많은 문제들 중 정확하게 "진짜" 문제를 찾아내는 것이 필요하다.

진짜 문제를 인식하고 정의하는 일은 매우 어려운 일이지만 진짜 문제를 잘 찾아내야만 좋은 해결책을 얻을 수 있다는 것을 알 수 있다.

진짜 문제를 찾지 못한 잘못된 예를 보자.

### 잘못된 문제 찾기

용환이는 잠자리가 편하다는 소문을 듣고 킹사이즈 물침대를 구매하여 사용하게 되었다. 어느 날 아침에 일어난 용환이는 침대 한가운데가 물에 흥건히 젖어 있는 것을 발견했다. 용환이는 물이 새는 구멍을 더 쉽게 찾기 위해 물침대를 잔디밭 정원으로 끄집어낸 후, 물을 더 주입했다.
하지만 물 때문에 더 불룩해지고 부피가 커진 매트리스는 경사지고 물에 젖은 잔디밭을 미끄러지기 시작하여 결국 가시덤불에 처박혀 터져버렸다.
물침대 때문에 고생하고 질려버린 용환이는 물침대 매트리스와 프레임을 모두 버리고 일반 침대를 새로 샀다.
다음날 아침, 용환이가 일어났을 때, 침대 한가운데가 물에 흥건히 젖어 있었다.

결국 이 사건의 진짜 문제는 이층 화장실에서 물이 샜던 것이었다. 문제의 원인을 속단하고, 진짜 문제를 제대로 파악 못한 것이 문제였다.

어떤 사건(현상)에서 문제가 일어날 때는 그 문제를 일으키는 직접적인 원인과 그 문제의 근본적인 원인 간에 여러 단계의 원인-결과 관계가 있을 수 있다. 여기서 올바른 해결책은 문제의 직접적인 원인보다 근본적인 원인을 찾아서 해결하여야 달성할 수 있다. 즉 근본적인 원인이 진짜 원인이며 이것을 찾아내는 것이 진짜 문제정의인 것이다.

탐험가와 탐정에게 주어진 주 임무는 "진짜" 문제를 찾는 것이다. 진짜 문제를 찾는데 도움이 되는 몇 가지 팁이 있다. 그것을 요약하면 다음과 같다.

## 1. 바꾸어 말하기

예) 무중력 상태에서 우주인들은 볼펜을 사용할 수 없다(NASA 사례).

⇨ 무중력 상태에서 우주인들이 사용할 수 있는 필기구를 개발한다.

예) 달 표면 탐사차량에 사용되는 백열전구가 잘 깨진다(구소련 사례).

⇨ 달 표면 탐사차량의 작업을 위해 불빛이 필요하다.

### 2. 반대로 정의한다.

예) 종업원들이 야유회에 많이 참석하도록 하는 방법은 무엇일까?

⇨ 종업원들이 야유회에 참석하지 못하도록 하는 방법은 무엇이 있을까?

### 3. 초점을 넓여라

좀 더 넓은 문맥에서 문제를 재정의 하라.

### 4. 초점의 방향 전환

대담하게 의식적으로 초점을 변경하라.

### 5. "왜" 라고 질문하라.

## 5.4 문제정의 과정

앞에서 언급했듯이 어떤 문제에 대해 좋은 해결 방안을 찾아내기 위해서는 우선 그 문제의 해결을 위해 팀을 이뤄 참여하고 있는 모든 사람들이 그 문제를 정확하고 동일한 개념으로 인식하는 것이 필요하기 때문에 명확하고 정확한 문제정의가 필수적이다. 이 문제정의에는 몇 가지 절차에 의한 과정이 필요하다. 최종적으로는 정확히 정의된 문제정의를 글로써 남겨야 한다. 문제정의 과정은 크게는 2개의 단계가 필요하다. 그 하나는 문제를 찾아내는 단계이고 다른 하나는 문제를 정의하는 단계이다. 그리고 다시 각 단계에 세부 단계가 필요하다.

그림 5.1에서 보듯이 문제를 찾아내는 단계에서는 자료를 수집하고 조사하는 단계, 자료를 분석하고 분류하여 중요도를 설정하여 진짜 문제를 선정하는 단계, 공학(기술적)문제의 경우 설정된 문제들을 기술적 언어로 변경하는 단계 등이다.

**이 단계에서 문제해결을 위해 참여한 사람들에게 필요한 마음가짐은 바로 '탐험가'와 같은 자세(2장에서 설명)이며 발산적 사고가 필요하다.**

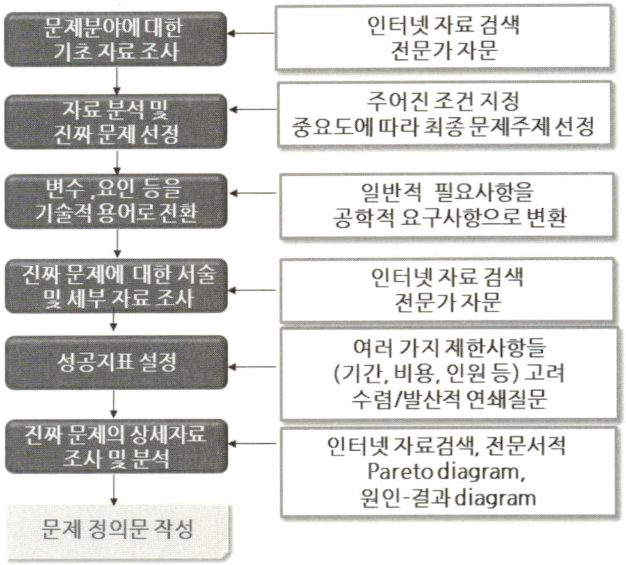


그림 5.1 문제정의 과정

이것이 끝나면 2단계인 문제정의 단계로 들어가게 되는데 먼저 설정된 예상문제를 해결하기 위해 이에 대해 정확히 문제를 서술하고 세부 자료 조사 및 수집하는 단계, 문제해결의 성공을 위해 문제 주제의 초점 및 범위 등 성공지표를 결정하는 단계, 선정 문제 주제에 대한 상세 자료 조사 및 분석 단계, 그리고 마지막으로 문제정의문 작성단계이다.

**한편 이 단계에서 문제해결을 위해 참여한 사람들에게 필요한 마음가짐은 바로 '탐정'과 같은 자세(2장에서 설명)이며 수렴적 사고가 필요하다.**

## 1. 문제점 찾는 단계

### 1) 기초자료 조사 및 수집

문제점을 찾기 위해 문제가 있다고 생각되는 영역에 대한 기초자료 조사 및 수집을 한다. 이 조사, 수집에는 인터넷 및 전문가 자문, 사용자의 요구사항 조사, 시장 동향 분석, 벤치마킹 등이 사용된다.

### 2) 자료 분석 및 "진짜" 문제 선정

이 단계는 조사된 여러 가지 자료들을 세밀히 분석하여 다양한 문제주제들 중 진짜 문제를 찾아내는 단계로 해결하려는 목적 및 주어진 조건(기간, 비용, 인력 등)을 정확히 설정하여 여러 문제점들 대해 중요도를 정하고 그에 따라 진짜 문제를 찾아내어 선정한다. 이 때 전문가의 자문이 중요한 역할을 한다.

### 3) 기술적 용어로 변경

공학기술적 문제일 경우 진짜 문제를 찾아냈으면 그 문제를 해결하기 위해 필요한 변수 및 요인들을 기술적 언어로 변환하는 것이 필요하다. 이것은 해결을 위한 일반적 필요사항을 공학적 요구사항으로 변환하는 것이다.

## 2. 문제정의 단계

### 1) 문제서술 및 자료 조사단계

"진짜" 문제가 선정되었으면 이 문제에 대해 팀원들이 인식을 같이하도록 문제를 구체적으로 서술하는 단계, 모든 팀원들이 해결하려고 하는 것이 무엇인지 정확히 파악하도록 한 후 문제해결을 위한 관련 세부 자료를 조사한다.

### 2) 선정된 문제 주제에 대한 성공지표 설정단계

조사 자료 및 관련 분야 전문가의 조언 및 자문을 참고하여 허용된 시간, 인력, 경비 및 기타 기술적, 법적 제한 사항들을 고려하여 세부적인 목표 달성을 위99해 적절한 규모의 해결하고자하는 범위를 결정한다. 이 때 공학적 문제일 경우 당연히 가능한 한 정량적인 지표와 그에 대응하는 정량적 값이 필요하다. 이때 수렴적 연쇄질문과 발산적 연쇄질문을 통하여 지표 설정을 조절할 수 있다.

### 3) 문제에 대한 상세자료 조사 및 분석

지표가 설정되었으면 실제 해결을 위한 인터넷, 전문서적 등을 통한 상세 자료조사 및 Pareto도표, 원인-결과도표 등의 분석 방법 등을 사용하면 도움이 된다.

표 5.3 문제정의문에 포함되어야 할 내용

- 문제해결의 필요성 및 중요성 ; 문제해결의 필요성 및 중요성을 갖는 이유, 해결되지 않았을 때 결과 등.
- 문제의 현황 ; 현재 관찰된 형황을 육하원칙에 따라 기술하며 시급히 해결해야 될 내용을 관련 사항과 함께 설명.
- 문제와 관련된 자료 조사 내용 ; 문제점을 찾기 위해 벤치마킹, 설문조사, 인터넷 자료 조사, 전문가 조언 및 자문 등 관련 자료 조사 내용.
- 자료조사 결과 분석 ; 파레토 도표, 원인-결과도 등을 통한 자료 조사 결과 분석 내용.
- 예상할 수 있는 문제 해결 방안 및 고려 사항 ; 예상할 수 있는 모든 문제 해결방안 열거 및 설명, 각 문제 해결을 위해 필요한 사항 열거 및 설명(인력, 기간, 예산 등)
- 참고문헌 ; 문제정의문을 작성하기 위해 사용되었던 모든 참고자료의 출처, 일자, 연락처, 저자 등을 포함하는 자료의 기본 사항 열거.

### 4) 문제정의문 작성

마지막 단계는 팀이 해결하고자 하는 문제에 대해 문제정의문을 작성하고 이를 문서로 작성하는 것이다. 문제정의문에는 관련 분석자료 및 예상되는 문제점 등 모든 것을 망라하여 "진짜" 문제를 문서로서 정의하는 것이다. 문제정의문에 포함될 내용들은 표 5.3과 같다.

## 5.5 발산적 사고를 위한 탐험가

앞에서 설명했듯이 문제정의를 위해 문제점을 찾는데 필요한 자세가 탐험가적인 자세이다.

탐험가들은 보통 사람들이 힘들어 시도하기를 엄두도 내지 않는 오지를 찾아 헤쳐나간다. 그들은 불굴의 인내와 의지를 가지고 실패와 역경을 무릅쓰고 목표를 위해 실패해도 도전을 하여 끝끝내 목적을 달성한다.

새로운 문제해결을 위해서는 바로 이 탐험가적인 자세가 필요하다. 즉 탐험가들의 중요 목표는 문제의 배경을 발견하고, 기회를 찾는 것이기 때문이다. 탐험가적인 자세로 문제를 찾아 나설 때는 현재 알려져 있는 방법이나 획일적인 사고방식을 떠나 해결방안 도출을 위해 보다 자유로운 사고방식을 가져야 하며 다양한 경험으로 얻어진 자료로 전반적인 흐름을 파악할 수 잇고 자유로운 상상력을 통해 서로 다른 영역 간의 관계를 추론하고 미래를 예측할 수 있어야 한다. 이를 위해서는 그림 5.2에서 보는 바와 같이 멀리 보는 눈을 가져야 하며 탐험가적인 자세를 갖기 위해서는 D 사분면의 사고 기술과 태도를 개발하고 연습해야 한다. 탐정의 마음가짐이 좁고 수렴적이고 종종 부정적인 데에 반해, 탐험가의 마음가짐은 위에 설명했듯이 발산적 시각과 경향주시 또는 미래를 예측하는 법을 알아야 한다.

경향 연구는 문제의 발단을 더 큰 배경과 시간의 틀에서 볼 수 있다. 경향 주시의 목적은 기회와 해결할 문제를 발견하는 것이다. 또한 저명한 발명가는 시사문제, 논점들의 경향에 정통한데 바로 탐험가적인 자세에서 비롯된다.

탐험가적인 자세로 문제파악을 하는데 도움이 되는 도구는 다음과 같다.

- 네트워킹 : 인간관계의 네트워킹을 넓히는 것이 필요. 특히 관련분야의 전문가들과의 원활한 관계 유지.
- 인터넷 웹 탐색 : 인터넷 웹은 정보가 넘쳐남. 이를 통해 관련 자료 검색. 기타 다양한 데이터베이스 활용.
- 아이디어 파일 만들기 : 간단한 아이디어 카드나 노트를 만든다. 개인 또는 조직적으로 특정분야 아이디어의 체계적 관리 필요.
- 문제에 대한 모델 세우기 : 조립식 장난감, 스케치, 모형 만들기 등을 통해 종합적 구조 파악. 머리로 생각하는 것보다 문제를 구체화할 수 있음.
- 특허조사 : 특허 검색을 통한 관련 분야 특허출원 파악. 기존 특허를 이용, 쉽게 문제해결 가능. 향후의 발생될 수 있는 특허 문제 조기 해결 가능.  특허청 무료특허검색(www.kipris.or.kr) 및 기타

그림 5.2
탐험가의 마음가짐

### 상황적(Contextual) 문제해결

한편 어떤 문제가 주어졌을 때 탐험가는 문제를 상황적으로 볼 필요가 있다. 실제 문제는 대부분 학교의 시험문제처럼 잘 짜여있지 않다. 즉, 실제 문제를 해결하기 위해서는 알려진 공식을 대입하는 일반 공학문제의 문제해결 방법인 plug-and-chug[17] 등과 같은 방법과는 다르게 문제를 다루어야 한다는 것이다.

상황적 문제해결 방법이 무엇을 의미하는지 사례를 들어보자.

**사 례 1 : 몇 대의 버스가 필요한가?**

어느 군부대가 군인들을 다른 여러 곳으로 이동시켜야 한다. 최대 39명의 군인들과 그들의 장비를 1대의 버스 에 무사히 실을 수 있다면 1261명의 군인들을 수송하기 위하여 몇 대의 버스가 필요한가?

(a) 31　(b)32　(c)32.33　(d)33　(e)34

[17] 어떤 문제를 추론하거나 해결 하는데 있어서 공식 대입하듯이 "기계적으로 접근하는"의 의미로 사용.

### 사 례 2 : 잘 정의된 공학 문제

1 feet 당 무게가 8 lb 나가는 16 feet짜리 빔이 수평으로 걸려 있다. 그 빔의 왼쪽 끝은 수직의 벽에 핀으로 고정되어 있고 오른쪽 끝은 왼쪽 끝보다 8 feet 높은 곳에 수직 벽에 연결된 줄로 지탱되고 있다. 빔의 오른쪽 끝에서 4 feet 떨어진 곳에 250 lbf의 집중하중이 수직으로 아래쪽으로 작용하고 있다. 이때 생기는 줄의 장력과 빔의 왼쪽 끝에 발생하는 반력의 방향과 크기를 계산하라.

위 문제들은 해결하는 방법이 완전히 다른 것을 알 수 있다. 따라서 우리가 실제 문제가 주어졌을 때 해결하기 위해서는 상황적으로 접근해야만 해결할 수 있다는 것을 알 수 있으며 그러기 위해서는 학교에서 학생들을 가르칠 때 표 5.4처럼 정해진 방법에 의해 답을 구할 수 있는 예전의 일반적인 고전적 접근방법보다는 상황적 접근방법에 적응할 수 있도록 하는 교육이 필요하다.

표 5.4 학생들을 가르치는 두 가지 방법

| 고전적 접근방법 | 상황적 접근 방법 |
|---|---|
| ▪ 학생들은 기초를 알아야 한다.<br>▪ 최소한의 컴퓨터 사용<br>▪ 단 하나의 옳은 해결방법<br>▪ 옳지 않으면 그른 답들<br>▪ 강의나 훈련에 대한 편협한 초점<br>▪ (설계와 무관한) 순수분석<br>▪ 학생들은 혼자 고립되어 연구<br>▪ 문제는 완전히 규정되어 있다.<br>▪ 학생들은 알려진 공식에 대입하는 방법에 많은 시간 소요<br>▪ 선생 중심의 강의<br>▪ 학생들이 모험을 두려워 함 - 실패는 처벌받는다. 실패로부터 배우는 것이 이루어지지 않는다.<br>▪ 재빠른 아이디어 평가<br>▪ 인위적이고 깔끔한 문제들<br>▪ 고립되고 단절된 학습. 학생들은 의사소통 기술을 배우지 못한다.<br>▪ 오직 좌뇌 사고만 사용. 창의적 문제해결 과정은 사용되지 않는다. | ▪ 학생들은 기초를 알아야 한다.<br>▪ 광범위한 컴퓨터 사용<br>▪ 여러 가지의 해결방안/대안<br>▪ 상황적 문제해결<br>▪ 여러 전문분야에 걸친 초점<br>▪ 디자인에 대한 응용 중심<br>▪ 학생들은 혼자, 또는 팀으로 연구<br>▪ 개방적 문제(덜 명확함)<br>▪ 학생들은 비판적으로 사고하고 "만약 이렇다면 어떨까" 하는 질문을 하는데 시간을 많이 할애한다.<br>▪ 학생 중심의 학습<br>▪ 계속적인 개선을 위해 실패의 원인을 규명하도록 학생들을 장려한다.<br>▪ 아이디어 판정의 유예<br>▪ 실제 생활의 뒤죽박죽된 문제들<br>▪ 학생들로 하여금 구두 발표를 시키고 프로젝트에 대한 숙제를 내도록 한다.<br>▪ 여러 가지 마음가짐과 함께 창조적 문제해결 과정을 강조 |

## 5.6 수렴적 사고를 위한 "탐정"

한편 탐험가의 역할이 아직 발견되지 않은 영역을 탐험하여 그 영역의 정보를 밝히는 것이라면 탐정의 역할은 이미 알려져 있는 문제를 잘 분석하여 그 문제가 왜 발생하였는지 밝혀내는 것이다. 따라서 자유스럽고 광범위한 시야 보다는 주어진 문제에 집중하여 그 문제 자체의 해결방안을 모색하는 것이다. 탐정의 자세로 문제점을 찾기 위해서는 거기에 내포된 여러 가지 제한점이나 제약적인 문제점을 고려하여 해결방안을 마련하는 것이다. 즉, 탐정은 위기와 위험을 다루며, 근본 원인을 찾는 것이 그들의 일이다. 따라서 그림 5.3과 같이 감추어진 정보를 찾는 끈질김이 요구된다. 탐정적 자세를 허만의 두뇌우성모델로 설명하면, A사분면의 분석적 사고와 결합된 조직적인 B사분면 접근방법이 요구된다. 또한 문제점을 찾아낼 때 주먹구구식이 아닌 잘 알려져 있고 신뢰성이 있는 도구나 방법을 사용하고 분석적 사고를 기반으로 순차적이고 절차를 필요로 하는 수렴적 사고가 필요하다.

탐정적 자세로 문제점을 찾아내는 데 도움이 되는 도구와 기술에는 다음과 같은 것이 있다.

- 질문 : 문제점에 대한 정확한 파악을 위해서는 첫 단계로 체계적인 질문을 통해 원인 파악을 할 수 있음. 문제정의를 위해 유용한 질문은 표 5.5에 있다.
- 자료조사 및 수집 : 여러 가지 방법으로 문제에 관련된 자료 수집.
- 통계적 자료 분석 : 수집된 자료들의 통계적 분석을 통한 주요 원인 분석 및 그들 간의 상관관계 및 중요도 분석.
- 특정 분석 : 많은 부품으로 이루어진 공학적인 제품의 원인 분석을 위해서는 FMEA(Failure Mode Effects Analysis) 및 FTA(Failure Tree Analysis) 등 도구 사용.

한편 자료조사 및 수집을 하는 방법에는 여러 가지 방법이 있는데 대표적인 방법은 다음과 같다.

- 벤치마킹 : 이미 알려진 방법이나 내용에 대해 분석을 통한 문제점 분석 및 이를 통해 실제로 실험을 수행하여 결과 확인. 결과가 문제해결에 소용없는 경우 있음.

표 5.5 문제정의에 유용한 질문 목록

- 문제가 되는 사항은? 문제의 규모는? 문제의 지속시간은?
- 이 문제가 다른 문제와 다른 점은?
- 무엇이 이 문제를 야기시켰는가? 문제가 어떻게 시작되었나?
- 관련된 사람, 이유, 연관 과정은? 문제가 어디에 존재하는가?
- 이 문제가 사람들과, 당신의 조직 전체, 또는 지역사회에 위협이 되는가? 어떤 식으로?
- 장-단기로 미치는 영향은?
- 얼마나 복잡한가?
- 다른 부분들과 어떻게 연관되었는가?

- 설문조사 : 문제에 대한 고객의 요구사항, 평가내용 등을 통해 중요 요인의 우선순위 파악.
- 인터넷 검색 : 인터넷 웹 검색을 통해 관련 문제 자료 조사.
- 전문가 조언 : 관련 분야 전문가의 조언이나 자문을 통한 관련 자료조사. 필요하고 유용한 자료들을 얻을 수 있음.

위의 다양한 방법과 도구를 통해 데이터를 수집하엿다면 이를 기반으로 진짜 원인이 되는 문제점을 찾아내야 하는데 이를 위해서는 자료분석이 필요하다. 자료 분석은 문제 특성에 따라 자양한 방법이 있겠지만 일반적으로 문제 원인 분석과 해결방안 도출을 위해 가장 많이 사용되는 것이 파레토 도표(Pareto diagram)와 원인-결과도(cause-and-effect diagram)이다.

## 1) 설문조사(survey)와 파레토 도표

일반적으로 설문조사에 의해서 수집된 데이터는 파레토 도표를 이용하여 효과적으로 제시될 수 있다. 파레토는 한 나라 인구의 20%가 80%의 부를 관리한다는 사실에 놀란 이탈리아 경제학자 파레토(Vilfredo Pareto)에 의해 창안된 그래프이다. 이 80/20 원칙은 상위 20%의 문제요인들을 제거하여 80%의 문제를 해결할 수 있다는 의미도 된다. 파레토 도표는 설문조사 등에서 얻어진 문제의 원인을 히스토그램으로 그릴 때 중요도 순서대로(즉, 높은 빈도수의 문제의 원인을 앞에 정렬하여) 그린 그래프이다. 파레토 도표는 핵심적이고 가장 중요한 20%의 문제요인을 찾아내고, 별로 중요하지 않은 문제 요인들로부터 분리하기 위해 사용되는 특수

그림 5.3 "탐정"의 마음가짐

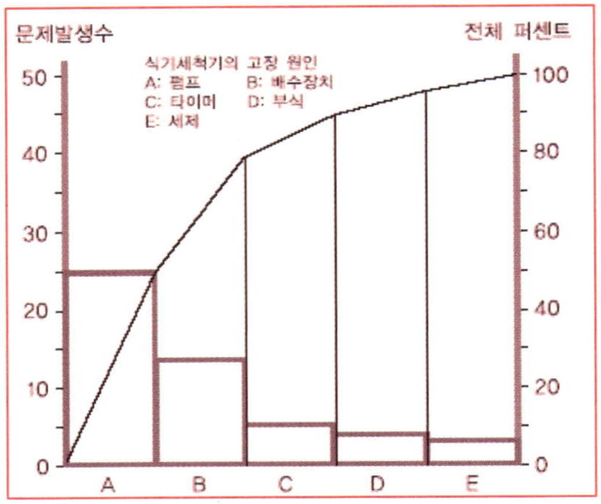


그림 5.4 파레토 도표의 예시

한 막대그래프이다. 따라서 파레토 도표를 보면 어떠한 요소나 요인이 먼저 개선되어야 하는지를 알 수 있으며 이들 20%의 문제요인들을 해결함으로써 80%의 문제를 해결할 수 있다. 그림 5.4는 파레토도를 보여주는데 문제원인 A와 B가 전체 문제 발생수의 80%를 일으킴을 볼 수 있다.

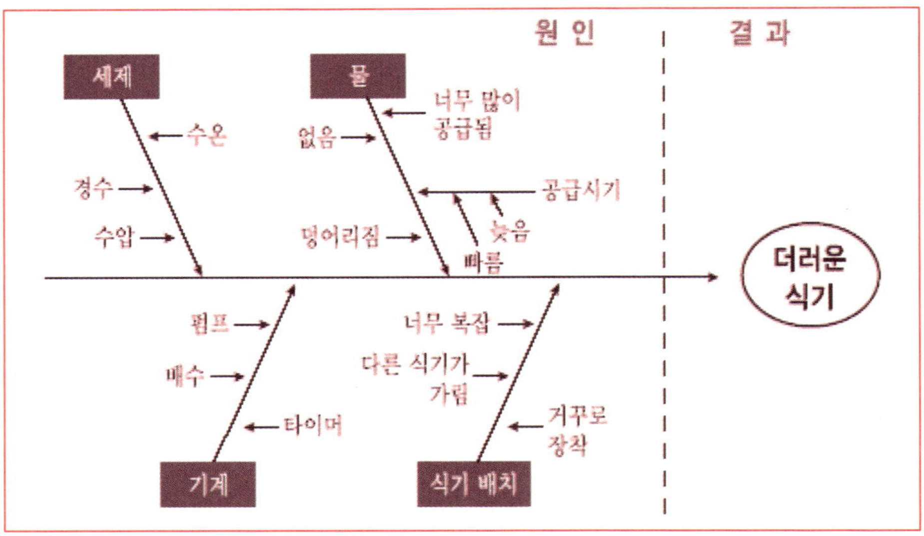


그림 5.5 특성요인도 예시

### 2) 원인-결과도(특성 요인도)

한편 문제의 원인을 체계적으로 분석 할 수 있는 방법이 원인-결과도로서 문제의 원인을 인식하는데 매우 유용한 방법이다. 그림 5.5는 식기세척기의 식기세척불량이라는 문제의 원인을 분석한 특성 요인도를 보여준다. 원인 결과도의 모습이 생선의 뼈를 닮았다고 해서 어골도(fishbone diagram)라고도 한다.

예) 자동 식기세척기로 설거지 한 후의 접시가 깨끗하지 못한 현상이 발생하였다. 특성요인도를 이용하여 원인이 무엇인지를 분석해보자.

이러한 원인-결과도의 장점에는 다음과 같은 것들이 있어 매우 유용하다.

1) 문제 해결자가 결정을 하기 전에 문제의 모든 원인들을 찾게 해준다.
2) 문제 원인들 사이의 연관성과 상대적인 중요도를 보여준다.
3) 문제 해결자가 문제에 집중할 수 있게 해서 창의적 문제 해결 과정을 시작하는데 도움을 준다.
4) 문제해결을 위한 논리적 과정을 시작하게 하는데 도움을 준다.
5) 문제의 전체를 볼 수 있게 도와준다.
6) 복잡한 문제를 범위가 작고 덜 복잡한 세부 문제들의 집합으로 표현해 줌으로써 해결을 쉽게 해준다.
7) 사람들을 진짜 문제에 집중할 수 있게 해준다.

## 5.7 수렴적/발산적 연쇄질문(Squeeze/Stretch)

문제정의과정에서 첫 단계로 질문을 통해 문제점을 정확히 파악할 수 있는데 체계적인 방법으로는 연쇄적으로 질문하는 방법이다. 여기에는 두가지 방법이 있는데 수렴적인 방법과 발산적인 방법이 있다.

### 1. 수렴적 연쇄 질문(Squeeze a problem)

보통 이 방법은 “왜”라는 단어로 시작되는 질문을 연쇄적으로 해서 “이유”를 알아내는 데 이용된다.

일반적으로 다섯 번의 "왜" 정도면 원인을 파악하는데 충분하다(5 WHY)

## 2. 발산적 연쇄질문(Stretch a problem)

보통 이 방법은 "이것이 무엇에 관한 것인가?"라는 질문으로 "목적"을 알아내는 데 이용된다.

그러나 목적을 알아내기 위한 연쇄적 질문으로 수렴적 방법에서 사용하는 "왜"로 시작할 수도 있다. 예를 들면 "왜 내가 이 문제를 해결하기를 원하는가?" 라는 질문으로 목적을 알아낼 수 있다.

그림 5.6은 수렴적, 발산적 연쇄 질문의 개념이며 5.7은 그 예이다.

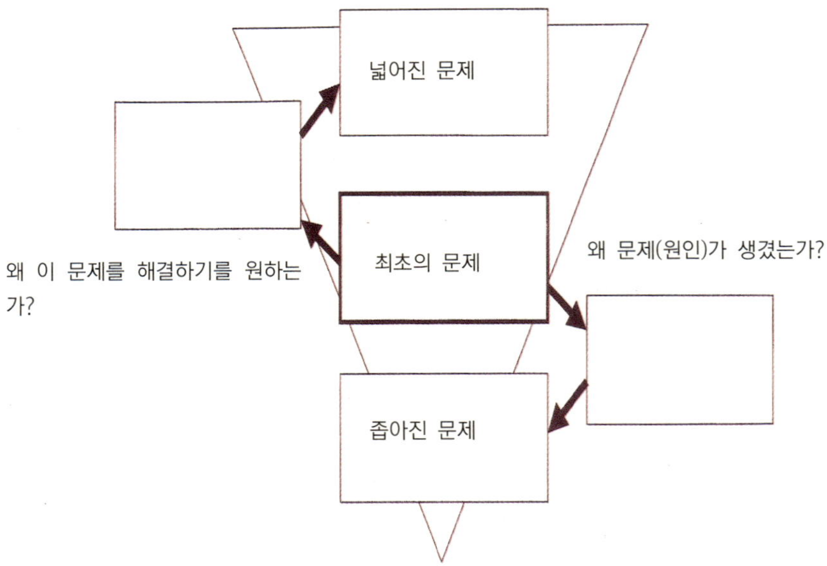


그림 5.6 수렴적, 발산적 연쇄 질문

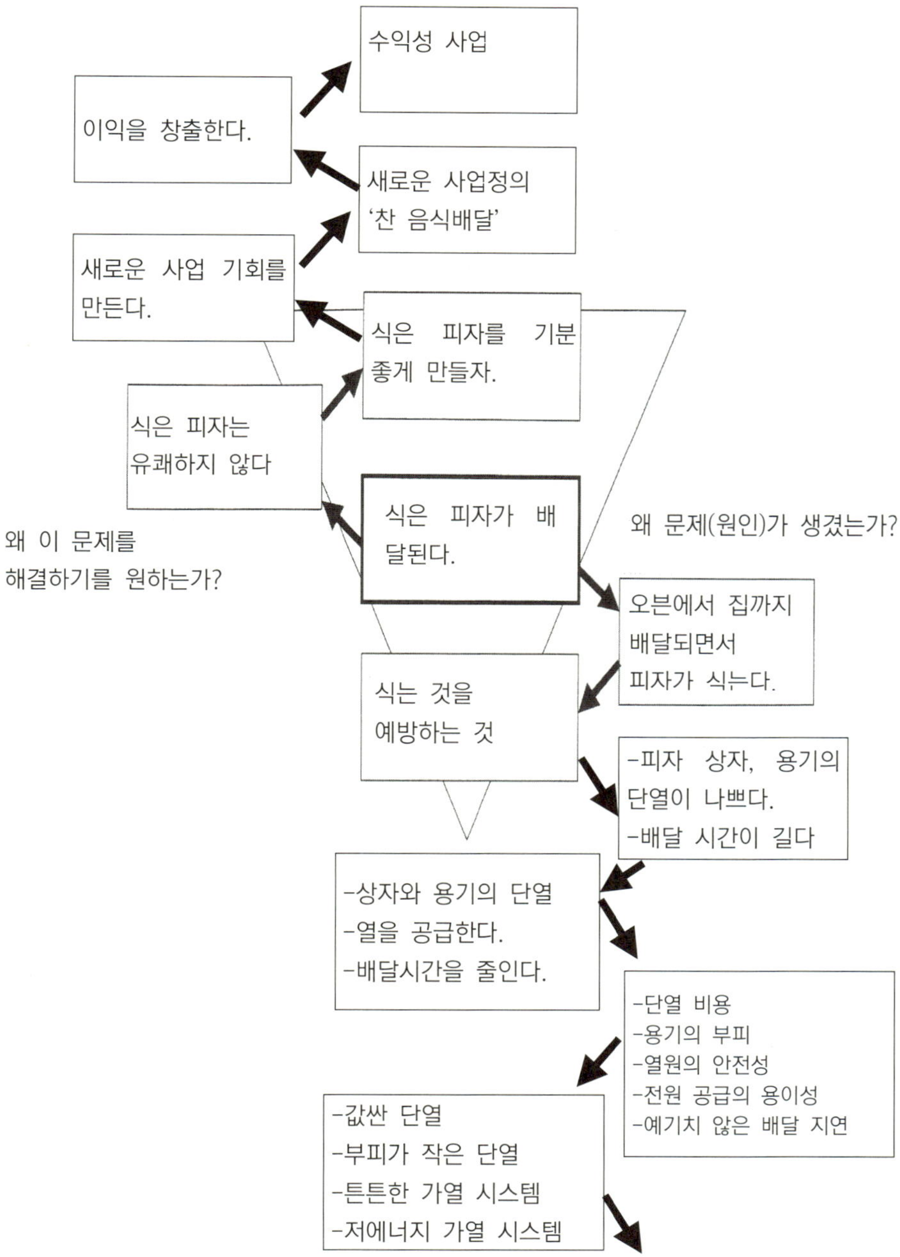


그림 5.7 사례 : 식은 피자가 배달되는 문제

## 5.8 프로젝트 수행을 위한 문제정의과정(요약)

- 팀을 정한다.
- 주제를 선택한다.
- 주제에 초점을 맞춘다.
- 정보와 소비자 데이터를 수집한다.
- 정보를 분석한다.
- 문제 정의문을 개발한다.

### Evaluation 평가 문제

#### 탐정들을 위한 연습문제 : 파레토 도표 작성

당신의 일상생활 중에서 많이 사용되고 있는는 물건 하나를 선택하여 문제가 일어나는 요인들을 알아보고 어느 원인이 가장 빈번하게 일어나는 가 조사하라.

예) 집에서 사용하는 잉크젯 프린터가 작동되지 않는다.
MP3 플레이어에서 소리가 나지 않는다.
당신의 컴퓨터가 고장 났다.

#### 탐정들을 위한 연습문제 : 원인-결과도 작성

당신의 일상생활 중에서 제대로 작동되고 있지 않는 물건 하나를 선택하라.

예) 바람이 시속 10마일 이상으로 불면 정문에서 소리가 난다.
자전거 받침대가 한쪽으로 고정되어 움직이지 않는다.

당신의 컴퓨터가 이상한 변덕을 부린다.

문제의 원인에 관련될 가능성이 있는 모든 요소들을 확인하고 원인-결과도를 작성하여라.

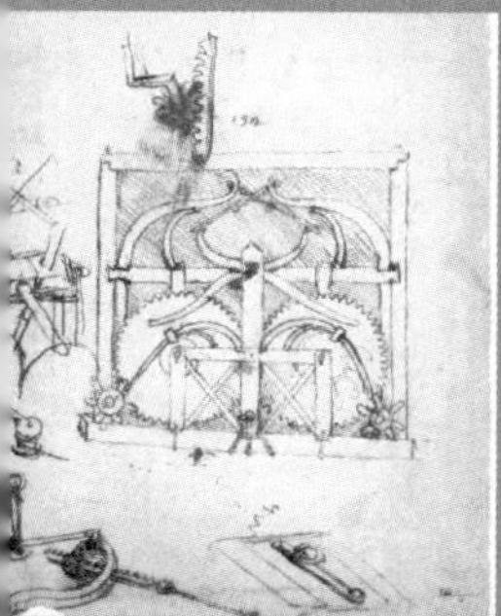

# 아이디어 창출

CHAPTER 6

## 6.1 개요

이 장에서는 정의된 "문제정의"에 대한 아이디어 창출 과정을 다룬다. 앞 장에서 좌뇌의 탐정과 우뇌의 탐험가의 마음가짐으로 문제 정의를 했다면, 이제 우리는 예술가의 마음가짐을 가지고 아이디어를 창출해야 할 시기가 되었다. 팀 활동을 통한 아이디어 창출 방법으로 브레인스토밍은 중요한 기법들 중 하나이다. 이외에도 아이디어 창출 방법으로 오스본의 SCAMPER 법, 형태학적 분석법, 은유와 유추, 연상 등이 있다. 또한 특허 분석으로부터 객관적인 규칙이 도출된 트리즈 기법(예, 40가지 원리)들이 있다. 트리즈 기법은 8장에서 별도로 자세히 설명하도록 하겠다. 마지막으로 팀이 고착되어 더 이상 창의적 아이디어를 생각해 낼 수 없을 때 어떻게 할 것인가에 대해서 논의한다.

### 예술가의 역할

독창적이고 혁신적인 아이디어를 창출하는 것은 창의적 문제해결 과정의 중심이다. 따라서 "예술가"의 마음가짐(그림 6.1)이 필요하다. 예술가는 어떤 일을 하는가? 그들은 빈 공간에 그들의 마음속에만 있었던 새로운 것을 창조한다. 창의적 문제해결과정에서 당신의 임무는 예술가의 마음가짐을 이용하여 주어진 정보를 새로운

그림 6.1
"예술가"의 마음가짐

아이디어로 변환하는 것이다. 철저하게 D 사분면의 상상력과 C 사분면의 감성에 의지해야 한다. 괴상하고 엉뚱하고 야성적이고 불가사의하고 황당하고 신선한 아이디어를 환영하라. 자유분방하게 팀원들이 표현할 수 있는 여러 아이디어에 거의 재한을 두지 않는 것을 의미한다.

## 6.2 브레인스토밍

### 6.2.1 브레인스토밍이란?

브레인스토밍(Brainstorming) 방법은 Brain과 Storming의 합성어로서 창의적 사고로 가는 그룹접근 방법을 말한다. 여러 사람이 모여서 문제의 해결책을 제시하면 시너지 효과에 의해서 한 사람이 제안할 수 있는 아이디어의 수보다 훨씬 더 많은 아이디어를 제시할 수 있다. 더구나 한 사람이 제안한 아이디어에서 영감을 얻어서 새로운 아이디어를 내는 편승 아이디어까지 포함한다면 그 아이디어의 수는 훨씬 더 증가하게 된다. 이렇게 그룹을 통해 많은 아이디어를 얻는 방법이 브레인스토밍이다.

브레인스토밍의 목적은 그룹 활동을 통하여 창의적인 방안을 최대한 많이 얻게 하는데 있다. 고전적 브레인스토밍 방법은 1938년 광고업을 하는 오스본(Alex Osborn)에 의해서 개발되었으며 이 방법에 적합한 사람의 수는 3~10명 정도이다. 정해진 방법과 과정을 충실히 따라야 좋은 결과를 얻을 수 있다.

### 6.2.2 브레인스토밍의 4가지 규칙

#### 1. 가능한 한 많은 아이디어를 만들어라

수량이 많으면 많을수록 좋다. 브레인스토밍 단계에서는 아이디어의 질보다 개수가 많은 것이 더 중요하다. 아이디어의 질을 증대 시키는 작업은 브레인스토밍이 끝난 후 아이디어 평가 과정에서 수행된다.

### 2. 엉뚱한 아이디어가 환영 받는다

최대한 창의적이 되어라. 엉뚱한 아이디어일수록 창의적인 아이디어로 가는 시발점이 될 수 있다. 엉뚱한 아이디어를 냈을 때 남들이 비웃지 않을까를 생각해서는 안 된다.

### 3. 편승(히치하이킹)이 장려된다

다른 사람의 아이디어를 발전시켜서 아이디어를 만들어라. 아이디어는 다른 사람들과 공유되며 다른 사람들의 아이디어가 새로운 아이디어로 가는 디딤돌 역할을 하게 된다.

### 4. 비판은 불허한다.

판정은 나중으로 미룬다. 절대로 남의 아이디어를 비판해서는 안된다. 브레인스토밍 단계에서의 비판은 참가자들을 위축시켜서 아이디어를 내는 것을 어렵게 만든다.

## 6.2.3 브레인스토밍 준비

### 1. 팀원

상상력이 풍부하고, 혁신적이며, 미래 지향적인 성격을 가진 사람을 포함하여야 한다. 다양한 분야의 종사자들로 구성되어야 하며 제품 개발을 위한 회의라면 설계자, 공정관리자, 생산자, 판매자, 소비자뿐만 아니라 연구요원까지도 직,간접적으로 참여하도록 한다. 브레인스토밍 회의 전에 브레인스토밍을 하게 된 목적과 배경이 기록된 브리핑 서류를 팀원에게 주어야 한다.

### 2. 장소

익숙하지 않은 장소를 선택한다. 주위환경이 아름답고 편안한, 멀리 떨어진 장소가 좋으며 장소이동이 쉽지 않다면 평소 회의에 사용되던 방과 다른 방을 사용하여도 된다. 원형이나 U형 배치의 좌석과 조용하고 경쾌한 음악을 배경음악으로 틀고 벽을 채색된 포스터로 장식하고 향기롭고 아름다운 꽃이나 간식을 배치함으로써 분위기를 조성한다.

### 3. 시간 계획

두 개 이상의 주제(또는 3 시간짜리 회의)를 계획해서는 안 된다. 아침회의가 일반적으로 더 생산적이다. 다음 약속 때문에 압력을 받거나 조급하게 느끼지 않도록 충분한 시간을 계획한다.

### 4. 준비물

문구류(화이트보드, 마커, 노트, 카드, 포스트잇 등)와 웜업 활동에 필요한 소도구, 시계, 녹음기 등을 준비한다. 최근에는 노트북과 빔프로젝터를 활용한 간편한 방법이 널리 이용되고 있다.

주제와 관련된 검색자료, 통계자료, 기록물을 준비한다.

지루하지 않고 사고에만 집중할 수 있도록 다과와 음료수도 준비한다.

## 6.2.4 브레인스토밍의 절차

### 1. 브리핑

- 회의일정과 브레인스토밍 4가지 규칙을 공시한다(진행자).
- 브리핑 전에 유연한 사고를 위해 각자 편안한 자세로 앉아서 수 분간 사교시간(ice breaking)을 갖도록 한다.
- 녹음기를 작동시키고 팀원들이 회의 주제에 대한 아이디어나 의견들을 서로 나누도록 장려한다.
- 문제의 배경에 대하여 팀에 설명하고 문제정의문을 공시한다.
- 부정적인 사고를 예방하기 위한 삼진 아웃제 도입을 검토해 볼 수 있다.

## 2. 브레인스토밍 과정을 설명한다.

- 아이디어 창출, 아이디어 쓰기, 아이디어 편승 등으로 진행되는 브레인스토밍 과정을 설명한다.
  ① 아이디어 창출 : 모든 아이디어에 번호를 매긴다. 편승아이디어(남의 아이디어에서 영감을 얻은 아이디어)도 새 아이디어로 간주한다. 팀원들이 많을 경우 팀원이 순번대로 말하도록 한다. 이 때 다른 팀원은 떠오르는 아이디어를 잊어버리지 않도록 메모한다.

  ② 아이디어 쓰기 : 카드마다 하나씩의 아이디어(문장 또는 스케치로 표현)를 적어서 모든 팀원들이 아이디어를 볼 수 있도록 책상위나 화이트보드에 게시한다. 노트북을 쓸 때도 역시 전원이 볼 수 있도록 즉시 입력하여 디스플레이 한다.

  ③ 최초시간을 20~30분으로 정한다. 시간제한을 주고 할당량을 부여하면 생산적일 수 있다. (예 : 20분 동안 50개의 아이디어 제안)

## 4. 웜업 연습

- 본격적인 브레인스토밍 전에 창의적 사고를 촉진시키기 위하여 간단하고 익숙한 물건(벽돌, 연필, 팝콘, 자, 커피컵)을 이용한 5분 웜업 브레인스토밍을 수행한다. (예: 자판기 종이컵으로 할 수 있는 일들은?)
- 경쾌하고 조용한 배경음악을 틀어놓는다.
- 이 활동을 통해서 유연한 사고가 더 촉진된다.

## 5. 브레인스토밍을 수행한다.

- 쉬운 아이디어를 먼저 제안하여 마음속을 정화시킨다(짐버리기: load dumping). 즉, 진부한 아이디어를 빨리 제안해 버리지 않으면 진부한 아이디어에 사로 잡혀 다른 신선한 아이디어가 떠오르지 않는다.
- 아이디어 창출이 부진하면 진행자가 황당하고 유머러스한 질문을 던져서 사고를 촉진시킨다.(예:만약 모든 사람들의 키가 50 cm정도로 작아진다면 우리들의 삶에는 어떤 변화가 있을까?)

- 여전히 부진하면 잠시 휴식을 취하고 억지 끼워 맞춤 방법을 사용해본다.
- 40~50개 정도의 아이디어가 창출되도록 한다.

### 6. 마침

- 회의를 끝내기 3분 전에 종료를 예고한다.
- 회의를 끝내고 아이디어를 수집한다.
- 종료 전 3분 전에 좋은 아이디어가 창출되는 예가 많다.

### 7. 해산

- 참가자들에게 다음회의를 예고하고 해산한다.

## 6.2.5 다른 브레인스토밍 방법들

**서면 브레인스토밍**(Written brainstorming)은 Bernard Rohrback(1978)에 의해 독창적으로 개발된 아이디어 발상기법이다. 동시에 Madsem과 Finger(1978)는 아이디어를 기록하여 이를 교환하는 서면 피드백(Written Feedback) 절차를 브레인스토밍에 적용하는 최초의 연구자였다. 기본적으로 브레인스토밍의 보완기법으로 브레인스토밍과 같은 방법이며, 말을 하지 않고 자신의 아이디어를 종이에 쓴 다음 서로 교환하는 방식이다. 이 방법은 동시에 동일한 장소에서 만날 수 없는 사람들이 사용할 수 있다. 동일한 장소에서 만날 수 있다하더라도 한 장의 종이를 서로 교환하면서 자신의 아이디어를 제시하고, 다른 사람이 제시한 아이디어에 주석을 가한다면 토의를 기록하는 서기가 없어도 된다. 서면 브레인스토밍의 구체적인 방식들에 대해서 설명하면 다음과 같다.

### 1. 핀 카드 방법

사람들이 큰 테이블에 둘러앉아서 카드 당 한 가지 아이디어 씩 노트카드에 적는다. 그 다음 이 카드를 돌려가면서 원래의 아이디어와 관련 있는 개선점이나 추가적인 아이디어를 첨가한다.

## 2. 크랜포드 쪽지 쓰기(Cranford slip writing)

참가자에게 쪽지를 나누어 주고, 주어진 시간동안 아이디어를 쓰게 하여 빨리 걷는다. 수정이나 삭제시간을 주지 않는다. 걷어진 쪽지는 카테고리별로 묶어서 평가된다. 이 방법은 많은 사람들이 참가하는 경우에 유용하다.

## 3. 린지(Ringii) 과정

일본에서 개발된 이 과정은 얼굴을 맞대고 하는 상호작용을 최소화하는 방법이다. 아이디어가 서면으로 조직 내의 다른 사람에게 제출된다. 문서로 받은 사람들은 그 아이디어를 수정/첨가한 다음, 최초의 제안자에게 피드백하는 방법이다. 이때 최초의 제안자를 익명으로 할 수도 있다. 이 과정을 몇 차례 거치면, 논쟁 없이 참가자 모두를 만족시키는 해법을 찾을 수도 있다.

## 4. 패널 방법

20-30명으로 이루어진 커다란 그룹을 브레인스토밍하기 위해서 좀 더 작은 그룹으로 나누는 것이 불가능하다면, 패널 형태가 사용될 수 있다. 그룹 내에서 7명을 먼저 선택하여 패널을 형성하다. 문제정의를 전체 그룹에게 공시한 후에 패널은 그 문제를 20분 정도 브레인스토밍하고, 아이디어들을 차트로 게시한다. 다른 그룹의 팀원들은 패널의 대화를 들으면서 자신들의 아이디어를 써내려간다.

## 5. 전자 브레인스토밍 또는 게시판

공학설계입문을 듣는 학생들이 가장 잘 활용하는 방법이다. 인터넷 상에 공유 가능한 홈페이지 게시판을 만들고 프로젝트 기간 중에 아이디어를 공유한다.

### (1) 장점

- 각자 침묵 속에서 진행하기 때문에 개인 사고의 특징을 최고도로 살릴 수

있는 집단발상법이다. 즉, 각 참가자의 사고력을 충분히 활용할 수 있다.

- 남의 앞에서 발언하는 것에 서투른 사람, 소극적인 사람, 체면을 걱정하는 사람 등의 사고력도 최대한으로 이끌어낼 수 있다.
- 브레인스토밍에서는 다른 사람에게 의존하여 소극적인 사람이 나올 위험성이 있지만 이 방법은 전 참가자가 진지하게 주제를 생각한다.
- 지위의 상하에 의한 거리낌이 없다.

### (2) 단점

- 직접적인 대화의 결핍으로 브레인스토밍보다 아이디어의 양이 줄어 들 수 있다.
- 참가자 간에 서로 자극하는 상승효과를 크게 기대할 수 없다.

그림 6.2 (a)는 시행착오 방법이 어떻게 해결책에 이르는 지를 도식적으로 보여주고 있고, 그림 6.2 (b)는 브레인스토밍에 관한 도식도이다. 그림이의미하는 것은 브레인스토밍이 시행착오법에 비해서 탐색 영역을 줄여주는 것은 사실이지만, 한 가지단점은 해결책이 언제 나올지 알 수 없다는 것이다. 그래서 최근에는 체계적인 혁신(Systematic Innovation, SI)이 주목을 받고 있고, 그러한 방법 중 하나로 트리즈가

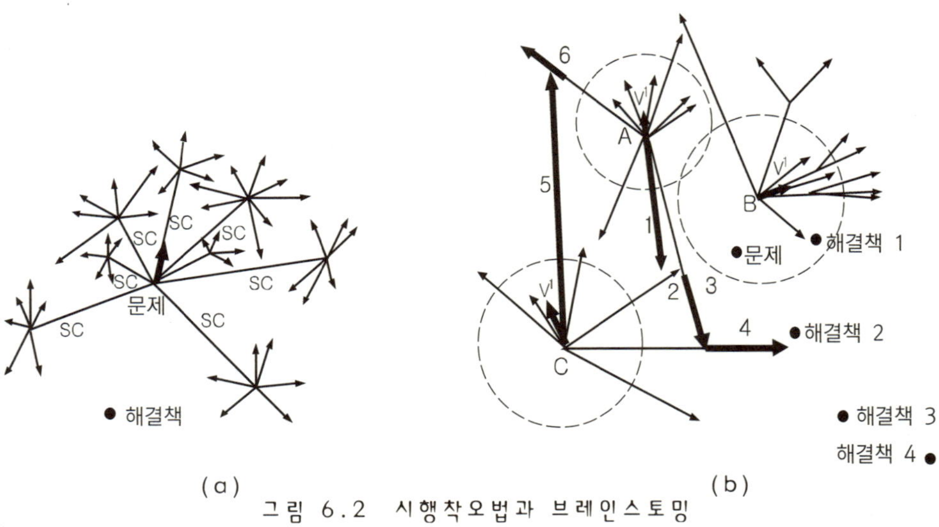


그림 6.2 시행착오법과 브레인스토밍

관심의 대상이 되고 있다. 트리즈에 대해서는 8장에서 자세히 다룬다. 그 외 아이디어 창출기법으로 스캠퍼 방법(SCAMPER), 형태학적 분석법(Morphological Analysis), 체크리스팅법(Checklisting), 시넥틱스(Synectics), 유추와 은유(Analogies and Metaphor), 생체모방공학(Biomimetics), 연상(Association), 마인드맵핑(Mindmapping)등이 있는데 여기서는 중요한 몇 가지에 대해 설명한다.

## 6.3 오스본의 스캠퍼(SCAMPER) 방법

이 방법은 오스본(Alex Osborn)에 의해서 1953년에 처음 제안하고 에벌리(Robert Eberle)에 의해 발전하였다. 이 방법은 문제해결을 위한 아이디어 창출을 위한 시발점이나 착안점을 미리 정해놓고 이것의 변형, 변화 등을 통해 다각적으로 사고를 전개하여 효과적으로 아이디어를 창출하기 위한 방법이다. 그것을 요약하면 다음과 같다.

- 대체(Substitute) : 다른 재료, 요소, 방법은 없을까?
- 결합(Combine) : 이것과 다른 것을 결합하면 어떨까? 합금, 조립은?
- 적용(Adapt) : 이 기능을 다른 데서 가져올 수 없을까?
- 변형, 확대(Modify, Magnify, Minify) : 형태, 색깔, 방향을 바꾸면, 확대하면, 축소하면, 첨가하면, 시간을 늘리면, 횟수를 증가시키면?
- 다른 용도(Put to other use) : 이것을 다른 용도로 사용하면?
- 제거(Eliminate) : 무엇인가를 제거한다면? 압축 한다면? 가볍게 한다면? 제한한다면?
- 역방향(Reverse, Rearrange, R) : 거꾸로 순서를 바꾸면? 바꾸어 보면?

표 6.1은 스캠퍼법을 설명한 표로 새로운 아이디어의 창출을 도와주는 7가지 점검항과 대표적 사례를 나타내고 있다.

스캠퍼법의 장점은 주어진 질문의 패턴에 따라 사고를 전개시키므로 초보자도 쉽게 활용할 수 있으며 반복적인 사용이나 연습으로 어 떤 문제를 습관적으로 인식할

표 6.1 스캠퍼(SCAMPER)법

| 약 자 | 의 미 | 설 명 | 사 례 |
|---|---|---|---|
| S | 대체<br>(Substitute) | 기능은 유지하고 다른 재료, 요소, 동력, 공정 등으로 대체 | 종이컵, 이쑤시개, 물침대, 고무장갑, 연탄재 벽돌 |
| C | 결합<br>(Combine) | 혼합, 조합, 작동, 단위 등의 결합 | 지우개 달린 연필, 멕가이버 칼 카메라 내장 휴대폰 |
| A | 적용<br>(Adapt) | 다른 물건이나 기능의 활용 | 엉겅퀴를 본뜬 벨크로, 장미 덩쿨을 모방한 철조망 |
| M | 변형, 확대, 축소<br>(Modify, Magnify) | 의미, 색깔, 모양 등을 변형, 확대, 축소 | 워크맨, Post-it |
| P | 다른 용도로<br>(Put to other use) | 원래의 용도 바꾸기 | 계란판으로 만든 방음재, 비아그라, 청바지용 직물 |
| E | 제거<br>(Eliminate) | 제거, 분리, 나누기 등 | 씨없는 수박, 트랜지스터, 노트북 PC |
| R | 반대로 하기<br>(Reverse, Rearrange) | 방향, 용도의 재배열 | 전기모터와 발전기, 발가락 양말, 의사의 왕진 |

수 있고 또한 주변의 불편한 점을 해결하기 위해 스캠퍼법을 사용하면 생각보다 쉽게 기존의 제품을 개량하거나 인류의 생활을 편하게 할 수 있는 제품을 발명할 수 있으며 실제 이 방법을 이용해 개발하거나 발명한 것들이 많다.

## 6.4 형태학적 분석법(morphological analysis)

이 방법은 스위스의 우주공학자인 즈위키(Fritz Zwicky)에 의해 개발된 방법으로 아래 그림에서 보듯이 매트릭스의 형식을 취한다. 다시 말하면, 오스본의 점검항목과 물질의 속성들에 대해 열거하여 입체적으로 조합한 방법으로 문제해결에 있어, 선입견 또는 사전 평가로부터 탈피하기 위한 방법이다.

매트릭스를 사용하여 아이디어를 창출하는 방법은 다음 순서로 진행된다.

- 개선되어야 하는 상품 또는 서비스를 정한다.
- 2차원 매트릭스를 제작하는데 한 축에는 대상 물건 또는 서비스의 특징 또는 속성들을 나열한다.(예: 크기, 높이, 무게, 색, 성분)
- 다른 축에는 특징 또는 속성들의 다른 형태의 단어 즉 형용사, 부사 또는 동사의 형태로 변환하여 기입한다.(예: SCAMPER의 7 가지 요소)
- 그리고 더 많은 아이디어 창출을 위하여서는 다른 하나의 축(세 번째 축)을 첨가할 수 있으며 세 번째 축에는 다른 관련된 요소들을 나열하여 기입한다.
- 바뀐 단어들을 대상 물건 또는 서비스의 특징 및 속성들에 적용한다.
- 결과를 토론 또는 평가한다.

표 6.2 형태학적 분석법에 사용되는 매트릭스 예(14×7)

| | 대체 | 결합 | 적용 | 변형/확대 | 다른 용도 | 최소화 | 재배치 |
|---|---|---|---|---|---|---|---|
| 크기 | | | | | | | |
| 높이 | | | | | | | |
| 무게 | | | | | | | |
| 체적 | | | | | | | |
| 모양 | | | | | | | |
| 위치 | | | | | | | |
| 성분 | | | | | | | |
| 강도 | | | | | | | |
| 안정성 | | | | | | | |
| 색 | | | | | | | |
| 동력 | | | | | | | |
| 내구력 | | | | | | | |
| 전기적 성질 | | | | | | | |
| 화학적 성질 | | | | | | | |

그러나 반드시 가로축을 오스본의 점검항목 7가지 요소를 쓸 필요는 없다. 만약 어떤 확실한 목표가 주어져 있다면 가로축에 목표가 추구하는 요소들을 나열하면 된다.

표 6.3는 형태학적 분석법을 이용하여 피자가게의 판매고를 늘일 목적으로 아이디어를 창출하기 위한 매트릭스의 예이다. 표 6.3은 매트릭스에 오스본의 점검항목 7가지 요소를 높이 축으로 사용할 수 있는데 그럴 경우에는 (8x7x7) 입체 매트릭스의 분석법이 된다. 형태학적 분석법의 장점은 잠정적인 아이디어를 쉽게 생각해 내며, 그중에서 질적으로 우수한 것과 가능성이 있는 것을 개발해 낼 수 있다는 것이다.

반면 단점으로는 시스템의 특성이 너무 많을 경우 쓸모없는 아이디어도 검토해야 하며 모든 특성을 매트릭스로 만들었는지 또 그 특성에 해당하는 모든 대안들이 옳은 것인지 확실치 않다. 반대로 중요한 특성 중 어느 하나라도 빠뜨리게 되면 중요한 대안들을 놓치게 된다. 이러한 단점을 극복하기위해서는 다양한 각도에서 분석하며, 꼭 필요한 특성을 찾아낼 줄 알아야 한다.

표 6.3 형태학적 분석법을 이용하여 피자가게 판매고 향상에 대한 아이디어 창출

| 제과점 변수 / 속성변수 | 테이블 및 의자 | 벽과 바닥 | 화장실 | 재료 | 제조시설 | 써비스 | 홍보방법 |
|---|---|---|---|---|---|---|---|
| 크기 | | | | | | | |
| 높이 | | | | | | | |
| 무게 | | | | | | | |
| 색깔 | | | | | | | |
| 모양 | | | | | | | |
| 성분 | | | | | | | |
| 전기적 성질 | | | | | | | |
| 화학적 성질 | | | | | | | |

## ✓ 팀 활동 :

- 주위에서 적절한 사물을 하나 택하고, 스캠퍼 방법을 이용해서 새로운 발명품을 찾아 보시오.
- 어느 사장이 티타임을 10분 이상 가질 수 없도록 하는 컵을 디자인 하여 사원들에게 나누어 주고자 한다. 매트릭스를 작성하여 형태학적 분석법을 이용한 아이디어를 도출해 보시오.
- 팀 프로젝트 주제에 대해서 동일한 방법으로 전개시켜 보시오.

## 쉬어가는 페이지 : 그림 감상

EXIT

**연필로 떼지 않고 긋는 직선의 수는?**

# 6.5 아이디어 창출이 고착(Stuck)되었을 때는?

## 6.5.1 성공을 상상하라 또는 최악을 상상하라

휴식시간을 가지고 문제에서 비켜서라.

문제에 주목하고 해결책을 생각하려고 노력하는 대신에 이상적인 상태나 "무엇이 되어야 하는가"에 집중하라. 어리석은 아이디어는 실용적이고 혁신적인 아이디어로 가는 디딤돌이다. 웃음을 유발시켜 사람들의 사고를 느긋하게 하여 생산적인 브레인스토밍 계속한다.

### 6.5.2 무관한 두 아이디어를 억지 끼워 맞춤 하라

브레인스토밍이 둔화되었을 때, 팀 구성원은 먼저 만들어진 두 가지 아이디어를 택하여 함께 끼워 맞춰라.

### 6.5.3 자유연상(유추)

문제와 관계있을지 또는 없을지 모를 상징(symbol)을 칠판 위에 쓰고, 연상되는 새로운 상징을 써나간다. 이 과정은 문제에 대한 창의적인 아이디어가 나올 때까지 계속한다.

### 6.5.4 원대한 꿈/ 소망적 사고

본래의 문제에 대한 가장 원대한 환상적인 해결책을 생각한다.

소망적인 사고와 "만약에 ~라면 어떻게 될까"와 관련된 질문에 의해서 더 발전된다. 아이디어가 당면한 문제에 접근되면 정식 브레인스토밍을 계속한다.

### 6.5.5 강제상관행렬

대립되고 불합리한 개념들이 서로 다른 방법으로 결합될 때 창의적인 아이디어가 갑자기 나타날 수 있다.

예를 들면, 종이와 비누라는 두 가지 생각의 다양한 결합으로 새로운 아이디어가 나올 수 있다 : paper soap(종이비누), soap paper (비누종이)(둘 다 명사), soapy paper(비누 같은 종이), papery soap(종이 같은 비누)(형용사/명사 결합), papered soap(종이에 싼 비누), soaped paper(비누칠한 종이), soap "wets" paper(비누가 종이를 적신다.), soap "cleans" paper (비누가 종이를 깨끗이 한다)(동사형).

## 6.5.6 생태계에서 해답을 구함

동일한 문제에 대해서 자연은 항상 먼저 문제를 해결한다. 그리고 자연이라는 특허 자원은 고갈될 일도 없고, 로열티를 요구하지도 않는다.

예를 들어, 미국의 노스웨스턴대(Northwestern University)의 의용공학과 필립 메셀스미스(Phillip B. Messersmith) 교수와 이해신(李海臣·33) 연구원은 도마뱀붙이(Gecko)의 접착력과 물속에서도 접착력이 우수한 홍합(Mussel)에서 아이디어를 얻어 접착력이 우수한 새로운 물질을 제조해내는 데 성공했다(2007년 7월 20일)[18]. 다른 사례로, 사막주행용 소형차의 새 타이어는 낙타발의 압력 분포로, 광디스크 저장시스템의 성능향상은 나방 눈의 구조로, 비행기의 구조물에서 나오는 와동잡음 저감은 올빼미의 비행실험으로 해결될 수 있다.

트리즈 창시자 알트슐러는 '자연특허'에 접근하는 두 가지 방향을 제시하였다. 먼저 고대 동물 중에서 원형을 찾아라. 그 다음 '자연특허'의 진화의 일반적인 경향을 조사하라. 예를 들어 새로운 절삭도구를 개발하기를 원한다면, 자연사 박물관에 전시되어 있는 공룡, 코끼리 화석 이빨을 연구하면 될 것이다.[19]

우리는 당면한 문제에 대해서 항상 "자연에서는 이런 문제가 어떻게 해결되었는가?"라는 질문을 던져보는 습관이 필요하다.

다음 그림을 보고, 무엇을 모방할 수 있고, 무엇이 모방되었는지 생각해 보자.

18) www.northwestern.edu
19) 이노베이션 알고리듬(인터비젼, p243~)

다음 그림을 보고, 무엇을 모방할 수 있고, 무엇이 모방되었는지 생각해 보자.

표 6.4 생체모방공학을 통한 기술적 개념/제품들

| 자연 현상 | 기술적 개념/제품 |
|---|---|
| 오리의 깃털 기름 | 내습유제 |
| 대나무, 뼈 | 관 구조 |
| 뼈에 연결된 근육 | 지레의 받침점 |
| 끈끈이주걱(파리지옥풀) | 유인 장치 |
| 피부 표면의 증발 | 냉각 |
| 오징어 흡관 | 제트 추진 |
| 심장 | 압착 펌프 |
| 새의 다리, 발톱 | 안으로 집어넣을 수 있는 착륙장치 |
| 딱정벌레 눈 | 비행기 고도와 대지속도 감지기 |
| 방울뱀 | 열 감지기 |
| 인간의 뇌 | 인공지능망 |
| 꿀벌 | 저장 용기 |

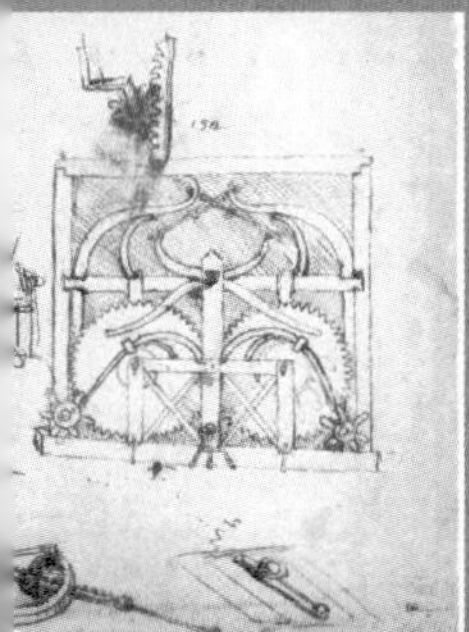

# 아이디어 평가

CHAPTER 7

# 7.1 아이디어 다듬기

## 7.1.1 개요

창의적 아이디어의 다듬기는 "예술가"의 발산적 사고보다는 수렴적 사고가 필요하다. 창출된 아이디어와 개념들을 구체화하거나, 실행가능성 있는 실용적인 아이디어가 되도록 하기 위해 몇 가지 수렴적 사고를 추가한다. 바로 엔지니어의 역할이 필요한 시점이다. 엔지니어가 하는 일은 아이디어를 실용적으로 활용할 수 있도록 설계, 구축, 유지, 분류, 조합, 개선, 그리고 종합하는 것이다. '공학적' 아이디어를 실용적인 개념, 해결방안, 또는 제품 디자인으로 만드는 과정은 팀 활동이 적합하다. Image와 Engineering의 합성어인 Imagineering이 있다. 이 단어는 아이디어의 구체화를 의미한다. 이 단계에 가장 적합한 단어이다. 허만의 두뇌우성모델로 설명하면, 이 과정은 좌뇌형과 우뇌형 사고의 중간 연결점에 해당한다.

## 7.1.2 아이디어 다듬기의 4가지 규칙

- 규칙 1. 더 나은 아이디어를 찾아라.
  **각 아이디어의 장점을 찾아 그 점을 개선한다.**

- 규칙 2. 엉뚱한 아이디어를 좀 더 실용적으로 바꾸어라.
  **창의적 사고와 분석적 사고로** 좀 더 실용적으로 바꾸어라.

- 규칙 3. 아이디어를 종합하여 더 완벽한 해결 방안을 찾아라.
  **여러 가지 아이디어를 통합, 종합, 융합하거나 끼워 맞춰 넣는다.**

- 규칙 4. 비판적인 판단을 계속 유보하라.
  **성급한 판단과 부정적인 말을 삼가고 긍정적인 태도로 논리적이고 실용적인 생각을 추가, 계속 다듬어 나간다.**

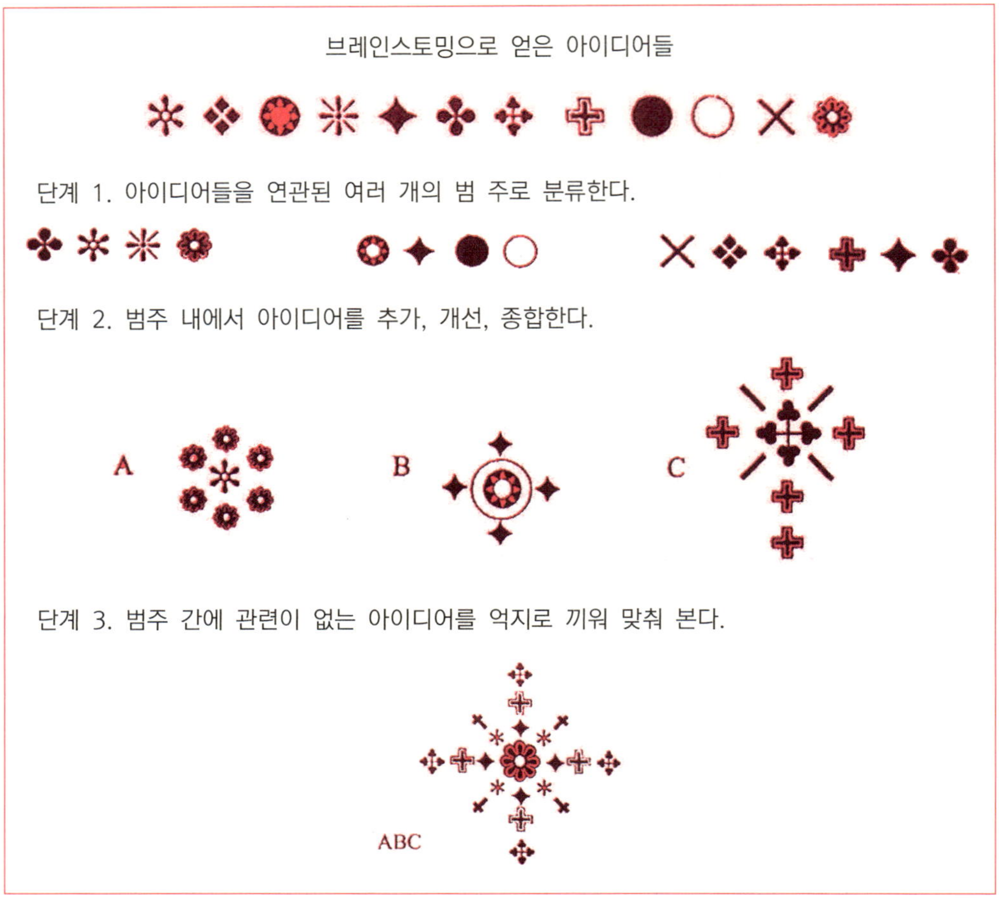


그림 7.1 도식적으로 나타낸 아이디어 다듬기 과정

## 7.1.3 아이디어 다듬기 과정

창의적 아이디어 다듬기는 3단계로 이루어진다. 이것은 브레인스토밍과 마찬가지로 정답이 없는 활동이며, 체계화된 접근방법을 따르더라도 결과는 완전히 예측 불가능하다. 그림 7.1은 아이디어 다듬기 과정을 도식적으로 설명한 그림이다. 그림의 첫줄에 팀 활동에 의해서 만들어진 12개의 아이디어가 서로 다른 기호로 표시되었다. 아이디어 다듬기의 첫째 단계는 유사한 것끼리 분류하는 것이며, 두 번째 단계는 각 범주 내에서 아이디어를 조합하여 다양한 아이디어를 도출하는 과정이며, 세 번째 단계는 범주마다 도출된 아이디어들을 억지로 끼워 맞춰, 최종의 아이디어를 만드는 과정이다.

그림 7.1의 단계들에서 알 수 있는 바와 같이, 여기서 기억해야 할 것은 아이디어 다듬기 단계가 창출된 다수의 아이디어들 중에 단순히 몇 가지를 고르는 것이 아니라, 아이디어들 간에 종합함으로써 완전히 새로운 아이디어도 나올 수 있다는 점이다. 이 단계에서 대략 4~6개 정도의 다듬어진 아이디어를 선택한 후, 아이디어 판정 단계로 넘어간다.

**팀 과제** **다음 사항에 대해 아이디어 창출과 다듬기를 실시하라.**

개들은 행동반경을 제한하고, 다른 사람을 보호하기 위해서 종종 뜰에 묶어 둔다. 불행하게도 개 줄이 나무, 개집, 또는 다른 돌출물에 엉켜서 개의 거동이 제한을 받고, 아마도 개 자신에게도 해를 입힐 수 있다. 이 문제를 해결할 수 있는 제품을 개발하라.

# 7.2 아이디어 평가(판정)

## 7.2.1 개요

우리는 창의적 문제해결 과정의 이 단계에서 이전 단계에서 얻은 다듬어진 아이디어들 중에서 원래의 문제를 최성으로 해결할 수 있는 최종 해결 방안을 찾는다. 어떤 것이 최상인지 판정하기 위해서 평가기준을 세운 후, 그 기준에 따라 아이디어와 해결방안의 순위를 정하여 판정한다.

이 단계에서는 판사의 마음가짐이 필요하다(그림 7.2). 즉 비판과 공평함을 유지해야 한다. 판사 자신 역시 완벽하지 않지만, 객관적인 증거와 원칙에 따라 현명한 결정을 내리는 것이 요구된다. 판사는 비판적·분석적 모드인 A사분면과 위험을 싫어하는 마음가짐인 B사분면, 미래 지향적인 D사분면의 사고를 사용할 필요가 있다.

## 7.2.2 훌륭한 판정이란?

- 문제해결 과정 또는 설계과정에서 발생할 수 있는 실수를 발견할 수 있는 능력
- 결점을 제거할 수 있는 능력
- 아이디어에 내포된 위험, 결과, 불확실성 등을 평가하는 능력
- 판정에 영향을 미치는 편견, 편향된 가치관, 전제조건 등을 인식하여 배제하는 능력

그림 7.2
판사의 마음가짐

**사 례 : 시티코프 타워**[20]

구조물 공학인 러메져(Bill LeMessurier)와 건축가 스터빈즈(Hugh Stubbins)는 뉴욕에서 다섯 번째로 높은 고층건물을 세울 계획을 할 때, 한 가지 어려움에 직면했다. 성 베드로 루터 교회가 전체적으로 새 건축물 위치로 계획된 부지의 구석을 소유하여 점유하고 있었다. 9층 높이 지주(이때 지주는 세워질 건물의 측면 중앙에 위치한다) 위쪽으로 은행 건물을 세워야 한다는 합의가 이루어졌다. 그리고 교회는 외팔보 모서리의 한쪽 아래에 자유로이 서있는 완전히 새로운 성 베드로 교회를 원했다. 1977년에 완성된 시티코프 센터는 그림 7.3 에서처럼 나타난다. 새 교회 건물은 높게 치솟은 건물의 왼쪽 모서리 아래에 있다.

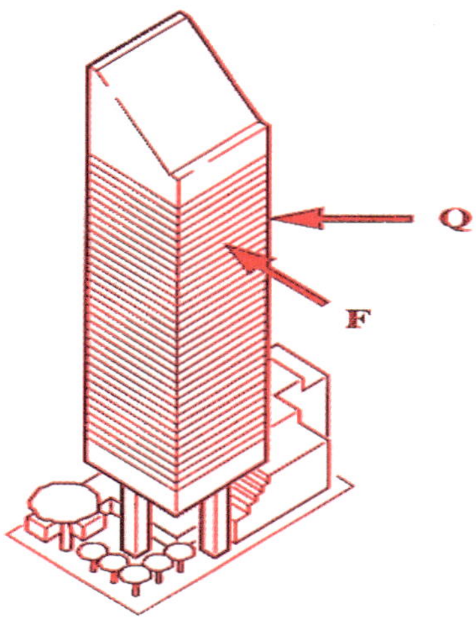


그림 7.3 시티코프 건물의 모형투시도(교회는 왼쪽 모서리 아래에 있다). 바람 방향 : F, 정면, Q, 모서리. (1976년 8월 중순 특별 호, 66p, Architectural Record, 빌딩 종류 연구, Anspach Grossman Portugal 사, 헨리 동(Henry Dong)이 그린 모형투시도의 수정 그림)

20) Ethics in Engineering(Mike W. Martin and Roland Schinzinger, McGraw-Hill, 2005) p 12~14

러메저의 구조물은 거대한 기둥이 건물 모서리에 있지 않다는 점에서 일반 구조물과는 달랐다. 그 구조물의 바람 하중뿐 아니라 중력 하중의 절반이 기발하게 설계된 트러스트 골격 아래쪽을 향했으며, 건물 외부면, 골격 안쪽에 내풍지주(wind brace)를 심어 넣었다. 더구나 러메져는 그와 같은 고층 건물로는 최초로 질량 동조 흡수장치를 설치했는데, 이것은 바람으로 건물이 흔들리는 것을 방지하기 위한 것이었다. 타워가 완성된 지 일 년이 지난 후, 한 공학도가 의문을 제기하였다. 그 결과 러메져는 곧바로 건물의 몇 가지 구조 형태를 재검토하게 하였고, 그 스스로도 몇 가지 의문을 갖게 되었다. 예를 들어, 모서리로 부는 강한 바람에 의해 생기는 어떤 하중을 건물 구조가 견딜 수 있을까? 이런 경우에, 건물의 양쪽 면은 빗면으로 부는 바람의 힘을 받고, 결과적으로 바람이 구조물의 한쪽 면을 정면으로 때릴 때 보다 하중은 40퍼센트나 증가한다. 건축물 법규의 요구사항들은 정면 방향으로 부는 바람 하중에 견딜 수 있는 요건만 기술하였고, 그것은 바로 내풍지주 설계의 기초였다. 그러나 만약 용접이 기대 수준으로 잘되었다면, 설계에 따른 내풍지주들이 그러한 초과하중을 어렵지 않게 받칠 수 있기 때문에 걱정할 필요가 없었다.

그럼에도 불구하고, 러메져는 학생의 질문을 받고, 매사추세츠 케임브리지 사무실에서 뉴욕 사무실로 전화를 걸어, 그 건물 건설을 담당했던 공학인 스탠리 골드스타인에게 다음과 같이 물었다. "지주 구조의 용접연결은 잘 되었습니까? 그 작업은 얼마나 힘들었나요? 일부들의 기량은 얼마나 좋았나요?" 실망스럽게도 골드스타인은 "아니, 그것도 몰랐습니까? 그 연결부들을 전혀 용접하지 않았습니다. 그것은 베들레헴 스틸(철강회사)사가 우리에게 와서, 그들 생각에 우리가 그것을 할 필요가 없다고 말했기 때문이었어요."라고 대답했다. 그렇게 하기로 결정됨에 따라 뉴욕주재 사무실은 연결부를 볼트로 연결하는 제안을 대신 승인하였다. 하지만 계속해서 사선으로 부는 바람은 염두에 두지 못했다.

처음에 러메져는 지나치게 염려하지 않았다. 그는 질량 동조 흡수장치가 건물의 흔들림을 결국 해결할 거라고 생각했다. 그래서 그는 자신의 자문가인 웨스턴 온타리오 대학교 알란 데이븐포트에게 바람이 불 때의 고층건물 거동에 대해 물어보았다. 데이븐 포트는 축소 모형 시티코프 센터에 대한 이전의 풍동실험(어떤 모형이나 부품을 시험하는 통 모양의 장치)의 결과를 재검토하여, 다음과 같은 사실을 보고하였다. "이상적인 수학 모델이 예측하는 압력을 보면, 사선으로 부는 바람의 하중은 정면으로 부는 바람의 하중에 비해서 40퍼센트 이상 강합니다." 치명적인 볼트 이

음새의 파괴(그래서 빌딩의 파괴)를 일으킬 만큼 큰 바람은 16년마다 뉴욕에서 있을 수 있다. 다행스럽게도 강화가 필요한 지주들은 접근이 가능했다. 그러나 작업이 무척 힘들 것 같았고, 수리비용은 러메져가 들어 두었던 보험금을 초과할 것 같았다.

러메져는 빌딩을 이용하는 사람들을 위해 빌딩의 안전을 보장할 책임, 다수의 재정 고객들에 대한 책임, 그리고 입을 꾹 다물면 보장받을 수 있는 자신의 이익 사이에 갈등을 포함한 윤리적 딜레마에 직면했다. 어떻게 해야 하는가? 그는 메인(Maine) 주 세바고(Sebago) 호수 섬에 있는 자신의 여름휴양 별장으로 들어갔다. 그곳에서 그는 조용히 다시 한 번 모든 설계도와 풍동 수치를 살펴보았다. 갑자기 그는 "온 몸에 힘이 빠지는 아찔한 느낌"을 받았고, 미리 조치를 취하는 것만이 일어날 수도 있는 재난을 막는 유일한 길임을 깨달았다.

그는 결심하고 나서는 재빨리 행동으로 옮겼다. 그와 스터빈즈는 그들의 보험사와 변호사, 은행 관리자, 그리고 시 건축 담당을 만나 그 문제를 설명하였다. 다음과 같은 건물 수리계획에 대해 의견 일치를 보았다

결정적인 위치에 있는 200개 이상의 모든 볼트 연결부 위쪽에 2인치 두께 강철판을 용접하는 방식으로 내풍 지주들을 강화한다. 처음에 여러 사무실에 모여 있는 변호사들에 대해 호기심이 많던 기자들은 뉴욕 주요 신문들이 파업으로 문을 닫자, 나타나지 않았다. 변호사들은 재난 관리에 경험이 있는 건축구조물 공학인 레슬리 로버트슨(Leslie Robertson)의 조언을 구했다. 그는 시장산하의 비상 관리부서와 적십자사에 알렸고, 그래서 큰 바람이 불 경우 건물주변을 대피시킬 수 있었다. 그는 또한 스트레인 게이지 망을 준비하여 건물의 전략적 지점에 그것을 붙였다. 이 설비 덕분에 멀리 떨어진 곳에서 강철이 받는 실제 변형을 모니터할 수 있었다. 러메져는 긴급사항을 알리는 장치를 설치하자고 주장하였다. 이것은 질량 흡수장치가 계속해서 작동하는지를 확인하기 위해서였다. 허리케인 엘라(Ella)가 연안 가까이에 나타났을 때 약간의 우려가 있었지만, 중요한 연결 부분에 대한 공사가 거의 완성되어가고 있었다. 마침내 그 허리케인은 방향을 바꿨고 대피할 필요는 없었다. 결국, 구건물의 개장(改裝)과 질량 동조 흡수장치는 200년에 한번 정도 있는 폭풍우도 버틸 수 있을 정도로 준비되었다.

해당 사항들은 문제가 되지 않게 해결되었고, 스터빈즈는 비난을 면하게 되었다. 그리고 러메져와 그의 합작 파트너들은 2백만 달러를 부담하였고, 이 금액은 보험

회사에서 받을 수 있었다. 전체수리 비용은 125만 달러가 넘었다. 러메져는 생명을 구했고, 그의 정직함을 유지했을 뿐만 아니라, 그의 명성은 이 에피소드로 인해 더렵혀지기는커녕 오히려 더 높아졌다.

## 7.2.3 비판적 사고

비판적 사고자가 갖추어야 할 소양

- 방송매체가 보여주는 세상은 왜곡의 가능성이 있음을 알고 있다.
- 각종 통계 수치는 정확한 상황을 표현하지 않을 가능성이 있음을 알고 있다.
- 현실인식과 그것의 심리적 해석에 있어서의 육체적 한계를 알고 있다(즉, 우리는 수면부족 또는 어떤 물질의 소모가 판정에 어떻게 영향을 미칠 수 있는가를 알고 있다).
- 정신적 장애, 지나친 일반화, 그리고 잘못된 합리화를 인식할 수 있다.
- 문제와 아이디어의 언어적 표현 속에 내포되어 있는 사고와 언어의 편향성을 평가할 수 있다.
- 우리 자신에게 정직하다.
- 사실과 느낌을 인식하고 그것에 가치를 부여한다.
- 조작에 저항하고, 혼란을 극복하며, 바른 질문을 하고, 그리고 주위의 압력에 관계없이 균형 있는 판정을 내릴 수 있다.

## 7.2.4 공학윤리

아이디어를 판정할 때 공학윤리적 측면을 고려해야 한다. 여기서 공학윤리가 다루는 범위를 알아보기 위해 미국 전문공학인협회(NSPE, National Society of Professional Engineers)의 공학윤리강령 전문(前文)을 살펴보자.

『공학은 중요한, 학문적 직업이다. 이 직업의 구성원으로서 공학인들은 가장 높은 정직과 성실의 모범을 보여주어야 한다. 공학은 모든 사람의 삶의 질에 직접적이면서도 중요한 영향을 준다. 따라서 공학인이 제공하는 서비스는 정직, 불편부당, 공평, 정당해야 하고, 공공의 건강, 안전, 복지를 지키기 위해 헌신해야 한다. 공학인들은 최고의 윤리 원칙을 지켜야 하는, 직업 행동의 표준 하에서 임무를 수행해야 한다.』

또한 공학윤리의 범위들은 환경윤리, 작업장 윤리, 안전성, 인터넷/컴퓨터 윤리 등 다양하며, 공학이 발전하면서 최근에 그 중요성이 계속 강조되고 있다. 따라서 공학적 아이디어 실행 결과가 가져올 공학윤리적 측면을 반드시 고려해야 할 것이다.

## 7.2.5 아이디어 평가 방법

### 1. 평가의 종류

우리는 살아가면서 많은 문제를 평가하게 된다. 그러나 모든 문제에 같은 기준이나 방법으로 평가하지는 않는다. 문제에 따라 고민하는 시간이 달라지며 또한 평가 결과의 중요도도 문제에 따라 달라진다. 따라서 평가에는 시간과 노력이 필요하고 문제에 따라 평가의 방법이 동일할 필요가 없으며 문제의 중요성에 따라 평가방법이 달라져야 한다. 일반적으로 평가방법은 크게 세 가지로 분류된다.

- 간이평가
- 선정평가
- 정밀평가(이용가치 분석법)

#### 가) 간이평가

간이평가는 그다지 중요하지 않은 문제에 대해 간단히 평가할 때나 대상이 너무 많아 전부 평가하는데 시간과 비용이 많이 들며 평가 결과가 그다지 중요하지 않을 경우 1차 선정에 사용된다. 이 방법은 평가할 대상들을 간단하게 비교하는 것으로 보통 대상들을 상대 비교한다. 축구 게임의 경우 예선에서 사용하는 리그방식이 그 예다. 간이평가에 가장 많이 사용되는 것이 우열행렬표를 사용하는 2안 비교 순위 결정법(또는 2안 비교법)이다. 표 7.1은 그 방법을 나타내고 있다.

표 7.1 우월행렬표

| | | 변이 | | | | | | |
|---|---|---|---|---|---|---|---|---|
| | | 1 | 2 | 3 | 4 | 5 | 6 | 7 |
| 변이와의 비교 | 1 | - | 1 | 0 | 1 | 0 | 1 | 0 |
| | 2 | 0 | - | 0 | 1 | 0 | 0 | 0 |
| | 3 | 1 | 1 | - | 1 | 0 | 1 | 0 |
| | 4 | 0 | 0 | 0 | - | 0 | 0 | 0 |
| | 5 | 1 | 1 | 1 | 1 | - | 1 | 1 |
| | 6 | 0 | 1 | 0 | 1 | 0 | - | 0 |
| | 7 | 1 | 1 | 1 | 1 | 0 | 1 | - |
| | 점수 | 3 | 5 | 2 | 6 | 0 | 4 | 1 |
| | 순위 | 4 | 2 | 5 | 1 | 7 | 3 | 6 |

- 7가지 변위가 있을 때 2개씩 상대 비교하여 우월하면 1, 열등이면 0으로 표시한다.
- 순차적으로 1과2, 1과3..., 2와3, 2와4..., 이런 식으로 계속 진행하면, 변이가 N개 있을 경우, 최종적으로 총 투표수는 N(N-1)/2개이다. 이 경우 N=7이므로, 총 비교는 21번 하게 된다.
- 비교가 다 끝났으면 1점을 맞은 개수를 세어 점수로 나타내 가장 많은 점수를 받은 변위를 선정한다.

### 나) 선정평가

선정평가는 평가 대상이 지나치게 많거나 특정 대상을 제외하는 경우에 사용된다. 보통 선정과정은 제거와 선호 두 단계로 구성되며 대상이 크게 많지 않을 경우 절대적으로 부적합한 대상을 제거하며 대상이 지나치게 많을 때는 앞에서 언급했듯이 먼저 제거를 통해 수를 줄인 후 나머지 중 선호과정으로 우월한 대상만 선정한다.

만약 대상이 설계안일 경우 Pahl과 Beitz가 제안한 제거의 기준은 다음과 같다.

- 해결안이 전체 과제에, 그리고 해결안 상호간에 적합한가?(기준 A)
- 요구 사항목록의 요구 사항을 만족시키는가? (기준 B)
- 성능이나 배열 등의 관점에서 실현 가능한가? (기준 C)
- 허용된 비용 내에서 가능한가? (기준 D)

선호의 기준은 회사의 여러 가지 사정이나 평가할 때 외부적인 조건에 따라 변할 수 있는데 예를 들면 다음과 같다.

- 직접적인 안전 수단이 사용되거나 바람직한 인간 공학적 조건들이 도입되었는가? (기준 E)
- 회사 내에서 선호되는가? 즉, 유용한 노하우, 재료, 공정 및 특허 조건들을 이용하여 개발될 수 있는가? (기준 F)

실제 선정평가를 할 때 평가기준은 '예'일 경우 '+', "아니오"일 경우 '-', 정보부족일 경우 '?', 목록 점검할 필요가 있을 경우 '!'로 표시하며 최종 결정은 해결안이 될 수 있을 경우 '+', 해결안으로 적당하지 않을 경우 '-', 더 많은 정보를 수집할 필요가 있을 경우 '?', 변경을 위한 요구사항 검토가 필요할 경우 '!'로 나타낸다.

## 다) 의사결정행렬을 이용가치 분석법

의사결정행렬을 이용하는 방법은 평가 대상에 대해 미리 정해둔 평가기준에 따라 점수를 부여하고 전체 점수를 하나의 행렬표에 나타내어 평가 대상들을 체계적으로 비교하고 판정하는 것이다.

방법은 행렬표 상단에 모든 평가 대상들의 명칭을 기술하고 좌측에는 평가기준을 기술한다.

이 방법의 특징은 다음과 같다.

- 일반적으로 공학적 설계안 판정에 사용하지만 일반적인 문제안의 선택에도 사용할 수 있다.
- 각 개념설계가 일련의 설계 기준들을 얼마나 잘 만족하는지를 평가하기 위해 사용한다.
- 이 방법으로 좋은 해결안을 얻기 위해서는 판정(평가)기준을 정할 때 구체적인 설계안이 갖는 다양한 속성들을 설계사양에 나타난 변수들과 비교하여 속성을 수치 데이터로 변환한다.
- 검토와 평가과정에 하나의 하부기반을 제공한다.
- 각 개념설계의 특성을 평가기준과 체계적으로 비교할 수 있도록 접근방법을 제공한다.
- 장단점을 결정하기 위한 기초를 제공한다.

이 의사결정행렬을 이용하여 평가하기 위해서는 다음의 9단계가 필요하다. 5단계까지는 의사결정행렬표를 작성하는 것으로 중요도가 치명적이지 않은 문제들이나 평가 대상의 내용을 임의로 바꿀 수 없거나 외부 대상의 평가는 보통 5단계까지 진행해 가장 높은 점수를 취득한 평가대상을 가장 우수한 것으로 결정하면 된다. 그러나 새로운 제품이나 공정을 개발하는 위한 설계안이나 기획안의 경우는 9단계까지 진행하여 가능한 완벽한 해결안을 선정해야 한다.

의사결정행렬을 이용하여 평가하는 9단계는 다음과 같다.

1. 판정기준의 결정
2. 판정기준의 중요도 판단과 가중치 부여
3. 판정기준 별 변수와 단위 확정
4. 점수부여를 위한 가치함수의 확정
5. 각 판정대상의 점수계산과 의사결정 행렬표 작성
6. 각 판정대상들의 취약부 파악
7. 상위점수 획득 평가대상들의 취약부 개선 방안 마련과 추가적인 해결안 개발
8. 재평가
9. 판정 대상들의 최종순위

## 2. 의사결정행렬 5단계를 이용한 아이디어 평가 절차

- 먼저 브레인스토밍으로 평가기준을 정한다.
- 아이디어의 평가기준에 대해서 순위를 부여한다. 보통 2안 비교 순위 결정법(pair ranking)을 사용한다. 이 때 타이밍, 위험, 편견 등을 고려한다. 평가기준은 가능하면 수적(정량적)으로 표현하는 것이 좋다.
- 평가기준에 대해서 가중치를 부여한다.
- 의사결정행렬을 이용해서 아이디어를 평가하여 최종 결정을 내린다.

## 3. 간단한 의사결정행렬에 의한 아이디어의 판정 예

새로운 스마트폰을 구입하기 전에 5종류의 스마트폰을 검토하고 있다. 핸드폰 구입시 고려해야 하는 판정 기준은 A(크기), B(모양), C(색깔), D(가격), E(인기도), F(무게)이다. 앞에서 배운 아이디어 판정 순서를 적용해 보자.

- **1단계** : A(크기) B(모양) C(색깔) D(가격) E(인기도) F(무게)의 판정 기준을 2안 비교순위 결정법으로 순위를 결정한다.

| 판정기준 | 얻은 투표 | 총 투표수 |
|---|---|---|
| A(크기) | 1 | 1 |
| B(모양) | 1111 | 4 |
| C(색깔) | 11 | 2 |
| D(가격) | 11111 | 5 |
| E(인기도) | 111 | 3 |
| F(무게) | | 0 |

- **2단계** : 6개의 판정기준 중에서 상위 3개만 택하고, 3가지 판정 기준에 대한 총합이 1이 되도록 가중치 부여한다.
  가격 : 모양 : 인지도 = 0.5 : 0.3 : 0.2

- **3단계** : 의사결정행렬을 만들고, 스마트폰 종류, 판정기준, 가중치를 다음과 같이 적는다.

| 핸드폰 | 가격<br>가중치 0.5 | 모양<br>가중치 0.3 | 인지도<br>가중치 0.2 | 총점 | 순위 |
|---|---|---|---|---|---|
| 아이폰 4S<br>갤럭시 S2<br>인크레더블 S<br>베가 레이서<br>옵티머스 2X | | | | | |

- **4단계** : 각 판정기준에 대해서 각 스마트폰에 대해 평가기준에 따라 가치 부여를 한다.(이 예의 경우 1~3점 부여)

| 핸드폰 | 가격<br>가중치 0.5 | 모양<br>가중치 0.3 | 인지도<br>가중치 0.2 | 총점 | 순위 |
|---|---|---|---|---|---|
| 아이폰 4S | 3 | 3 | 3 | 3 | 1 |
| 갤럭시 S2 | 1 | 1 | 2 | 1.2 | 5 |
| 인크레더블 S | 2 | 1 | 2 | 1.7 | 4 |
| 베가 레이서 | 2 | 3 | 2 | 2.3 | 2 |
| 옵티머스 2X | 2 | 2 | 1 | 1.8 | 3 |

- **5단계** : 얻은 투표수에 판정기준 가중치를 곱하여 가중 점수를 얻는다.

| 스마트폰 | 가격<br>가중치 0.5 | 모양<br>가중치 0.3 | 인지도<br>가중치 0.2 | 총점 | 순위 |
|---|---|---|---|---|---|
| 아이폰 4S | 3(1.5) | 3(0.9) | 3(0.6) | 3 | 1 |
| 갤럭시 S2 | 1(0.5) | 1(0.3) | 2(0.4) | 1.2 | 5 |
| 인크레더블 S | 2(1.0) | 1(0.3) | 2(0.4) | 1.7 | 4 |
| 베가 레이서 | 2(1.0) | 3(0.9) | 2(0.4) | 2.3 | 2 |
| 옵티머스 2X | 2(1.0) | 2(0.6) | 1(0.2) | 1.8 | 3 |

계속해서 총점을 구하고 순위를 결정한다.

- **6단계** : 이 경우 아이폰 4S를 선택한다. 최종 결과가 계산오류나 가중치 오류 등이 없는지 따져보고 최종 판정을 한다.

## 4. 그 밖에 최종 결정 내리는 방법들

- 동전 던지기 : 예) 축구 공격방향 정하기
- 손쉬운 해결법 (가장 실행하기 쉬운 방법을 선택한다.)
  : 똑같은 좋은 해결방안이 여러 개 있는 경우
- 점검표 : 최선의 해결방안이 충족되어야 할 점검표를 만든다. 해결안들이

표 7.2 장점/단점 행렬

| 판정기준 | 교수 | 회사원 | 연예인 | 거지 | 깡패 |
|---|---|---|---|---|---|
| 되기 어려운 정도 | 0 | + | 0 | 0 | 0 |
| 월급 | 0 | + | + | 0 | 0 |
| 사회적 지위 | + | + | + | 0 | 0 |
| 독립성 | + | 0 | 0 | + | 0 |
| 흥미 | + | 0 | + | 0 | 0 |
| 기타 혜택 | + | 0 | + | 0 | 0 |
| 장점(+) | 4 | 3 | 4 | 1 | 0 |
| 단점(0) | 2 | 3 | 2 | 5 | 7 |

만족되어야할 모든 중요한 점들이 포함된다면 유용할 수 있다.

- 장점/단점 행렬(표 7.2)
- 일반적 합의 : 가장 낮은 수준의 의사결정이며, 지연되면 심각한 결과를 초래하는 긴급한 문제를 푸는 데에 편리하다. 예) 정부조직개편안 양당합의
- 타협 : 상호 교환방식
- 유보 : 시간을 번다. 아마도 시간이 지나면 문제가 사라질 수도 있고, 정치적인 이유 때문에 결정을 피하고 싶을 수도 있다.
- 불가 결정 : 애초 문제가 더 이상 존재하지 않거나, 문제 및 문제내용이 너무 많이 변경되었기 때문에 제안된 어떤 해법이 실행되더라도 문제를 악화시키는 경우이다.
- 직관적 결정 : 우뇌를 사용한 접근법으로, 보스나 사장 등 최종 의사결정권자가 판단한다.

## 5. 최종선택

판단과정의 마지막 단계에서 여전히 두 개 이상의 최선의 해결방안이 있는 경우에는 어떻게 할 것인가? 다음 표 7.3에서 제시한 것들 중에 하나 이상의 단계를 거쳐서 최종 선택을 할 수 있다.

표 7.3 최종 결정 시 점검 항목

- 아이디어를 취합하여 좀 더 질 높은 해결방안을 얻을 수 있는가?
- 질적으로 비슷한 서로 다른 아이디어들이 동시에 또는 연계적으로 수행될 수 있도록 할 수 있는가?
- 아이디어가 얼마나 문제를 잘 해결하고 설계목적을 충족시키는가? 7점 판정체계를 사용하라.
- 아이디어는 모든 필요조건을 만족시키는가? 진행 가불가의 체크 사항을 모두 통과하게 되는 경우에는 충족시켜야 할 부가적인 필요조건에 따라 등급을 매기는데, 특히 이 부과되는 가치는 비용을 증가시키지 않는 것이 좋다.
- 최상위 3개의 아이디어에 대한 실행 시의 위험분석을 실시하라.
- 비용/가치 분석을 실시하라.

표 7.4 아주 간단히 아이디어 판정하기

- 목적 : 현재의 문제 상황, 아이디어 목적은?
- 긍정적인 힘 : 가치는?
- 부정적인 힘 : 결점은? 있을 수 있는 최악의 상태는?
- 가능성 : 성공 가능성? 무엇을 배울 수 있는가?
- 타이밍 : 시기적절한가?
- 편견 : 사용된 가정은?
- 평결 : 당신의 결정은? 다음에 무엇을 해야 하는가?

## 7.2.6 트리즈의 아이디어 판정 기준[21)]

사람들은 새로운 기술을 창조하고, 기존 기술들을 창의적으로 사용하며, 수많은 아이디어를 만들어 낸다. 하지만 어떤 아이디어가 좋고 어떤 것은 그렇지 않은지를 어떻게 하면 알 수 있을까? 역사를 살펴보면 대체로 회사와 사회는 좋은 아이디어를 거부하고 비효과적인 아이디어에 돈을 투자한 일이 흔히 있었다는 것을 알 수 있다.

21) 알기 쉬운 트리즈(박성균 역, 인터비젼, 2005), p2~6.

몇 가지 사례들을 살펴보자.

1. 알렉산더 플레밍(Fleming)은 곰팡이 배양이 수많은 위험한 박테리아에게는 유독하지만 인간에게는 독성을 끼치지 않는 어떤 것을 만든다는 사실을 1928년에 관찰하였다. 그는 이 새로운 물질을 페니실린이라고 명명하였고, 그 결과를 저명한 전문 잡지에 1929년에 발표하였다. 1938년에 언스트 체인(Ernst Chain)은 플레밍의 논문을 읽고서 페니실린에 대하여 흥미를 가지게 되었다. 1939년에 그는 신약 개발 건으로 록펠러 재단으로부터 5,000달러 지원금을 받았다. 이것이 페니실린 산업의 시작이었다. 무슨 이유로 과학자와 투자가들은 10년 동안이나 페니실린의 중요성을 간과했던 것일까? 의약업계가 페니실린을 제쳐두고, 오래되고 때로는 지극히 비효율적인 투약과 치료법을 그렇게나 오랫동안 선호했었던 일은 어떻게 해서 가능했던 것일까?

2. 1948년에 딕(Dick)과 막 맥도널드(Mac McDonald)는 고객 스스로 웨이터 역할을 수행하는 패스트푸드 식당을 개점했다. 1954년에 레이 크록(Ray Kroc)은 이 맥도널드 식당을 둘러보았다. 그는 그렇게 많은 사람이 그렇게 빠르게 서비스를 받지 못하리라고 생각했다. 그는 곧바로 패스트푸드 식당의 개념을 이해했다. 하지만 기업이 이러한 개념을 이해하는 데 왜 6년씩이나 걸리게 되었을까? 대다수의 레스토랑 주인들은 왜 비싼 가격에 질이 낮은 서비스를 계속하였을까?

3. 몰록(Molok)은 쓰레기와 재활용품을 담기 위한 새로운 용기의 상품명이다. 이 원리는 간단하다. 몰록은 수직 모양의 컨테이너인데, 일부는 지하에 묻혀 컨테이너의 40% 정도만 보인다. 폐기물의 무게가 폐기물을 압축하는 데 사용된다. 이른 바 중력이 일을 하는 셈이다. 새로운 통은 일부가 땅속에 묻혀 있으므로 악취가 없다. 복잡한 전용 설비가 없이도 꺼내서 운반하기 쉽도록 설계된 큰 자루를 컨테이너 안에 부착한다. 이런 단순한 혁신이 왜 1990년대까지 도입되지 않았을까? 그리고 이 방식이 상당한 반대에 부딪친 이유는 무엇일까?

4. 구리 제련에 사용되는 플래시 용련(Flash Smelting)은 1940년대에 오토쿰

푸(Outokumpu)에 의해 발명되었으며, 20세기 야금학에서 거둔 가장 성공적인 사례 중의 하나이다. 여기서도 그 일반원리는 간단하다. 광물 속에 함유된 황은 용융을 위해 추가되는 연료의 효율을 높여준다. 외부로부터 공급해야 할 에너지는 급격하게 줄어든다. 오토쿰푸의 경쟁자들도 역시 광물이 황을 포함하고 있다면 용융에 이용할 수 있는 공짜 에너지가 존재한다는 사실을 익히 알고 있었다. 하지만 그들은 자기들이 알고 있는 것을 왜 무시하였을까?

이렇게 탁월한 해결책들이 사용되기까지는 왜 몇 년(또는 몇십 년)씩이나 걸리는가? 이러한 해결책들이 시급하게 필요하고 그 기술을 이용할 수 있었는데도 불구하고… 일반적으로 사람들은 다음과 같은 이유를 제시한다.

- 발명가는 대체로 훌륭한 영업사원이 아님
- 경영진으로부터 지원 부족
- 아이디어에 대한 서툰 발표
- 편견, 또는 널리 쓰이는 전문용어로 말하면 '패러다임 마비'
- NIH(여기서 발명하지 않았음(the not-invented-here) 증후군)

언뜻 보면 제시된 답들은 자명하다. 그렇지만, 면밀히 조사해 보면 이러한 답변들은 그리 큰 도움이 되지 않는다는 것을 알 수 있다. 모든 발명가들이 훌륭한 영업사원이 되고, 경영진의 지원을 받으며, 뛰어난 발표 자료와 발표능력을 가지고 있다고 상상해 보자. 하지만 발명가, 제품 개발자 또는 경영진이 어떻게 어떤 아이디어가 지원할 가치가 있는지를 알 수 있을까? 기업들은 종종 시대에 구식 제품을 팔기 위해서 탁월한 판매 기법을 사용하곤 한다. 자동차용 코드 타이어(cross ply tires) 제조자들은 대단히 고객 지향적이었다. 이것은 개선된 벨트 타이어가 단기간에 전체 시장을 거의 장악했을 때에 도움이 되지 못했다. 이와 같은 사례를 나열하는 것은 쉽다. 범선 대 증기선, 진공관 대 트랜지스터, 전통적인 자전거 대 산악자전거 등이 그 예다. 여기서 중요한 점은 내용이다. 발명가들이 그들의 새로운 아이디어가 수용될 수 있도록 해야 한다고 말하기는 쉽지만, 그러나 어떤 아이디어가 정말로 새로운 것이며 구식 기술보다 더 나은 것인지는 그들이 어떻게 알 수 있을까?

만일 전문가와 관리자들이 편견이 없고 더 창의적이라면 좋은 결과를 얻을 수 있

표 7.5 Triz의 아이디어 판정 기준

| 기 준 | 기존 해결책과의 비교 |
|---|---|
| 1. 해로운 특성이 사라지는가? | |
| 2. 유용한 특성이 유지되는가?<br>새로운 이득이 나타나는가? | |
| 3. 해로운 특성이 새로 나타나는가? | |
| 4. 시스템이 더욱 복잡해지는가? | |
| 5. 주요한 물리적 모순이 해결되는가? | |
| 6. 과거에 무시된, 쉽게 이용 가능한 유휴 자원이 사용되는가? | |
| 7. 기타 기준: 실행에 옮기기 쉬운가? | |

을까? 발명가는 새로운 아이디어와 비평에 대해 사람보다 더 열린 사고를 가져야 한다는 주장은 옳다. 모든 아이디어는 저항과 무관심에 맞서서 끈질기게 싸울 수 있는 투사가 필요하다. 그러나 발명가들이 아이디어나 비판을 언제 받아들이고 언제 거부할지 어떻게 알 수 있을까? 다시 말하지만, 아이디어의 내용이 중요하다. 좋은 아이디어와 좋지 못한 아이디어가 뒤섞인 수많은 아이디어들 중에서 좋은 해결책을 선택해야 한다. 그러나 어떻게 해야 최선의 해결책을 선택할 수 있는가? 그것은 또 고객에게 최선인가? 사업 측면에서 최선인가? 이것은 가장 흥미로운 기술인가?

좋은 아이디어가 거부되는 간단한 이유를 제안하면 다음과 같다. 사람들이 좋은 해결책을 거부하고 나쁜 해결책에 투자하는 이유로는 그들이 둘 간의 차이를 알지 못하기 때문이다.

좋은 해결책은 몇 가지 공통된 특징을 갖는다. 좋은 아이디어는 다음과 같다.

1) 모순을 해결한다.

2) 시스템의 “이상성”을 증가시킨다.

3) 유휴의, 쉽게 이용 가능한 자원을 사용한다.

표 7.5는 아이디어 판정기준을 보여주고 있다.

# 7.3 아이디어의 실행

## 7.3.1 개요

『세상에서 제일 어려운 일은 아이디어를 실행에 옮기는 것이다.』

- 괴테(Johann Wolfgang von Goethe)

실행이라는 마지막 단계는 일반적으로 어렵고, 이때 비로소 '생산자'가 되는 순간이며, 정열과 인내, 주의 깊은 계획 수립, 자기 훈련, 대인관계 기술이 필요한 순간이다. 가을에 추수하지 않는 농부를 상상할 수 있는가?

그림 7.4 생산자의 마음가짐

'생산자'들은 관리자들이다. 즉, 그들은 싸워야 할 대상이 있다. 그들은 훌륭한 의사 전달자이며 전략을 수행한다. '생산자'는 패러다임의 선구자로서, 그들은 용감해야 하며, 총체적이고 창의적인 문제 해결 과정(뇌 전체 사고)을 사용해야 한다.

## 7.3.2 아이디어 판매 원리

1. **지나치게 과장해서 팔지 말라.** 청중의 말에 귀를 기울여라.
2. **너무 빨리 포기하지 말라.** 그럴 만한 가치가 있는 아이디어라면 인내하라.
3. **타이밍을 찾아라.** 듣는 사람의 상태, 주중, 하루 중 언제가 제일 좋을까?
4. **간결하고 요점만 말하라.** 청중을 지루하게 하지 마라.
5. **시각적 보조도구를 이용하여** 프레젠테이션을 꼼꼼히 준비하라.
6. **아이디어가 쉽게 수용되도록 하라.** 청중에게도 해택이 돌아간다는 점을 강조하라.
7. **대결이나 논란을 피하라.** 반대는 예상하라.

## 7.3.3 아이디어 수용을 돕는 방법(반대에 대한 대응법)

1. **아이디어는 '시험해' 볼 수 있다.** 소규모로 실행될 수 있다.
2. **혁신은 뒤집힐 수 있다.** 예전 방식으로 혼란 없이 되돌아 갈 수 있다.
3. **아이디어는 분리될 수 있다.** 작은 변화만 있어도 되는 간단한 단계로 나뉘어 실행될 수 있다.
4. **이미 존재하는 것 위에 세울 수 있다.** 아이디어는 개선이지 급격한 변화를 뜻하지 않는다.
5. **아이디어는 구체적이다.** 확실한 결과를 가져올 것이다.

### 사례 연구 1 : NASA 문제

당신은 원래 달의 햇빛이 비치는 면에 있는 모선과 랑데부하기로 예정되어 있는 우주 승무원의 일원이다. 그런데, 기계적인 문제 때문에 당신의 우주선은 랑데부 장소에서 350 km 떨어진 곳에 불시착하게 되었다. 불시착하는 과정에서 탑재되어 있던 많은 장비들이 부서졌다. 그리고 생존여부는 모선까지 갈 수 있는지에 달려있기 때문에 쓸 수 있는 물품들 중 가장 중요한 것들이 350 km 여정을 위해 선택해야 한다. 다음에는 불시착에도 손상되지 않은 15개 물품 목록이 있다. 당신의 임무는 당신의 승무원들을 랑데부 장소까지 갈 수 있도록 해줄 물품들을 중요도 순으로 순서를 매기는 것이다. 가장 중요한 물품이 1번이 되도록 한다.

| | 사용 가능한 물품들 | 순서 |
|---|---|---|
| a | 성냥 1박스 | |
| b | 농축 식량 | |
| c | 15 m 나일론 로프 | |
| d | 낙하산 | |
| e | 이동식 난방 장치 | |
| f | 2자루의 45구경 권총 | |
| g | 가루우유 1통 | |
| h | 2개의 50 kg 산소탱크 | |
| i | 달의 별자리 지도 | |
| j | 구명보트 | |
| k | 자석 나침판 | |
| l | 10 ℓ 물 | |
| m | 신호탄 | |
| n | 주사기가 포함된 응급치료 키트 | |
| o | 태양열 동력의 FM 송수신기 | |

### 사례 연구 2 : 캐나다의 북극에 가까운 곳에 불시착한 경우

당신과 5명의 승객들이 북극에 가까운 곳에 있는 A공항으로 가는 도중에 A에서 100 km 떨어진 곳에 불시착하였다. 당신은 마른 땅에 내렸지만 여기서 A까지 직선으로 가기 위해서는 적어도 9번의 물을 건너야 한다. 유일한 항해 방법은 나침반과 작고 읽기 어려운 지도이다. 불시착한 근처는 작은 상록수로 덮여 있고, 지형은 언덕이 많고 이끼로 덮인 돌이 많이 있다. 오늘 기온은 2도이고 날씨는 다음 주에 더 추워진다고 한다. 다음 비행기는 3일 후에 온다. 800미터 높이의 언덕이 2 km 떨어진 곳에 있는데 그 곳의 꼭대기에서 A공항을 볼 수 있다. 바람은 시속 24~28 km로 불고 있다. 5 km 떨어진 곳에 버려진 탄광이 있지만 공항으로 오고가는 비행기의 시야에서 벗어나 있다. 비행기는 부서져 있지만 비행기가 불타기 전에 건져낸 15개의 물품들이 아래에 있다. 당신들은 어떤 일이 있더라도 모두 같이 있기로 했다. 당신에게 상대적으로 중요한 물품의 순서를 매기시오. 1번이 가장 중요한 것으로 순서를 부여한다.

| | 사용 가능한 물품들 | 순서 |
|---|---|---|
| a | 금속의 방수 통에 들어있는 13개의 성냥 | |
| b | 유리병에 들어있는 중국산 백주(45도 : 매우 도수 높음) 1병 | |
| c | 눈신 3켤레 | |
| d | 한사람 당 침낭 하나씩(극지방형, 오리털 침낭) | |
| e | 단풍시럽 1 ℓ 캔 1개 | |
| f | 자석 나침반 1개 | |
| g | 7 ℓ × 7 ℓ 내구성이 강한 삼배 천 1개 | |
| h | 4개의 건전지를 사용하는 플래시 전등 1개 | |
| i | 거울이 있는 안전면도기 세트 1개 | |
| j | 손도끼 1개 | |
| k | 정수용 알약이 든 큰 통 1개 | |
| l | 1 cm 직경의 꼰 나일론 로프 80미터, 25 kg을 들 수 있음 | |
| m | "북반구별을 이용한 항법술" 책 1권 | |
| n | 태엽 감는 알람시계 1개 | |
| o | 직경 35 m 비행기 타이어의 배부 튜브 1개. 구멍이 있음 | |

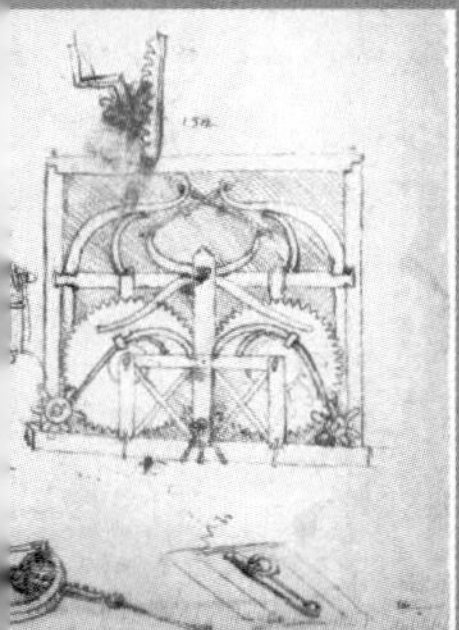

# 창의적 문제해결 이론 (TRIZ)

CHAPTER 8

# 8.1 트리즈(TRIZ), 창의적 문제 해결이론의 소개

## 8.1.1 서론

전통적인 사고 패턴으로부터 잠재의식 깨기를 돕기 위해 실행되는 많은 방법들이 있다. 받아들여지고 있는 그룹 창의성의 장려 방법들은 일부 다른 변형과 함께 브레인스토밍과 시넥틱스(Synectics)의 형태를 하고 있다. 사람들은 지칠 때까지 작업한 다음 영감으로 일찍 일어나기를 기대하면서(혹은 희망하면서) 잠자러 간다.

많은 책이 창의성 증진에 대해서 쓰여졌다. 그 책들은 과거 패러다임에 도전하는 방법을 제공하거나, "지식은 새로운 아이디어를 만드는 재료이다. 그럼에도 불구하고 지식만으로는 사람을 창의적으로 만들지 못한다."라는 아이디어에 기초를 두고 정신적 장애를 줄이는 방법을 제공한다.

노벨상 수상자인 알베르트 스젠 괴르지(Albert Szent Györgyi) 박사가 한번은 "발견은 다른 사람과 같은 사물을 보고도 무언가를 다르게 생각하는 것이다." 이노베이션의 열쇠는 옛날 생각을 새로운 생각으로 바꾸는 것이다. 하지만, 문제에 대한 올바른 해결책을 찾을 때, 에미 차티어(Emiè Chartier)의 철학을 기억하는 것이 중요하다. "어떤 아이디어가 당신이 가지고 있는 유일한 것일 때, 무지는 아이디어 보다 더 위험하다."

프랑스 철학자 앤트완 리바우트(Antwan Ribaut)는 창의성과 발명에 흥미가 있어서 창의적 사고 과정에 대한 일반적인 실마리를 찾고 있었다. 1912년 연구에서 그는 창의성이 18세에 최고조에 달한 후 일생동안 감소함을 보여주었다. 이것은 직원 모두가 18세 이상인 회사에게 대단한 낙담이었다.

다음 몇 년 후 창의적 문제해결 이론(TRIZ)의 창시자인 겐리흐 알트슐러가 리바우트 연구를 되풀이해보고 훨씬 더 슬픈 뉴스를 찾았다. 그림 8.1을 보면 14세에서 알트슐러의 최고점은 리바우트의 최고점보다 창의적이지 못하다. 보리스 즐로틴의 1980년 연구에서 이것은 어린이가 정보로 가중된 결과라고 가정하고, 동화속의 믿음을 줄였는데, 이것은 완전히 고유 모순이다. 역시 즐로틴의 연구에서 창의성은 빠르게 떨어져 약 21세에 최저를 보인다. 이 의미는 대학과 대학교가 창의성을 줄인다는 것이다. 이것은 많은 학생이 독창적인 생각을 격려한 선생님을 어떻게 기억할지 의심스럽게 한다. 할아버지가 그의 손자와 함께 대학을 시작한 훌륭한 영화가 있었다. 그들의 경제학 수업에서 젊은 강사는 미국의 대공황을 강의하고 있었다. 할아버지가 손을 들고 교수와 의견을 달리하였다. 그는 대공황 시기에 살았는데, 그것이 강의와 같지 않다고 말했다. 할아버지는 그가 학생이지 교수는 아니므로 교수가 옳다고 말했다. 얼마나 많은 우리의 삶이 경험과 다른가?

'점보 새우'와 같이 체계적인 이노베이션이 동일한 분류로 나타나더라도 모순어법이 아니다. 아마도 트리즈가 모순을 줄이는데 전문이기 때문에 체계적인 이노베이션은 가능할 뿐 아니라 매우 효과적이다. 트리즈는 새로운 방향으로 안내하고, 심리적 관성을 새로운 생각의 소용돌이 속으로 돌리는 예제를 제공한다.

이것은 이마를 부드럽게 때리며, 종종 당신이 생각하는 것보다 더 많은 대체 아이디어를 만들어 준다.

많은 이에게 트리즈는 몰두할 시간을 갖게 하는 새로운 사고 방법이다. 트리즈는 당신의 사고 패턴의 눈부신 발전을 자극할 것이다. 긴 시간동안 편안하게 배울 시간을 가져야 한다. 새로운 언어를 배우는 것은 연습을 요한다. 언어가 숙달됨에 따라 우리 세계의 직관력이 조금씩 변화하는 것처럼, 트리즈가 제시한 방법을 배우고 연습하는 것은 당신의 인생관을 바꿀 것이다. 당신 주변의 모든 것이 개선의 기회이고, 트리즈는 그 개선을 어떻게 할 것인가에 대해서 당신에게 방법을 제시해 줄 것이다.

이 교재를 그만두고 싶을 땐 언제든지 그만두고, 당신이 배운 것을 사용하며, 나중에 다음 단계의 준비가 되어 있을 때 책을 다시 보면된다. 그리고 창의성 점수는 시

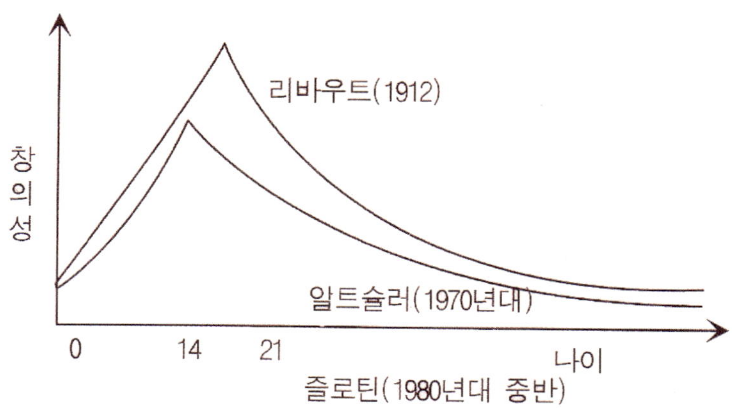


그림 8.1 리바우트, 알트슐러, 즐로틴의 창의성 곡선 비교

표 8.1 어른-어린이-트리즈 사고의 비교

| 어른의 사고 | 어린이의 사고 | 트리즈의 사고 |
|---|---|---|
| 모순을 두려워하고 그것을 피하고자 한다. | 모순에 대한 감이 없고, 논쟁에서 그것을 전혀 피하려고 하지 않는다. | 모순을 사랑하며, 문제 안에서 그것을 찾는다. 명백한 모순을 밝히고 공식화하는 것이 그 해결을 향한 단계로 이해한다. |
| 형이상학적 접근을 하며, 사물, 프로세스 및 현상을 체계적으로 생각하기 보다는 분리해서 생각한다. | 통합적 접근을 하며, 모든 것을 모든 것으로 연결하기를 원한다. | 체계적 접근을 하며, 종종 연결되어 있지 않은 것처럼 보이는 먼 사물, 프로세스, 그리고 현상 사이에 관계를 찾고자 한다. |
| 여러 종류의 연역법의 체계화되지 않은 조합을 사용하며, 종종 틀리게 적용한다. | 전통적인 논리의 관점에서 틀린 일종의 연역법인 트라덕션(traduction) 을 사용한다. 여기서 추론은 하나의 특별한 사실에서 다른 특별한 사실까지 행해진다. | 유추 연역법을 사용한다. 시스템 사이에 연역, 아이디어 및 해결책의 변화를 보여준다(귀납법, 연역법, 트라덕션의 체계적인 조합). |
| 논리적 사고와 자연적 직관의 결합을 추구한다. | 직관적 연역을 만드는 선천적인 능력을 추구한다. | 의도적으로 형성된 직관과 논리적 사고의 결합을 추구한다. |
| 법이 직관적으로 알려져 있거나, 말로 표현되어 있으므로 "법에 복종" 한다. | 직관과 말로 표현된 법의 탐색과 개발을 동시에 하면서, "법을 만들어" 간다. | 법을 의도적으로 찾고 개발하며, 직관적인 법을 말로 표현한다. |
| 한번에 어려운 문제를 브레인스토밍 하고자 하며, 실패의 경우에 해결책을 포기한다. | 문제의 교체를 시도한다. 문제를 풀 수 없다면, 그것을 제거하기 위해 조건과 규칙을 의도적으로 바꾼다. | 알려진 규칙으로 풀 수 있는 다른 문제로 문제의 대체를 시도한다. |

간에 따라 증가할 수 있음을 보여준 연구결과에 의해 용기를 가지면 된다.

보리스 즐로틴이 개발한 표 8.1은 성인, 어린이, 그리고 트리즈를 훈련 받은 사람의 사고 패턴을 설명하고 있다. 여기 트리즈를 소개하여 세번째 칸의 트리즈적 사고에 도달하도록 당신을 돕고자 한다.

## 8.1.2 상승효과

조직체에서 설계 프로세스를 향상시키기 위해서 세 가지 강력한 도구가 이용 가능하다. 첫 번째로 품질기능전개(QFD)는 관련된 모든 소비자 정보를 공학적인 언어로 바꾸어 제품 설계를 용이하게 한다. 원래 퓨(Pugh)의 개념 선택 방법과 브레인

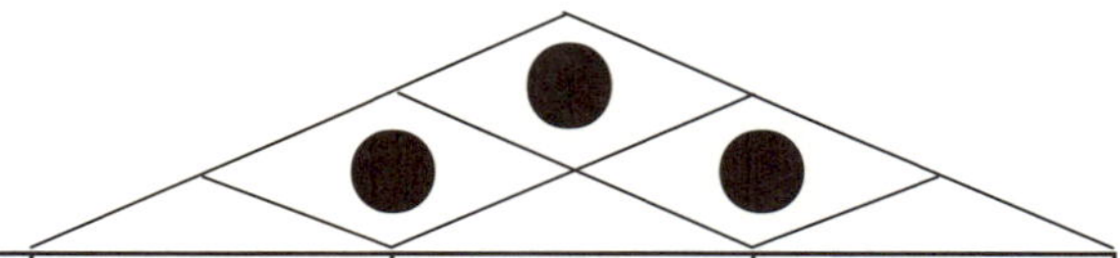

| 요구사항 \ 기법 | QFD | TRIZ | Taguchi |
|---|---|---|---|
| 고객만족 | ● | ○ | ● |
| 고품질 제품 | ● | ● | ● |
| 높은 수익성 | ● | ● | ◐ |
| 큰 시장 점유율 | ● | ● | ○ |
| 혁신 제품 | ◐ | ● | ○ |
| 미래 실패 예측 | | ● | |
| 지적 자산 보호 | | ● | |
| 다음 세대 발명 | | ● | |

그림 8.2 QFD, TRIZ 및 Taguchi의 관계

스토밍이 혁신에 주 접근법이었다. QFD에 창의적 문제해결 이론인 트리즈를 더함으로써 혁신 제품과 프로세스 설계 분야에서 비약적인 개선이 실현되었다.

그러나 트리즈는 기존의 문제가 적절하다고 가정하고, 최종 설계 작업을 하지 않는다. 최종 도구인 강건설계의 겐리치 다구찌 철학은 조절할 수 없는 영향(잡음)에 무관하게 목표에 대해서 설계가 성능을 발휘하게 하는 성분 값을 찾는 것이다.

**QFD + TRIZ + Taguchi = 소비자 지향의 강건 이노베이션**

여기에는 소비자 지향의 강건 이노베이션의 한 요소인 트리즈를 살펴보고자 한다.

그림 8.2는 조직의 목적을 얻기 위한 조직의 능력에 대해 세 가지 도구의 영향을 보여주고 있다. 검은 원은 행의 열에 상당한 영향을 주고 있다는 표시이다. 이 그림은 제 혁신에 대해서 트리즈가 상당한 영향을 주고 있음을 보여주고 있다. 2분의 1 검은 원은 중간 정도의 영향을, 속이 빈 원은 약한 영향을 나타낸다. 지붕은 QFD, TRIZ 및 Taguchi 사이에 상당한 상승작용이 있음을 설명하고 있다.

## 8.1.3 창의성-혁신 프로세스

체계적이라는 단어는 되풀이해서 바람직한 결과를 낳도록 실행되는 연속적인 활동 이미지를 불러일으킨다. 이노베이션은 창의성과 관련이 있는데, 이것은 예견할 수 없거나 상식을 벗어난 프로세스를 종종 의미한다. 이럼에도 불구하고, “체계적인 이노베이션”이란 용어는 모순 어법이 아니다. 창의적 문제해결 이론(TRIZ)의 기둥은 모순이 혁신적 해결책의 적용으로 질서 정연하게 풀릴 수 있다는 깨달음에 두고 있다. 이것은 다음과 같이 이 이론을 이루는 세 가지 전제 중에 하나이다. (1) 이상적인 설계가 목표이다, (2) 모순이 문제를 푸는데 도움이 된다. (3) 혁신 프로세스가 체계적으로 구성되어 있다.

우리가 혁신 프로세스를 이용, 제어할 수 없다는 가정은 제한적일 뿐 아니라 올바르지 못하다. 영감이 불규칙할 필요는 없다. 모순 해결을 위해서 세계 특허를 기초로 한 유사 문제에 적용할 때 효과적이라고 판명된 일반 해결책을 적용하는 것이 시스템과 제품 설계를 급격히 개선한다는 사실을 트리즈 실행자들이 계속해서 보여주고 있다. 하나의 문제는 모순으로 구성되어 있고, 그 모순을 해결하기 위한 방법들이 있다. 그러한 방법들이 빠르게 발달하여, 넓게 활용되고 있다. 왜 체계적인 이노베이션이 가능한가를 이해하기 위한 열쇠는 혁신적인 세계 특허 중에서 일반 해결책을 이해하는 것이다.

알트슐러는 창의적 프로세스에 관한 우리의 일반 가정에 의문을 가졌다. 알트슐러의 책 “창의성은 과학이다(Creativity as an Exact Science)”에서 그는 이 주제에 대해서 극작가 로소이(Rosoy)의 글을 인용했다.

창의성의 행위는 변덕스럽지 않다고 모두 알고 있다. 그것은 의지의 엄청난 노력이나 강제적인 명령에도 반응하지 않는다. 예술가는 창조의 순간까지 또한 그 이후에 정확히 생각하지만 창조 행위의 순간에는 의식적으로 그것을 생각하지 않는다.

로소이는 발명가와 예술가를 괴롭히는 이 문제를 분명히 말했다 : 우리의 통제를 벗어나려고 하는 프로세스를 우리가 어떻게 제어할 수 있는가?

브레인스토밍이 우리의 무의식에 숨어있는 아이디어를 얻기 위한 인기 있는 테크닉이다. 종종 브레인스토밍 방법이 새로운 시각으로 문제를 생각하고자 하는 시도로 사용된다. 이러한 접근의 전형적인 질문은 다음과 같다.

- 당신은 왜 이 문제를 다루는가?
- 당신이 반대 효과/해결책을 원한다면 어찌 될 것인가?
- 이 프로세스를 더 빠르게 실행한다면 어찌 될 것인가?
- 당신이 물질을 바꾼다면 무슨 일이 생기는가?

이 브레인스토밍 방법(일명 synetics)을 개선하려는 시도는 1960년대 윌리암 고든(William Gordon)이 전개하였다. 고든은 브레인스토밍, 비평적 사고 및 유사 사고 사이에 상승효과가 있음을 발견하였다. 이 상승효과를 얻기 위해서 이러한 정신적 프로세스를 연결하는 체계를 만들 수 있다. 하나의 테크닉으로써 당신이 설계된 제품이라고 가정하고, "그 내부에서" 문제를 어떻게 해결할 것인가 설명하는 것이다. 설계 목표를 동화나 과학 소설의 줄거리로 생각하는 유사한 접근법이 있다. 당신은 단순히 남 주인공이나 여 주인공이 갈등을 어떻게 해결하는가를 설명한다.

시넥틱스를 제외하고 이러한 모든 방법은 짧은 학습 곡선을 갖고 있고, 설계 문제를 풀기 위해서 불규칙한 시행착오법을 사용하는 것보다 효과적이다. 반대로 토마스 에디슨은 시행착오법의 지지자인데, 천재는 1% 영감과 99% 땀이라고 믿었다. 그러나 에디슨은 수백명의 조수가 있었고, 어떤 아이디어에 대해서는 수천 번의 시도를 할 수 있었다는 사실에 주의할 필요가 있다. 이런 방법으로 에디슨은 종종 하나의 발명을 위해 5만번의 시도를 할 필요가 있었다.

창의성을 높이기 위한 전통적인 프로세스는 주요 결점이 있는데, 즉 그들의 유용성은 문제가 복잡해짐에 따라 감소한다. 일부 관점에서 시행착오방법은 모든 프로세스에서 사용되며, 필요한 시도 횟수는 발명문제가 어려워짐에 따라 증가한다. 일부 해결책은 문제 해결사의 세대 이상을 요구하기도 한다. 어려운 발명 문제의 해결을 용이하게 하고, 다른 사람에게 이런 용이성에 대한 프로세스를 전달하는 것이 알트슐러가 추구하는 바였다. 발명의 프로세스를 개선하고자 하는 그의 결심이 트리즈를 만들게 하였다. "창의성 과학"의 개발이라는 그의 목표를 향한 작업 도중에 알트슐러의 핵심 의문은 다음과 같았다.

- 발명에 걸리는 시간을 어떻게 줄일 수 있을까?
- 혁신적 사고를 향상하기 위해서 프로세스를 어떻게 조직화할 수 있을까?

이러한 의문에 대답하고자 하면서 알트슐러는 과학자가 관련 분야 외의 다른 분야를 생각하기가 얼마나 어려운가를 깨달았는데, 그 이유는 다른 기술 또는 언어로 생각하는 것을 의미하기 때문이다. 알트슐러(그리고 많은 그의 동료들)는 세계 특허 기반으로 기존의 문제에 대한 혁신적인 해결책을 분석하기 시작하였다. 기술에 따라 창의적 문제해결의 기존 패턴을 분별함으로써 전문화로 인해 좁아진 시각의 문제를 극복하고, 발명의 문제는 극적으로 개선되었다. 이제 생각할 수 있는 사람은 누구든지 발명할 수 있을 뿐 아니라 재능이 있는 발명가는 보다 효과적일 수 있다. 1980년대 알트슐러는 100개에 가까운 트리즈 연구소와 "생각 학교"가 설립되었음을 어림잡고 있었다. 이러한 조직은 실제 상황에 대한 문제 해결에 있어서 그들의 통찰력을 성공적으로 적용하고, 그 해결책을 이루는 프로세스의 응용으로부터 유사한 혁신적 원리를 식별함으로써 트리즈 이론의 경계를 확장하였다.

## 8.1.4 트리즈 이론의 역사

기원 400년에 그리스 파포스(Pappos)는 휴리스틱스(Heuristics, 경험적인 지식, 발견학습법)를 발견과 발명을 하는 과학으로 정의하였다. 발견과 발명이라는 단어는 예술가, 정치인, 장군 등의 생산적인 일을 포함하여 넓은 의미를 갖고 있지만, 휴리스틱스는 문제 해결의 프로세스로 취급하였다. 알트슐러는 체계적인 이노베이션에 대한 프로세스를 통해 휴리스틱스의 르네상스를 시작하였다.

트리즈는 러시아 단어의 머리글자를 모은 것이다.

Теория Решения Изобретательских Задач

"e"는 길게, "r"은 굴려서 "트리즈"라 발음한다. 영어 번역 "Theory of Inventive Problem Solving"은 TIPS가 된다. 알트슐러의 "정확한 과학으로써의 창의성(Creativity as an Exact Science)"은 "Theory of the Solution of Inventive Problem(TSIP)"이라 번역하였다. 게다가 일부 단체는 트리즈를 체계적인 이노베이션이라 부른다. 트리즈에 관한 정보와 그 응용사례를 웹에서 찾으려면 4개의 이름을 모두 사용해야 한다. 그 호칭이 무엇이든 트리즈는 이노베이션을 증가하고 빠르게 설계를 개선한다는 독특한 수단을 제공한다. 이 강력한 도구는 다른 성능 척도 사이에 갈등에 의해 야기된 타협과 홍정의 필요를 제거한다. 대신에 트리즈는 개선의 기회로써 갈등의 확인을 찬양하고, 그렇게 함으로써 설계 프로세스를 세련되게 한다.

알트슐러는 스탈린 정권 하에서 그의 발명 경력을 쌓아갔다. 이 시기에 소련에는 발명에 관한 두 종류의 등록이 있었다. 특허는 거의 주지 않아서, 대부분의 발명가들은 발명자 인증서를 신청하였다. 소련 정부가 지적 소유권을 갖는 발명자 인증서를 교부하였다. 그래서 인증서는 단지 발명자 기여의 감사 표시었다. 얄궂게도 발명 프로세스에 대한 알트슐러 연구에 활용된 것은 바로 이 단순하고 직접적인 발명자 인증서 양식이었다. 정부가 모은 발명자 인증서는 그에게 가치 있는 정보의 거대한 데이터 베이스를 제공하였다. 트리즈의 공식화 도중에 알트슐러와 그의 동료들은 수만 개의 발명자 인증서와 특허를 재조사하였다(그림 8.3).

2차 세계대전 중에 알트슐러는 군대에 갔다. 전쟁이 끝난 후 발명 조사관으로 해군에 배정되었다. 이 직업은 기술문제에 대해서 창의적 해결책을 찾도록 발명가를 도울 수 있는 기회라고 생각했다. 처음에 알트슐러는 발명가의 창의성을 푸는 통찰력을 얻기 위해 심리학에 관심을 가졌다. 궁극적으로 행동 과학으로의 이러한 조사는 수천개의 발명자 인증서에 대한 그의 업무 관련 재검토에서 나타나기 시작한 설계 패턴에 대한 그의 관찰만큼은 생산적이지 못했다.

1946년 알트슐러는 발명 이론을 위한 새로운 과학을 만들기로 결심하였다. 이 기간 동안에 그의 성취는 어마어마하였다. 2년 내에 그는 수천개의 발명자 인증서를 연구함으로써 트리즈 기초를 세웠다. 여러 페이지 서류는 겉장, 1페이지 스케치,

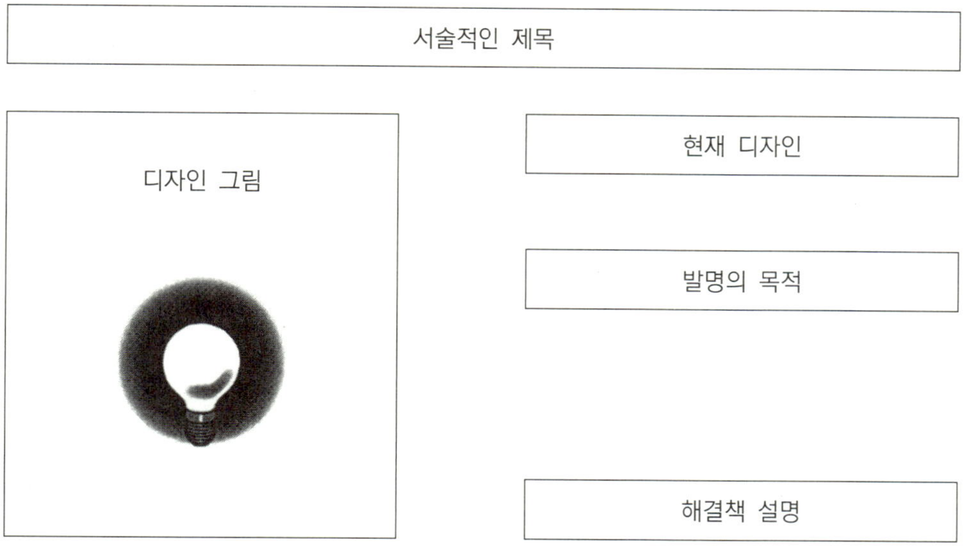


그림 8.3 러시아 발명자 인증서의 모형

그리고 짧은 발명 설명을 포함하였다. 이 간단한 양식은 발명 프로세스의 기초적인 패턴을 식별하기 쉽게 하였다.

알트슐러는 보다 혁신적인 특허에서 자주 사용되는 패턴을 식별해냈다. 그는 이 표준을 근거로 발명을 5가지 수준으로 정의하였다: 해결책 개념에 사용된 지식이 발명가 분야에서 얼마나 떨어져 있는가, 해결책까지 이론 시행 횟수, 그리고 원래설계에서 해결책까지 변화가 얼마나 큰가. 설계에 단순한 변경을 가한 특허는 가장 낮은 수준에 할당하였다. 어느 정도 시스템을 바꾼 특허는 보다 창의적이라 했고, 새로운 과학을 소개한 특허는 매우 혁신적이라 여겼다. 이런 혁신적 특허는 모순에 대한 해결책을 제시하며, 이러한 해결책은 종종 되풀이되는 진화 방향을 따라서 동일한 점을 나타낸다. 알트슐러의 연구는 판에 박힌 미친 과학자나 얼빠져 있는 교수의 예측 불가능한 "유레카!"를 실제 문제 해결사가 따라 할 수 있는 설계 진화의 특별한 패턴으로 바꾸었다(표 8.2).

이러한 패턴을 두개의 주요한 성분을 포함하는 설계 발전으로 구별하였다 : 설계 진화의 규칙성과 혁신 해결책에 사용된 원리. 알트슐러의 관찰은 추가적으로 비약적인 발전을 하게 했다. 공학 설계의 진화는 정의 가능한 법칙에 의해 지배 받는

표 8.2 겐리흐 알트슐러(필명 : 알토브, Altov)

| |
|---|
| 14살에 첫 번째 발명<br>► 1946-1948<br>200,000개의 특허 연구<br>가장 효과적인 해결책을 제시하고 있는 40,000개의 특허 선정<br>엔지니어링 시스템의 진화는 불규칙한 사건이 아니라, 어떤 패턴에 의해서 지배된다.<br>발명과 창의성을 가르침<br>► 1985년<br>14권의 책과 수백 건의 논문을 출간함 |

프로세스이기 때문에 가르칠 수 있다. 새로이 찾은 지식을 사용함으로써 알트슐러와 그의 동료들은 효과적으로 수 많은 일상의 발명과 군사적인 발명을 해냈다. 흘린 오일을 모으는 새로운 방법, 좌초된 잠수함에서 승무원을 구하는 방법, 탄광에 들어가는 구조대원들을 위한 혁신적인 환경 친화적 옷 - 이런 것들은 단지 몇 개의 개발된 기술이었다. 그러나 개별 혁신보다 중요한 것은 발명 문제 해결 분야에서 대변혁이 시작되었다는 사실이다.

알트슐러와 그의 어린시절 친구인 라파엘 샤피로(Raphael Shapiro)는 그들의 진행에 흥분되었다. 가능한 결론에 두려움이 있었지만 그들은 1948년 스탈린에게 보낸 편지에서 소련의 발명의 장래에 관한 우려를 표명하였다. 그들은 국가 전반에 사용되고 있는 발명 프로세스를 비판하고, 그 방법론을 개선하기 위한 약간의 방책을 제시하였다. 그들이 제시한 개선안은 트리즈의 초기 형태였다. 불행하게도 그들의 애국심과 값진 아이디어는 보상 받지 못했다. 알트슐러와 샤피로는 "나라에 해를 줄 목적으로 발명하기"라는 죄목으로 기소되었다. 1년 동안 신문과 고문 후에 북극권 위쪽 죄수 캠프로 25년형이 선고되었다.

대부분의 사람에게 지옥같은 생활이었지만 알트슐러에게는 중요한 지적 성장과 생산적인 시기가 되었다. 죄수 캠프에는 수십 명의 교수, 저명한 과학자, 음악가, 그리고 예술가가 있었고, 그들 모두는 스탈린의 대 숙청기간 동안에 투옥되었다. 결과적으로 알트슐러의 교육은 계속되었다. 동료 죄수들은 몇 시간 동안 열성적으로 배우고 귀 기울이는 누군가를 갖는 것이 행복한 일이기 때문에 죄수 캠프는 알트슐러의 개인 대학이 되었다. 알트슐러에게 최악의 처벌은 글쓰기 금지였다. 죄수가 노트를 갖고 있다 걸리면 가혹하게 맞고 독방에 갇힐 수 있었다. 이러한 적지 않은 장애에도 불구하고 알트슐러는 이 이노베이션 과학의 개발을 계속하였다. 그의 놀라운 기억력과 분석 능력으로 알트슐러는 기술 시스템 진화의 법칙과 발명문제 해결 방법을 얻기 위해 이런 시간을 사용하였다.

1953년 스탈린이 죽고, 알트슐러와 샤피로는 1년 후에 풀려났다. 두 사람은 트리즈 개발을 계속하였고, '심리학의 의문점들(The Questions of Psychology)'라는 제목의 과학잡지의 1959년 판에 그들 이론의 원리에 관한 첫번째 논문을 발표하였다. 샤피로는 트리즈에 관한 첫번째 책을 썼지만 결과적으로 더 많은 이론에 대한 흥미를 잃었다.

다음 10년 동안 알트슐러의 결과는 그의 방법론을 채용, 적용 및 확장한 많은 학문 분야 교수를 끌어들였다. 1974년 보리스 즐로틴은 활동적인 지지자가 되었고, 알라 주스만이 1981년 관련 교수들의 트리즈 그룹에 합류하였다. 실 세상에 응용이 나왔고 이론을 증명하였다. 문제 해결 방법은 개선되었다. 트리즈 방법론은 과학, 사업, 경영 그리고 다른 영역의 문제에 적용되었다. 트리즈가 창의적 교육의 도구가 됨에 따라 신문, 잡지, 책 그리고 어린이를 위한 정규 TV 방송의 주제가 되었다.

표 8.3 알트슐러의 주요 발견과 개발

| |
|---|
| 이노베이션의 수준 |
| 모순 |
| 　기술적인 모순 |
| 　　40가지 발명 원리(1956-1971) |
| 　　39가지 공학 파라미터 |
| 　물리적인 모순 |
| 　　4개의 분리의 원리(1979) |
| 이상성(1956) |
| 76가지 표준 해결책(1974-1985) |
| 진화의 패턴(1969-1979) |
| ARIZ(Algorithm of Inventive Problem Solving)(1959-1985) |
| 물질-장 분석(1977) |

스탈린이 죽은 후에도 발명 업무 위원회와 발명가 협회와의 계속되는 싸움이 트리즈의 사용을 방해하였다. 소련 정부는 지적인 유태인에게 귀 기울이려 하지 않았다. 이러한 제한된 분위기 하에서 산업체에서 일하고 있는 대부분의 영향력 있는 사람들조차 이러한 발명 방법을 이용하기란 어려운 일이였다. 알트슐러의 어려움은 그와 그의 동료가 경제적 이익을 위해 이러한 기술을 사용할 수 없다는 사실 때문에 증폭되었다. 알토프(Altov)라는 필명으로 알트슐러는 그의 생계를 꾸려나가기 위해 과학 소설을 썼다. 그러나 여기서 다시 그는 미래의 장치와 창조물에 대한 많은 그의 아이디어를 만들면서 트리즈의 응용을 발견하였다.

이러한 어려움에도 불구하고 강력하고 충성스러운 추종자가 많아지기 시작하였다. 1970년대에 알트슐러의 책과 논문의 번역물이 독일과 폴란드에 보급되었고, 마침내 일본, 미국, 그리고 다른 서구 여러 나라에 보급되었다. 소련에서 트리즈의 개발은 고르바쵸프의 페레스트로이카 이후에 가속되었다. 개인 회사들이 복잡한 기술 경영 이슈와 다른 문제를 풀기 위해 트리즈를 사용하기 시작하였는데, 그 이유는 그들이 자유 시장 경제에서 트리즈가 그들에게 주는 이점을 볼 수 있었기 때문이었다.

1985년까지 알트슐러는 보리스 즐로틴과 몇권, 그리고 알라 주스만과 한권을 포함해서 14권의 책을 썼다. 알트슐러의 책 중에 단지 두 권 만 영어로 번역되었다. 알트슐러의 주요 발견은 이런 책에서 확장되었는데, 그것은 200,000건 이상, 특히 가장 혁신적인 설계 해결책을 포함하고 있는 것으로 확인된 40,000건의 그의 특허 연구를 반영하고 있다(표 8.3).

1985년 건강 악화가 알트슐러의 연구시간을 제한했을 때 그는 보다 일반적인 용어인 창의성에 집중하기 시작하였다. 고전 트리즈로 알려진 것은 바로 그의 병 이전에 알트슐러와 관련된 기술 모음이다.

그의 이력을 생각하면서 다음과 같이 묻는 것이 합리적이다. "구소련에서 트리즈가 어떻게 퍼져 나갔는가?" 1986년 이전에는 실제 상황에 트리즈를 적용할 기회가 적었다. 이 방법론을 실행하고자 노력을 기울인 개개인은 많은 제약에 직면하였다. 그러나 많은 개인들이 이 시기 훈련을 받았다. 그러나 트리즈의 적용이 사업과 산업에 효과적이라 해도 실행자의 조직화된 구성체를 세울 수단이 없었다. 오늘날 재정 기관들은 트리즈를 사설 학교와 정치에서 과목의 한 부분으로 사용하고 있다.

실용적인 북미는 항상 이노베이션 프로세스를 개선하기 위한 방법을 찾고 있고, 많은 조직들은 내부 전문가를 개발하기 위해 일하고 있다. 전형적으로 컨설턴트는 특별한 방법론에 대한 약간의 훈련을 제공하고, 실제 문제를 푸는 개념을 만듦으로써 그 프로세스를 시현한다. 조직체는 컨설턴트 없이 혁신적인 문제를 풀기 위해 내부 훈련을 시작하였다. 도전적인 문제를 위해 컨설턴트를 고용한 다음, 훈련 사례로써 어려운 문제를 사용하는 연결된 행동은 효과적으로 조직체의 경험 기반을 발전시킨다. 실제 문제에 그들 지식의 적용을 갈망하던 동 유럽에서 온 트리즈 전문가들은 미국에서 잘 받아들이는 청중을 발견하였다.

로크웰 자동차 회사는 브레이크 부품 수를 12개에서 4개로 줄이기 위해 트리즈 컨설턴트를 활용했다. 이 개선이 브레이크 비용을 50%까지 줄였다. 포드 자동차 회사는 무거운 하중 하에서 올바른 위치로부터 점차 멀어지는 트랜스액슬(transaxle) 베어링에 대한 해결책을 찾고 있었다. 트리즈 적용이 28개의 설계 개념을 만들었다. 좀 흥미로운 개념 중에 하나는 팽창계수가 좀 더 작은 베어링을 다루었는데, 이것은 증가된 하중 하에서 발생한 고온을 이용하였다 하중이 증가할수록 베어링은 더 밀착한다.

## 8.1.5 트리즈 요약

고전 트리즈의 주요 요소에 이 책에서 제시된 두개의 후기 개발 요소가 더해진다. 이 방법론을 응용하기 위한 도구들은 두 그룹으로 나눌 수 있다 : 문제를 구성하는 분석 도구와 생성된 개념으로부터 데이터베이스를 제공하기 위한 지식 기반 도구. 트리즈를 개발하면서 알트슐러는 동일한 문제는 고유하다고 가정하면서 효과적인 문제 해결책에 대해서 연구하였다. 실제 응용에서 문제를 명확하게 식별하는 방법이 필요하다. 문제 환경을 정의하고 문제를 공식화하기 위한 두가지 부가적인 분석 도구가 목적에 따라 개발되었다.

트리즈 실행자들의 예측에 의하면 전세계 200만 건 이상의 특허가 트리즈를 세련되게 다듬는데 도움이 되는 패턴과 규칙성을 식별하기 위해 재검토되었다. 트리즈의 다양한 학교와 개별 실행자들은 이 방법론의 개선을 계속하고 있다. 몰도바(Moldova)에 있는 키시네프(Kishnev) 트리즈 학교에서 즐로틴, 주스만 그리고 그들

표 8.4 트리즈의 성장

- ► 보리스 즐로틴, 알라 주스만 그리고 동료들은 트리즈 도구들을 개정하고 재구성하였다(1992)
- ► 250개 이상까지 진화 방향을 확장하였다
- ► ARIZ를 향상시켰다.
- ► 새로운 도구를 만들었다
- ► 문제 공식화 프로세스(1992)
- ► 연산자 시스템(1993)
- ► 개발된 응용 방법들:
  예측 실패 결정법(Anticipattory Failure Determination)
  방향 잡힌 진화(Directed Evolution)
  개선을 위한 새로운 과제를 밝히기

의 팀이 1985년에 트리즈를 재구성하고 개선하기 시작하였다(표 8.4). 기존의 트리즈 방법론에 약점을 확인하면서 알라 주스만과 보리스 즐로틴은 트리즈를 실제 상황에 적용하기 위한 약간의 새로운 도구를 만들어 냈다. 이 두 전문가가 미국에 그들의 적용 사례를 가져왔다. 다른 트리즈 전문가들 역시 서구로 이민하였다.

이러한 새로운 도구들은 고전 트리즈에서 개발된 도구들과 함께 사용자에게 도구

표 8.5 이노베이션의 수준

1. 외견상 또는 전통적인 해결책 : 32%
   분야 내에서 잘 알려진 방법에 의한 해결책
2. 패러다임 안에서 작은 발명 : 45%
   기존 시스템의 개선, 보통 약간의 타협이 있음
3. 기술 안에서 실질적인 발명 : 18%
   기존 시스템의 근본적인 개선
4. 기술 밖에서 발명 : 4%
   기술이 아니라 과학을 사용한 설계의 새로운 발생
5. 발견 : 1%
   큰 발견과 새로운 과학

로 가득찬 작업 상자로 제공되어 있다. 거장은 자기 직업의 모든 도구와 경험이 있으며, 주어진 문제에 대해 가장 적절한 도구를 안다. 두개의 철학적으로 다른 스프트웨어가 혁신적인 문제를 성공적으로 푸는데 필요한 시간을 줄이기 위해 오늘날 존재한다. 하나는 보스톤에 있는 인벤션 머신(Invention Machine) 사의 발러리 트소리코프(Valery Tsourikov)가 개발하였다. 다른 하나는 미시간 주 사우스필드에 있는 아이디에이션 인터내셔널(Ideation International) 사가 개발하였다.

## 8.1.6 발명의 수준

발명 문제는 최소한 한 가지 모순을 포함하고 있다고 알트슐러는 정의하였다. 그는 모순을 하나의 시스템 특징을 개선하려는 시도가 다른 특징을 손상시키는 상황이라 정의하였다. 초기 200,000 건의 특허 초록을 검토한 후에 알트슐러는 대표적인 발명 해결책으로 40,000 건의 특허를 선택하였다. 이 최종 특허는 시스템의 분야 안에서 쉽게 인식되는 직접적인 개선을 포함하고 있었다. 알트슐러는 이 특허의 발명 정도를 5개 수준으로 분리하였다(표 8.5). 문제는 5가지 수준으로 분류될 수 없고 오직 문제에 대한 해결책의 수준을 분류하고 있음을 주목해야 한다.

## 8.1.7 이노베이션의 수준

1964과 1974년 사이, 검토중인 특허를 이노베이션의 다른 수준에 대한 상대적인 빈도수를 정하기 위해 두 번 평가하였다. 여기에 제시된 %는 그 기간 동안에 얻은 것이다. 보다 최근 평가는 이런 수치를 확인하지 않았다.

수준 1은 특허 발명의 32%를 나타내고, 몇 가지 분명한 선택 만으로 얻어낸 명백한 해결책을 적용하고 있다. 수준 1 이노베이션은 발명이라기 보다는 실질적으로 변화가 없는 기존 시스템의 좁은 확장이나 개선이다. 보통 특별한 특징이 향상되거나 강화된다. 수준 1 해결책의 예제는 가정에서 단열을 증가시키기 위해 벽의 두께를 증가시킨다거나, 눈 자동차의 안정성을 증가시키기 위해 앞쪽 스키 사이의 거리를 증가시키는 것을 포함한다. 이러한 해결책은 좋은 엔지니어링을 보여주지만, 모순을 찾아 해결한 것은 아니다.

수준 2 해결책은 시스템 내부에 고유 모순을 줄임으로써 기존 시스템에 작은 개선을 제안한다. 하지만 아직도 분명한 타협을 요구하고 있다. 이러한 해결책이 발명의 45%를 차지하고 있다. 개선은 보통 수백번의 시행착오를 통해 얻어지고, 기술의 단일 분야의 지식만을 필요로 한다. 기존의 시스템은 약간 바뀌고, 분명한 개선을 이끌어 내는 새로운 특성을 포함한다. 눈 자동차의 궤도 구동장치와 차체 사이의 새로운 현가 시스템이 수준 2의 발명이다. 자동차를 안전하게 운전할 수 있도록 차체 형태의 범위를 증가시키기 위해 조절 가능한 조종대의 사용이 이 수준의 다른 예이다.

기존 시스템을 상당히 개선하는 수준 3의 발명은 특허의 18%를 차지한다. 이 수준에서 발명 모순은 기존 시스템 내에서 해결되는데, 종종 일부 완전히 새로운 요소를 도입한다. 이런 종류의 해결책은 수백 개의 아이디어를 포함하고, 시행착오 법으로 시험된다. 차의 표준 변속기를 자동 변속기로 바꾸거나 전기 드릴에 클러치 구동장치를 붙이는 것이 예이다. 이러한 발명은 보통 다른 산업에서는 필수적인 것이지만 기술 문제가 일어난 산업 내에서는 널리 알려져 있지 않다. 결과적인 해결책은 산업 내에 패러다임 이동을 초래한다. 수준 3의 이노베이션은 받아들인 아이디어와 원리의 산업 범위 밖에 그 근거를 둔다.

수준 4의 해결책은 기술이 아니라 과학에 근거를 둔다. 그러한 이노베이션은 발명의 4%를 차지한다. 수만 번의 불규칙한 시도가 보통 이런 해결책에 요구된다. 해결책은 기술의 통상 패러다임 밖에 놓여 있고, 주기능에 대해서 완전히 다른 원리를 사용한다. 수준 4의 해결책에서 모순이 제거되는데, 그 모순의 존재가 새로운 시스템에서 불가능하기 때문이다. 즉 수준 4의 이노베이션은 전에 그 분야에서 알려지지 않은 물리 효과와 현상을 사용한다. 열쇠고리에 대해 열적 기억이 있는 물질(형상기억 금속)을 사용하는 것이 간단한 예이다. 열린 고리에 힘을 가해 금속 고리를 여닫는 열쇠 대신에 고리를 뜨거운 물에 넣는다. 상온에서 고리는 닫힌다. 초음파로 만든 공동(空洞) 현상을 사용해 표면 또는 거친 표면을 청소하는 것이 다른 예이다. 미세 수준의 폭발이 표면에서 일어나, 표면은 방향 잡힌 초음파의 사용으로 깨끗해진다.

수준 5의 해결책은 동시대의 과학 지식 범위 밖에 존재한다. 그러한 선구적인 업적은 발명의 1% 미만을 차지한다. 이러한 발견은 수만 건의 아이디어 조사를 수반해야 하기 때문에 헌신의 일생을 요구한다. 이런 종류의 해결책은 새로운 현상이 발견되고 발명문제에 그것이 적용되었을 때 나타난다. 레이저와 트랜지스터 같은 수준 5의 해결책은 새로운 시스템과 산업을 만든다. 하나의 5수준 발견이 알려지고, 뒤이은 응용 또는 발명이 4개의 낮은 수준 중 하나에서 일어난다. 예를 들어 60년대의 기술적 호기심이었던 레이저는 이제 강의용 포인터와 토지 조사자의 측정장치로 통상 사용되고 있다. 1995년에 가옥 소유주는 7미터의 거리를 측정하기 위해 비누 크기의 레이저 장치를 살 수 있게 되었다. 레이저 산업 내에서 이 진화는 발명의 해결책 수준이 시간 의존적임을 설명하고 있다.

알트슐러는 수준 2, 3, 4의 해결책에 사용된 원리에 대해서 그의 조사를 집중하였다. 수준 1의 해결책은 대부분 무시하였는데, 그들은 이노베이션이 필요하지 않기 때문이다. 수준 5의 해결책은 새로운 자연 현상을 이해하는 것을 필요로 하기 때문에 그 수가 적어서 이러한 발명 사이에서 알아 볼 수 있는 비교대상이 없다. 하지만 알트슐러는 수준 2, 3, 4의 이노베이션을 개발하는 누군가를 도울 수 있다고 믿었다. 이 발명 과학을 개발하려는 그의 열망이 수십만 건의 특허 연구를 촉진하였다. 이 노력을 통해 알트슐러는 처음에 기술 모순을 모순 없이 푸는데 사용된 40가지 원리를 확인하였다.

이 열성적인 발명가는 사회 변화 속도와 더 빠른 기술 진보 속도의 불일치를 이해할 필요가 있었다. 이런 두개의 시간 선상에서 차이는 보다 높은 수준의 이노베이션의 성공을 복잡하게 한다. "그러자 갑자기 발명가가 나타났다(And Suddenly the Inventor Appeared)"에서 알트슐러는 다음과 같이 쓰고 있다. "과거 시스템이 그 개발단계가 끝나지 않았을 때 누군가 완전히 새로운 기술 시스템을 개발하기를 바란다면, 성공에 이르는 길과 사회에 수용이 매우 힘들고 오래 걸릴 것이다. 훨씬 앞쪽 시점에 있는 과제는 풀기가 쉽지 않다. 그리고 가장 어려운 과제는 새로운 시스템이 가능하고 필요하다는 사실을 증명하는 것이다."

다른 말로 바꾸면 발명가는 주의를 기울여야 하는데, 너무 앞선 설계는 대중이 받아들이지 않고, 좀더 개발하기 위한 지원이 제한 받을지도 모르기 때문이다. 기존 시스템에 대해서 여러 번 조금씩 개선을 해가는 것이 보다 좋은 전략이다. 2차 세계대전 중에 레이더가 소개되었을 때 최초의 반응은 새로운 발명에 대한 일반적인 거부 반응을 보여준다. 레이더는 비행기가 접근하는 것을 잠수함 승무원이 빠르게 알아차리게 하였다. 그러나 어느 나라의 잠수함 선장은 이 새로운 장치의 사용을 거절하였다. 그들이 이제 그렇게 더 많은 비행기를 알아차리는 것으로 보아 선장은 레이더가 비행기를 끌어들임에 분명하다고 생각하였다. 오늘날 그들의 반응이 이상해 보일지 모르지만, 이것이 기술 혁신에 대한 사람들의 초기 저항에 대한 좋은 예이다. 좀 더 최근의 예로써 컴퓨터 프로그래머들이 처음에 컴퓨터와 같이 모니터를 제공할 이유를 알지 못했다. 이 예에서 설계자가 이해할 수 없었던 두 가지 논쟁점이 있었다; 그들은 소비자들의 요구를 내다보지 못했거나, 스스로 CRT(Cathode Ray Tube, 브라운관)의 유용성을 깨닫지 못했다.

수준 1, 2, 3을 포함하는 발명은 보통 하나의 분야에서 다른 분야로 이동이 가능하다. 이것은 어떤 특별한 분야에서 발명문제의 95%는 이미 다른 분야에서 풀렸다는 것을 의미한다. 대부분의 특허는 4 가지의 주요 기술에 들어간다 : 기계, 전자기, 화학 및 열역학. 개인이 얼마나 많은 지식을 갖고 있는가를 생각한 다음, 얼마나 더 많은 지식이 회사, 산업, 사회에 의해, 그리고 우주에서 집합적으로 인식되고 있는가를 생각해 보아라(그림 8.4). 조사자의 지식 기반이 산업내의 모든 정보를 포함한다 하더라도, 그때 조사자가 사회에서 알아야 하는 모든 것을 아는 것 보다 이용할 수 있는 해결책은 적다.

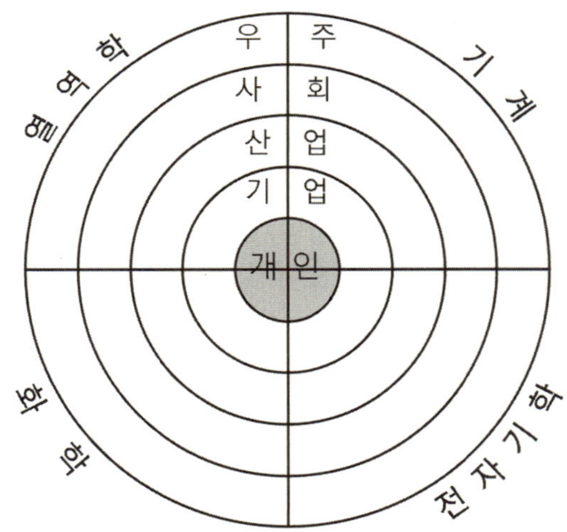


그림 8.4 지식의 확장

분야 내에서 발명의 수준은 수준 1(개인 지식)에서 수준 5(우주 지식)까지 범위로 분류할 수 있다. 우주 지식은 알려져 있는 모든 정보의 복합체를 나타낸다. 문제를 다루고 있는 기계 엔지니어의 패러다임 이동은 화학 과목으로부터 새롭게 발견된 지식을 사용하는 그의 자녀가 제공해 줄 수도 있다. 비슷하게 이노베이션의 수준은 발명가가 그들의 통상의 탐구 분야 밖으로 이동할 때 증가한다.

문제를 낮은 수준으로 이동시키기 위해 문제를 재정립하는 방법이 설계진화 단계 속에 있는 해결책을 찾는 것보다 적은 시간으로 보다 나은 설계를 가능하게 할 것이다. 수준 1의 문제로 만들어진 보다 높은 수준 문제는 종종 문제 해결사에게 익숙하지 않거나 이해하기 어려운 추천 사항을 포함한다. 예를 들어 원심력 효과를 줄이라는 추천이 벽 보다는 회전축을 밀고 있는 액체 때문이라면, 문제 해결사는 그 개념이 다른 위성에서 왔다고 생각할지 모른다. 특별한 내부 구조를 갖는 물질에 대한 와이젠버그(Weissenberg)현상을 알아채는 기술자는 거의 없다. 이 현상은 대부분의 물리 과목에서 가르치지 않는다. 이 책에 대한 인터뷰를 할 때, 한 50세 원로 물리학 교수는 원심력에 의해 밖으로 던져지는 대신에 회전축에 달라붙는 어떤 액체를 알지 못한다고 말했다. 그럼에도 불구하고 제빵 기계를 사용하는 사람은 누구든지 이스트(yeast)의 셀(cell) 구조가 회전축 방향으로 늘어나기 때문에 회전축을 따라 올라가는 반죽을 관찰 할 수 있다. 특별한 모든 물리, 화학 효과를 다루고 있는 참고문헌이 유용할지 모른다. 현재 영어로 유일한 참고 문헌은 소프트웨어에 포함되어 있다.

발명 문제가 종종 엔지니어링, 기술 및 설계 문제와 같다고 잘못 생각한다. 그러나 발명자는 모순을 제거함으로써 문제를 푸는 방법을 찾는다. 이것이 설계 과정에 포함된 그들의 작업과 다른 사람의 노력 사이에 결정적인 차이이다. 일단 개념 또는 발명 해결책이 밝혀지면, 엔지니어, 기술자 그리고 디자이너의 기술을 사용할 필요가 있다. 그들의 작업은 그 개념을 대중이 원하는 최종 제품으로 바꾸어 주는 것이다.

혁신의 개발을 더디게 하는 다른 영향은 심리적 관성이다. 연구원은 연구에 있어서 그들이 좋아 하는 방향이 있고, 이것은 일반적으로 그들의 전공 내부 또는 근처에 위치한 선형 벡터처럼 보인다. 모든 교수들은 다른 학문에 대한 약간의 지식을 갖고 있기 때문에 이 선형 벡터는 받아들인 연구 영역에서 다른 학문 부분을 에워싸고 있는 매우 정확한 원추이다. 심리적 관성은 과거에 성공적인 과제 연구와 같은 방향으로 움직이도록 연구원에게 영향을 준다. 이 상황은 세계 지식의 미로에서 단지 하나의

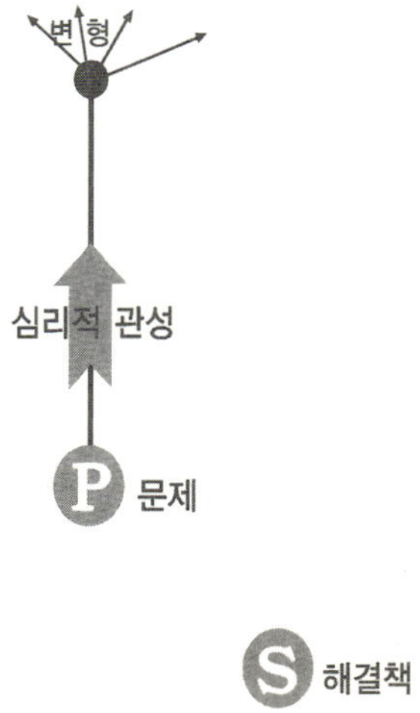


그림 8.5
방향을 잘못 잡은 탐색

길을 찾아가는 실험실 쥐와 유사하다.

또한 심리적 관성은 가로등 아래에서 차 열쇠를 찾고 있는 사람에 관한 농담을 기억나게 한다. 낯선 사람이 도와준 다음, 잠시 후에 열쇠를 잃어버린 장소를 물었다. 차 주인이 대답하기를 "차 옆 어두운 곳에 떨어뜨렸다. 하지만 불빛이 여기가 더 밝다." 당신이 그릇된 곳에서 찾는다면, 이노베이션의 개념을 찾을 수 없을 것이다. 창의성을 고무시키는 과정은 하나의 기술 방향으로부터 퍼져나가는 많은 분야를 제공하지만, 다른 기술에 존재하는 해결책에 다가가지는 못한다. 물론 이것은 팀 구성에 달려있다. 그림 8.5는 그릇된 방향에서 탐색의 무익함을 보여주고 있다: 당신이 사용하는 프로세스가 얼마나 정밀한가에 관계없이 연구 분야 밖의 개념은 찾지 못할 것이다.

여러 가지 탐색 방향은 1940년대 오스본(A. Osborne)이 소개한 브레인스토밍 기법을 사용함으로써 가능해 졌다. 문제해결 팀은 일부 아이디어를 발생시키는 사람과 일부 아이디어를 비평하는 사람으로 구성되어 있다고 인식됨에 따라, 그는 두개의 기술을 사용하는 구조를 만들었다. 어떤 아이디어가 제안될 수 있는 시간 블록이 제공되었다. 이 시간에는 보수적인 의식 상태의 구속을 꿰뚫기 위해 무의식적 아이디어를 허용했다. 그러한 접근은 불규칙한 탐색을 개선하지만, 수준 1과 2의 이노베이션을 만드는데 만 효과적이다.

이 창의성 접근의 약점은 그림 8.6에서 보는 바와 같이 다른 기술 분야가 가능성 공간에 더해졌을 때 훨씬 더 인상적이다. 둘 이상의 학문분야 팀을 만드는 것 역시 어려움이 있다. 제시된 일부 분야와 관련된 모든 분야에 대해서 모든 것을 알고 있는 멤버들을 얻기란 불가능하다. 당신의 어떤 과거와 현재 프로젝트를 생각한 다음, 팀 멤버의 전문지식 영역과 지식의 깊이를 기록해 보아라. 당신은 아마도 팀에 의해 커버 되지 않는 일부 관련 영역이 있고, 또한 멤버 지식의 깊이가 한정되어 있음을 알아차릴 것이다.

설계 문제 해결은 누군가가 적절한 해결사 또는 대리 해결사를 찾아, 고용한다면 보다 단순해질 것이다. 이것은 컨설턴트를 고용하는 것과 같다. 하지만 당신이 어떤 컨설턴트를 고용해야 하는지 어떻게 알 수 있나? 그 고용 과정 자체는 당신의 문제 요구사항을 식별하는 것을 포함하며, 이것이 해결책을 찾을 때 초기 단계 중에

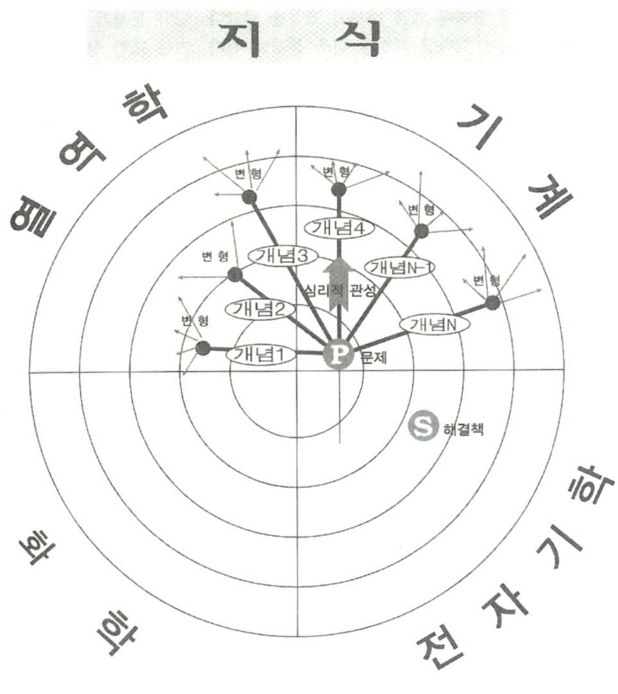


그림 8.6 기술 분야를 더하는 것이 방향을 잘못 잡은 탐색을 돕지 못한다.

하나이다. 좋은 뉴스는 바로 당신이 필요한 전문 지식을 안다면, 컨설턴트가 필요하지 않을 수 있다는 것이다 - 특히 당신이 3장에서 다룰 문제의 공식화 과정을 사용한다면 말이다.

겐리흐 알트슐러는 "발명가의 창의적 가능성은 보다 많은 지식이 이용 가능할 때 증가한다."라는 신념에 몰두하였다. 알트슐러의 기본 원리를 사용하는 것이 설계자가 이용 가능한 지식을 증가시킨다. 초기에 알트슐러는 이런 정보를 39가지 엔지니어링 파라미터 사이에 있는 기술적 모순을 풀기 위해 사용되는 40가지 원리로 요약하였다.

## 8.1.8 이노베이션의 패턴 안에서 이동할 수 있는 해결책

특허를 조사하면서 알트슐러는 동일한 기본 문제(모순)는 다른 기술 분야에서 일련의 발명에 의해 다루어 졌음을 알았다. 만약 문제가 비 기술적 용어로 제시되어 있다면 이것은 더욱 분명해 진다. 그는 또한 동일한 기본 해결책은 반복해서 사용되며, 그 실행들이 종종 몇 년 동안이나 떨어져 있다는 사실을 관찰하였다. 이러한 기본적 해결책의 응용에 다가서는 일부 수단을 발명가가 이용 가능하다면, 적용하는데 걸리는 햇수가 줄어들 것이다. 그래서 이노베이션 과정이 보다 효과적으로 되며, 개선에 걸리는 시간은 줄어들고, 다른 기술들을 분리했던 경계선이 서로 교차할 것이다. 모두 같은 원리를 사용한 여러 개의 발명을 조사해 보자 - 인조 다이아몬드 제조자가 처음에 생각하지 못했던 개념.

인조 다이아몬드를 생산하는 회사는 유용한 다이아몬드를 생산하기 위해 갈라진 금에서 결정을 쪼갠다. 불행하게도 이 과정은 종종 새롭게 갈라진 금을 만든다. 엔지니어들의 프로세스 개선 팀은 가능한 아이디어를 농업 특허에서 찾고 싶지는 않을 것이다. 보다 중요하게는 현재 세계 특허가 쉽게 찾을 수 있는 구조를 갖고 있지 못하다. 비록 물질이 흩어지거나, 날아가거나 폭발해서 분리하기 위한 장치를 특허에서 찾는 것이 유용하다 할지라도 말이다. 알트슐러는 이노베이션을 향상시키는 방식으로 특허를 분류했다. 기술적 주제 문제를 조사함으로써 동일한 문제가 반복해서 풀리고 있다는 것을 그는 알았다. 단지 한정된 몇 개의 원리가 대부분의 발명을 설명하는데 필요하였다. 만약 다이아몬드를 쪼개는 팀이 농업 분야를 찾았거나 알트슐러의 데이터 베이스에 접근하였다면, 그들은 다음과 같은 혁신적 해결책을 찾을 수 있었을 것이다.

### 발명 1. 피망 꼬투리 따는 방법

피망을 통조림으로 만들기 전에 줄기와 씨를 꼬투리에서 분리해야 한다. 다음에 설명된 발명 이전에 이것은 수작업으로 하였다. 꼬투리의 모양이나 크기가 균일하지 않기 때문에 자동화가 어려웠다.

피망 꼬투리를 따는 이 혁신적인 방법은 꼬투리를 공기가 밀폐된 용기에 넣는 것으로 시작한다. 압력을 8기압까지 점차 증가시킨다. 꼬투리가 수축하고, 이것은 가장 약한 점에서 결국 갈라지는데, 꼬투리 끝은 줄기와 연결되어 있다. 압축 공기가 피망의 갈라진 틈으로 들어가, 피망 내·외부의 압력을 같게 한다. 이때 용기의 압력을 빠르게 낮춘다. 꼬투리가 가장 약한 점에서 터지고(갈라진 틈에 의해 더욱 약해짐), 꼬투리 끝이 씨와 함께 날아간다(그림 8.7).

### 발명 2. 삼나무 열매의 껍질 벗기기

삼나무 열매의 껍질 벗기기 과정이 개념적으로 비슷하다. 열매를 압력 밥솥 물속에 넣는다. 열을 가해, 압력을 수 기압까지 올린다. 이때 압력을 빠르게 대기압으로 떨어뜨린다. 가열 후에 고압의 물이 열매로 침투하고, 갑작스러운 압력 저하는 껍질을 깨서 날아가게 한다(그림 8.8).

비슷한 절차가 작은 바다 갑각류인 크릴의 껍질 벗기기에 사용된다.

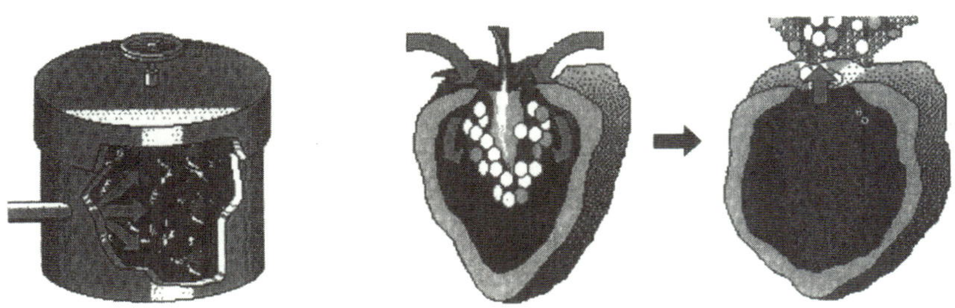

그림 8.7 피망 꼬투리 따는 방법

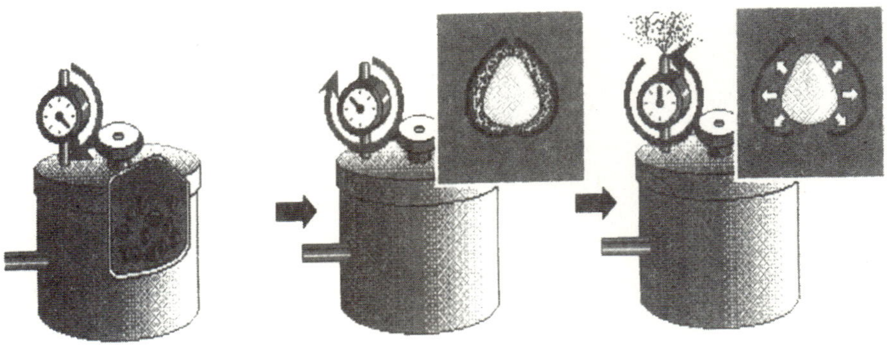

그림 8.8 삼나무 열매의 껍질 벗기기

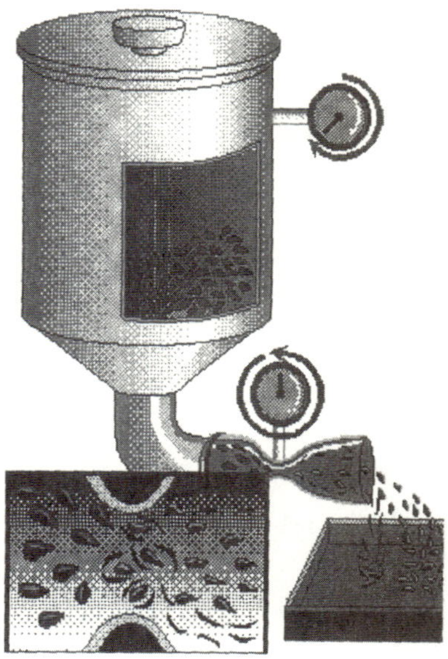

그림 8.9 해바라기씨 껍질 벗기기

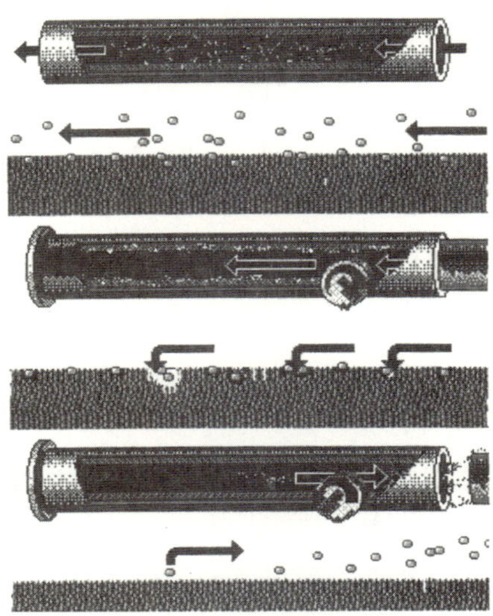

그림 8.10 필터 청소하기

### 발명 3. 해바라기씨 껍질 벗기기

당신은 예전에 해바라기씨를 어떻게 벗길까 고민해 본적이 있는가? 해바라기씨의 껍질을 벗기는 한 가지 방법은 밀폐된 용기에 넣고, 용기의 압력을 올린 다음, 싸여 있는 깍지를 용기 밖으로 흐르게 한다. 압력이 매우 빠르게 떨어지고, 고압 하에서 깍지를 침투한 공기가 팽창해서, 껍질을 쪼갠다(그림 8.9).

### 발명 4. 설탕가루 만들기

낮은 압력을 사용한 유사한 기술로 설탕 결정을 가루로 깬다. 이제 이 원리의 비농업 적용사례를 생각해 보자.

### 발명 5. 필터 청소하기

공기의 먼지를 제거하는데 사용되는 필터는 그 벽이 다공, 펠트 형태의 물질로 코팅된 관으로 되어 있다. 공기가 관을 지날 때 먼지 입자가 작은 구멍에 잡힌다. 이러한 필터를 청소하는 것은 어렵다. 그러나 필터를 시스템에서 분리하여, 밀봉한 다음, 5~10 기압으로 올린 후, 대기압으로 갑자기 떨어뜨림으로써 청소할 수 있다. 압력의 갑작스러운 변화는 공기를 먼지와 함께 작은 구멍 밖으로 밀어낸다. 먼지 입자는 쉽게 제거될 수 있는 필터 표면으로 이동된다(그림 8.10).

여기 5개의 발명은 두개의 다른 산업에서 다른 시기에 발생했다. 최근의 발명자가 이 발명의 초기 개념과 해결책의 지식을 가졌다면, 그들의 과제는 보다 더 간단했을 것이다. 불행하게도 분야간 장벽이 이 정보의 이용을 불가능하게 하였다. 다이아몬드 쪼개는 문제를 풀고자 하는 노력은 연구자가 위의 어떤 특허를 읽었다면 줄었을 것이다. 원리는 같지만, 시스템의 설계와 그 절차가 다르다는 사실에 주의하라. 개념 만들기는 발명가의 일이고, 시스템 설계는 엔지니어의 책임이다.

### 발명 6. 불완전한 결정 쪼개기

다이아몬드 제조회사는 결과적으로 이 해결책의 특허를 받아들였다. 결정을 두꺼운 벽의 밀폐된 용기에 넣는다. 용기의 압력을 수천 기압까지 올린 다음, 빠르게 대기압으로 되돌린다. 이 갑작스러운 압력의 변화는 갈라진 금에 있는 공기가 결정을 깨도록 해준다.

트리즈의 과거와 현재의 응용사례는 여러 분야에서 공통의 원리를 사용한다. 예를 들어 포드 자동차 회사는 신뢰성 시험 분야에서 특별히 여러 번 트리즈를 사용하였다. 첨단 수송선 기술(Advanced Vehicle Technology)의 신뢰성 시스템 감독, 마이크 린치(Mike Lynch)가 한번은 말하기를 "이것이 피망이지 범퍼가 아니라는 사실을 뒤 돌아 볼 수 있어야 한다. 그것이 문제가 아니다. 문제는 압력 변화와 범퍼 밖으로의 녹의 제거이다. 엔지니어나 과학자로써 당신은 그 상관관계를 알아야 한다." 린치의 진술은 지식 기반을 넓히는 것이 어떻게 설계를 개선하는가를 강조하고 있다.

트리즈의 가능성을 본 후에 한 국제 협회의 어떤 엔지니어는 말하기를 "중요한 것이 무엇인가? 당신이 해왔던 모든 것은 여러 창의적 아이디어를 만든 것이다. 아이디어를 얻는 것은 단지 작업의 작은 부분이다." 이 엔지니어의 말은 옳다. 트리즈가 한 모든 것은 많은 혁신적(종종 특허가 가능한) 아이디어를 만드는 것이다. 올바른 조건과 재료를 결정하는 어려운 작업은 계속 하여야 한다. 다이아몬드를 쪼개는 문제에서 피망에 사용했던 8기압은 작용하지 않을 것이다. 최고의 결과를 위한 이상적인 압력 수준과 압력을 얼마나 빠르게 떨어뜨려야 하는지 결정하기 위해서 실험을 하여야 한다. 트리즈가 한 모든 것은 창의적 아이디어를 만든 것이라는 생각은 옳지만, 이 디자이너는 이점을 놓쳤다. 수준 1의 문제는 트리즈의 사용과 관계가 없지만, 수준 2, 3, 4의 아이디어를 찾는데 필요한 시간은 트리즈 없이 상당히 많이 걸린다. 최고의 아이디어를 얻는 것은 설계 과정 중에 상당한 시간 감소와 원가 절감을 의미한다.

알트슐러는 발명에 관한 지식을 어떤 분야의 발명가가 쉽게 접근 가능하도록 추출하고, 수집하고, 일반화하여야 한다고 생각하였다. 예를 들어 위에서 언급한 5가지 모든 발명은 다음과 같은 일반적인 방법으로 설명될 수 있다.

어느 정도의 피망, 씨, 결정 등을 밀폐된 용기에 넣고, 점차 압력을 증가시킨 다음, 압력을 빠르게 떨어뜨린다. 갑작스러운 압력 저하로 물체를 쪼개는 폭발을 만들어 내는 것이 핵심 원리이다. 이 개념은 트리즈 방법론에서 폭발을 일으키는 여러 방법 중에 하나이다(부록 A를 볼 것).

피망 꼬투리 따는 방법은 1968년에 특허가 되었고, 삼나무 열매의 껍질 벗기기 프로세스는 1986년에서야 특허가 되었다는 사실을 생각해 보아라. 결정 쪼개는 프로세스에 주어진 특허는 훨씬 뒤였다. 비슷한 프로세스의 발견이 독립적으로 다른 산업에서 이루어지면서 왜 이렇게 오랜 개발의 공백이 있어야 하는가?

이와 같은 해결책에 의해 발생한 일반 지식을 그림 8.11에서 보여주는 바와 같이 구성하고, 사용할 수 있다. 발명가는 유사한 표준 문제에 그들의 문제를 맞추어야 한다. 그런 다음 표준 문제와 연관된 가능한 표준 해결책을 특정 문제에 적용할 수 있어야 한다. 이런 과정을 거치면서 트리즈는 혁신적 경험을 쌓고, 산업에 관계없는 가장 효과적인 해결책에 접근을 가능하게 한다. 창의성의 전통적인 접근 방법은 "나의 문제"에서 "나의 해결책"으로 비약하려는 것이다. 하지만 "나의 문제"에서 "나의 해결책"으로는 되풀이 할 수 있는 길이 없고, 그 루트를 따르고자 하는시도는 끝이 없는 불규칙한 시행의 결과를 가져온다. 직접적인 접근으로 보이는 것이 일생동안 당신을 그곳에 도달하지 못하게 할지도 모른다.

주어진 문제를 높은 수준의 추상적 개념으로 가져감으로써 발명 프로세스를 전형적인 엔지니어링 프로세스로 바꾸는 또 다른 접근법이 있다(그림 8.12). 케플런(Stan Kaplan)은 그의 소책자에서 2차 함수식의 예를 사용하였다. 시행착오 프로세스는 매우 느리고 부정확하다. 요구사항을 만족하는 답이 하나 이상이 있을 때, 전부 만족스러운 대답을 얻게 하는 효과적인 탐색 수법을 찾기란 어렵다.

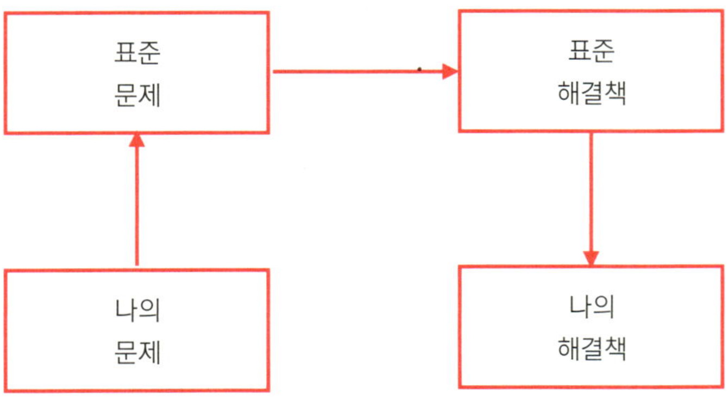


그림 8.11 일반 지식을 구성하고 사용하기

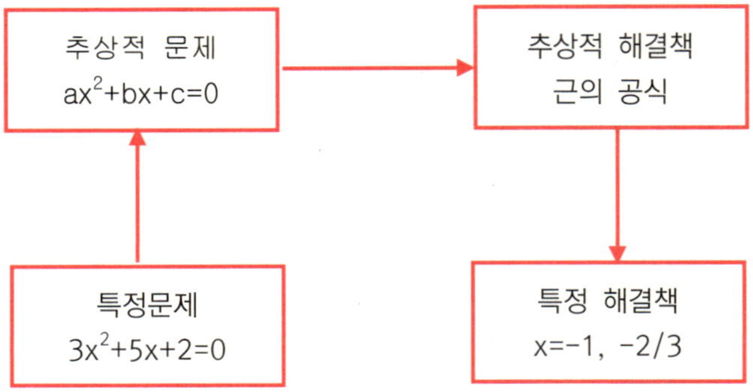


그림 8.12 발명 프로세스를 전형적인 엔지니어링 프로세스로 바꾸기

표 8.6 이상적 설계 가능성

| |
|---|
| 교환과 타협은 더 이상 당신의 어휘 부분이 아니다.<br>모든 것은 자원이 된다.<br>이상성은 가능성이 되었다.<br>모순은 매혹적이다.<br>당신의 나이는 심리 테스트에서 낮아질 것이다.(당신은 차트에서 벗어나 있다) |

한번 비밀 형태의 해결책이 발견되고, 근사란 없다. 당신의 응용사례가 아마도 2차 함수식을 사용하고 있지는 않겠지만, 이 방법은 추천 프로세스와 유사하다 - 유사 사고를 설명하기 위한 유사 예제.

모순행렬표는 1,201개의 유사 문제를 담고 있다. 트리즈 방법론의 사용 결과로써모순은 매혹적인데, 왜냐하면 모순이 개선의 기회를 정의하기 때문이다. 교환과 타협은 이제 당신의 어휘가 아니다. 왜냐하면 당신은 많은 모순을 해결할 수 있는 길을 갖고 있기 때문이다. 이상적인 설계는 꿈이 아니라 가능성이 되었다. 결과적으로 설계 프로세스에서 당신의 역할이 무엇이든지 간에 모든 것이 자원이 될 것이다(표 8.6).

그리고 당신은 청춘의 샘을 찾고 있기 때문에 당신의 나이는 심리 테스트와 마주칠 것이다. 마치 어린이들이 모순과 편안한 것처럼, 당신은 모순을 받아들이고, 심지어 감사하는 것을 배울 것이다. 당신의 변화에 있어서 첫번째 단계는 당신의 문제에 관한 모든 관련 정보를 모으는 것으로 시작한다. 그 정보는 문제의 올바른 정의를 통해 모으고, 조직화할 수 있을 것이다.

『현재 문명 이전의 가장 큰 업적은 기계를 인간의 주인이 아니라 노예가 되도록 만들었다는 것이다.』

- 엘리스(Havelock Ellis), 1922

## 8.2 모순 이해하기(모순행렬표 사용법)

### 8.2.1 모순 분석의 이용

모순 분석은 당신의 문제를 새로운 눈으로 보게 하는 강력한 방법이다. 일단 이 새로운 시각을 얻게 되면 모순 행렬표는 수많은 해결책 개념을 만들어 내는 당신의 수단이 된다. 만일 당신의 문제가 아래에 기술되는 내용의 범주에 든다면 창의적이면서도 효과적인 다양한 해결책의 발견이 가까이에 있을 것이다.

### 8.2.2 모순 분석의 기원

종종 해결해야 할 문제는 기술적 모순이나 물리적 모순으로 표현될 수 있다. 여기서 기술적 그리고 물리적이란 단어를 사용한 것은 다소 임의적이지만, 이것은 TRIZ 문헌에서 받아들이는 용어이다.

설계의 한 가지 면을 개선하기 위해 이용 가능한 알려진 대체 방법이 그 설계의 다른 면을 희생시킬 때 극복해야할 목표를 기술적 모순이라 부른다. 다른 말로 하면, 만일 시스템의 파라미터 A의 개선이 파라미터 B를 악화시킨다면 기술적 모순이 존재한다(용기는 강해질수록 무거워진다). 몇 가지 기술적 모순을 소개하면 다음과 같다.

- 좀 더 빠른 아이스 스케이트(경주용 스케이트)는 기동성이 떨어진다(피겨 스케이트).
- 자동차는 가속 할수록 연료의 효율이 감소한다.

물리적 모순은 제품이나 서비스의 어떤 면이 두 가지 상반되는 상태를 지니게 될 때 존재한다(제품이 뜨거우면서 차갑다).

## 8.2.3 물리적 모순: 들여다보기

자동차 운전자들은 도심지 운행과 주차를 위해 소형차를 원한다. 하지만 그들은 편안한 외출과 안락함을 위해 가능한 큰 차를 원한다. 1995년에 혼다는 자사 엔지니어들에게 전통적 차체 스타일을 잊고, 이러한 편안함과 외출 요구조건 하에서 차를 설계하라고 요구하였다. 또한 도쿄 도심에서 주차를 쉽게 할 수 있어야 하는 것이 어려운 점이었다. 설계 팀은 종 모양에 가까운 차를 개발하였다. 이 설계는 외형은 작고 동시에 실내는 넓었다. 이러한 물리적 모순에 상당하는 기술적 모순은 차를 크게 만드는 것이 주차를 더욱 어렵게 한다는 것 이었다.

만일 문제를 물리적 모순이나 기술적 모순 형태로 맞추려고 한다면 본장의 내용이 유용할 것이다.

## 8.2.4 모순행렬표

### 통상의 문제해결 과정을 개선하기

전통적인 문제 해결은 과거의 경험을 바탕으로 한다.

인간은 문제를 유사 사고 방법으로 푼다. 우리가 직면하고 있는 문제를 해결책이 존재하는 비슷한, 표준문제와 연관 지으려 한다. 만일 올바른 유사점을 끌어낸다면, 유용한 해결책에 이르게 된다. 유사 문제에 대한 우리의 지식은 교육, 전문성, 삶의 경험의 결과이다.

만약 우리가 해결해야 할 문제의 유사 문제를 만나지 못한다면 어떻게 해야 하는가? 이러한 당연한 질문은 발명문제에 대한 표준 접근방식의 한계점을 드러낸다. 39개의 설계 파라미터(표 8.7) 사이의 대립 표(모순 행렬표, 부록 C)가 이 질문에 대답을 준다. 즉 40가지의 보편적인 발명원리(부록 A와 표 8.8) 가운데 최소한 하나의 원리를 이용하여 해결된 1201 가지의 일반 문제를 제시함으로써 우리가 익숙하지 않은 대립을 해결하는 것이 그 대답이다.

많은 문제 해결사는 시행착오를 통해 문제에서 해결책으로 곧바로 갈려고 한다. 유사 표준문제 및 그것과 관련된 표준해를 살펴보는 것이 보다 효과적인 접근 방법

표 8.7 39가지 파라미터

| | |
|---|---|
| 1. 움직이는 물체의 무게 | 21. 동력 |
| 2. 정지한 물체의 무게 | 22. 에너지의 낭비 |
| 3. 움직이는 물체의 길이 | 23. 물질의 낭비 |
| 4. 정지한 물체의 길이 | 24. 정보의 손실 |
| 5. 움직이는 물체의 면적 | 25. 시간의 낭비 |
| 6. 정지한 물체의 면적 | 26. 물질의 양 |
| 7. 움직이는 물체의 부피 | 27. 신뢰성 |
| 8. 정지한 물체의 부피 | 28. 측정의 정확성 |
| 9. 속도 | 29. 제조의 정확성 |
| 10. 힘 | 30. 물체에 작용하는 해로운 요소 |
| 11. 장력/압력 | 31. 해로운 부작용 |
| 12. 모양 | 32. 제조의 용이성 |
| 13. 물체의 안정성 | 33. 사용의 편의성 |
| 14. 강도 | 34. 수리 가능성 |
| 15. 움직이는 물체의 내구력 | 35. 적응성 |
| 16. 정지한 물체의 내구력 | 36. 장치의 복잡성 |
| 17. 온도 | 37. 제어의 복잡성 |
| 18. 밝기 | 38. 자동화 정도 |
| 19. 움직이는 물체의 소비 에너지 | 39. 생산성 |
| 20. 정지한 물체의 소비 에너지 | |

표 8.8 40 가지 원리

| | |
|---|---|
| 1. 분할 | 21. 고속 처리 |
| 2. 추출 | 22. 해로움을 이로움으로 |
| 3. 국부적 성질 | 23. 피드백 |
| 4. 비대칭 | 24. 매개체 |
| 5. 통합 | 25. 셀프서비스 |
| 6. 범용성 | 26. 복제 |
| 7. 포개기 | 27. 일회용품 |
| 8. 평형추 | 28. 기계시스템의 대체 |
| 9. 선행 반대조치 | 29. 공기압 또는 수압 구조물 |
| 10. 선행 조치 | 30. 유연한 막과 얇은 필름 |
| 11. 사전예방 | 31. 다공질 재료 |
| 12. 높이 맞추기 | 32. 색상 변경 |
| 13. 반대로 하기 | 33. 동질성 |
| 14. 구형화 | 34. 폐기 및 재생 |
| 15. 역동성 | 35. 속성 변환 |
| 16. 과부족 조치 | 36. 상전이 |
| 17. 차원 바꾸기 | 37. 열팽창 |
| 18. 기계적 진동 | 38. 강한 산화제의 사용 |
| 19. 주기적 작동 | 39. 비활성 환경 |
| 20. 유용한 작용의 지속 | 40. 복합재료 |

이다. 모순 행렬표를 통해 TRIZ 방법론은 유망한 해결책을 제공할 수 있는 원리를 밝혀내기 위해 전 세계의 특허 기반을 조사했다. 모순으로 설계 문제의 재구성은 문제 해결사에게 문제를 TRIZ 모순 행렬표의 구조에 맞추어 보게 해준다. 모순 행렬표를 통해 TRIZ 방법론은 유망한 해결책을 제공할 수 있는 원리를 밝혀내기 위해 전 세계의 특허 기반을 조사했다. 모순으로 설계 문제의 재구성은 문제 해결사에게 문제를 TRIZ 모순 행렬표의 구조에 맞추어 보게 해준다. 모순 행렬표는 유사 문제를 풀기 위해 자주 사용하는 여러 가지 발명원리를 제시해 준다. 문제해결사는 이노베이션문제에 대해서 이러한 유망한 표준원리의 적용에 이제 집중할 수 있다.

우리가 보고 있는 모든 것과 가지고 있는 모든 생각에는 모순이 존재한다. 하지만 항상 모순을 탐색하지는 않는다. (예를 들어, 버스의 입구는 편안한 출입을 위해서는 커야하지만 최대한 많은 좌석을 만들기 위해서는 작아야 한다.) 만일 모순을 탐색했다면 아마도 우리는 "~이면 어떨까?" 라고 질문할 것이다. 이 "이면 어떨까?"는 "무엇이 잘못되었는가?"라는 질문과는 같지 않다. 이것은 종종 우리가 당연시하는 이미 알려진 현상의 새로운 인식을 깨달았다는 것을 의미이다. 현재의 "설계" 결정에 의해서 영향을 받는 것은 무엇인가? 혹은 다른 시스템을 이용했다면 어떠했을까? 와 같은 관련된 질문이 습관적으로 지나치는 해결책을 밝히는데 도움을 준다. TRIZ가 당신의 문제에 대해 신선한 사고를 어떻게 촉진시켜 주는지를 학습하기 전에, 물리적 모순과 기술적 모순의 다른 관점을 살펴보자.

## 8.2.5 기술적 모순

알트슐러에 의하면 발명문제는 최소한 한 개의 모순을 포함한다. 이 정의는 수많은 특허에 대한 그의 관찰에 기초하고 있다. 알트슐러의 연구 결과로써 과학자들이 모든 원리의 모든 특허를 조사할 필요는 없다. 단지 문제를 모순행렬표의 형식에 놓을 필요는 있다. 우리가 사용하는 40 가지 원리는 개선하려는 파라미터와 악화되는 파라미터에 의해서 정해진다. 만일 파라미터의 순서가 바뀌면 다른 원리가 추천된다. 어떤 문제에 대해서는 두개의 파라미터의 개선이 필요하기 때문에 각 방향에서 모순이 유효하다. 이 경우에는 표를 두 번 사용하라.

## 8.2.6 발명 원리

40 가지 원리는 상당히 넓은 적용범위를 갖는다 ; 비즈니스 환경에서도 적용된다. 40 가지 원리는 단순히 그 목록을 보기만 하여도 여러 가지 새로운 아이디어를 촉진시킬 수 있을 만큼 강력하다. 부록 A는 각각의 원리에 대해서 설명하고 있다. 40 가지 원리의 능력을 살펴보기 위해 아무거나 한 개를 택해서 당신이 실제로 경험한 관련된 모든 적용 예를 생각해 보아라. 그 다음에 어떤 제품을 취해서, 그 제품에 어떤 원리가 존재하는지 혹은 어떤 원리가 개선을 일으킬 수 있는지 생각해 보기 바란다.

표 8.9 모순행렬표 사용사례

| 바람직하지 않은 결과 (악화되는 특성) / 개선하려는 특성 | | 1<br>움직이는 물체의 부피 | 2<br>정지한 물체의 부피 | * *<br>* * | 10<br>힘 | * *<br>* * | 38<br>자동화 수준 | 39<br>생산성 |
|---|---|---|---|---|---|---|---|---|
| 7 | 움직이는 물체의 부피 | | | | | | | |
| 8 | 정지한 물체의 부피 | | | | 2, 18, 37 | | | |
| | *<br>* | | | | | | | |
| | *<br>* | | | | | | | |
| 39 | 생산성 | | | | | | | |

## 8.2.7 모순 행렬표 사용

알트슐러는 그가 연구한 4만개의 특허에서 공학적인 파라미터를 서로 조합할 수 있는 다수의 원리를 골랐다. 특별한 모순은 그 해결을 설명한 특허가 거의 없었기 때문에 모순 해결을 위한 원리로 모든 조합을 추천하지는 않았다. 부록 C의 행은 개선을 필요로 하는 파라미터를 나타내고 있다. 열은 행의 파라미터를 개선한 결과로 악화되는 파라미터를 담고 있다. 행과 열이 만나는 점에서 추천 원리를 볼 수 있다. 어떤 특정한 모순을 해결하기 위해 과거에 사용되었던 보통 한개 이상의 원리가 있다. 부록 B에 40 가지 원리를 그것의 사용 빈도 순서로 나열하였다.

## 8.2.8 사례연구

금속 펠릿을 공기압으로 이송시키는 파이프의 설치 사례를 생각해 보자. 기존의 시스템은 처음에 플라스틱 펠릿을 이송시키기 위해 설계되었다. 그러나 금속 펠릿으로 대체되면서 설계 변경을 요구하고 있다.

모순 행렬표를 이용하기 전에는 문제의 이력을 기록하라. 금속 파이프의 설치로 플라스틱 펠릿의 흐름 방향을 조절하였다 ; 공기 흐름이 물체를 이송하였다 ; 동일한 시스템이 설계 변경 이후에도 금속 펠릿을 이송하였다. 수리에 필요한 장비의 휴지시간이 과도해졌다 ; 금속 펠릿은 빠르게 시스템의 구부러진 부분을 닳게하였다. 이렇게 기록하자, 여러 가지 모순이 이력에서 나타난다(표 8.10).

추가적인 요구 조건으로 물체의 보다 빠른 이송을 생각해 보자. 통상의 지식은 펠릿의 방향을 바꾸는데 필요한 구부러진 부분을 강화하는 것이다(표 8.10). 두 가지 바람직한 개선으로 속도의 증가와 요구 에너지의 감소를 포함한다(표 8.11).

각 개선과 관련된 여러 가지 악화되는 파라미터가 있다. 물론 이 시스템에는 개선되어야 할 여러 가지 파라미터가 있다. 펠릿의 속도가 증가할 때 악화되는 파라미터는 모순을 줄이는 원리와 함께 제시된다. 이 정보는 모순 행렬표의 관련 파라 미터의 교차점에서 얻어진다. 이 원리들을 발생 빈도수가 적어지는 순서로 나열되어 있다(표 8.11).

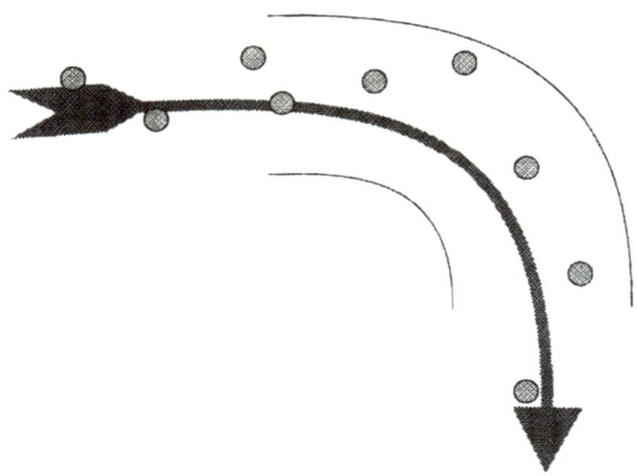

그림 8.13 공기압으로 펠릿을 이송하기 위해 설치된 파이프의 구부러진 부분

표 8.10 통상의 해결책

- 구부러진 부분을 보강한다.
- 구부러진 부분을 신속하게 교체한다.
- 구부러진 부분의 모양을 재설계한다.
- 구부러진 부분의 재질을 바꾼다.

표 8.11 시스템의 목표가 무엇인가?

- 펠릿의 방향을 바꾼다.
- 필요 에너지를 줄인다.
- 펠릿을 신속하게 이송한다.

표 8.12 속도의 개선(파라미터 9)

| 악화되는 파라미터 | 파라미터 번호 | 사용된 원리 |
|---|---|---|
| 신뢰성 | 27 | 11, 35, 27, 28 |
| 힘 | 10 | 13, 28, 15, 19 |
| 강도 | 14 | 8, 3, 26, 14 |
| 온도 | 17 | 28, 30, 36, 2 |
| 에너지 | 19 | 8, 15, 35, 36 |
| 물질의 낭비 | 23 | 10, 13, 28, 38 |
| 물질의 양 | 26 | 18, 19, 29, 38 |
| 해로운 부작용 | 31 | 2, 24, 35, 21 |

에너지(파라미터 9)가 줄어들 때 악화되는 파라미터가 악화를 줄이는 원리와 함께 제시되었다(표 8.13).

모순에 사용된 모든 원리의 스코어가 가장 자주 일어나는 원리를 찾을 수 있도록 제시되었다. 표 8.14에 상위 4개의 원리를 나열하였다.

"원리 28, 기계적 시스템의 대체"는 고려된 모든 모순 중에서 가장 많이 추천된 원리이다. 기존의 구부러진 부분은 기계적 시스템이다.

"기계적 시스템의 대체"는 다음을 제안한다.

표 8.13 에너지의 개선(파라미터 19)

| 악화되는 파라미터 | 파라미터 번호 | 사용된 원리 |
|---|---|---|
| 제조의 용이성 | 32 | 28, 26, 30 |
| 시간의 낭비 | 25 | 35, 38, 19, 18 |

표 8.14 사용빈도

| 원 리 | 빈 도 수 |
|---|---|
| 28 | 5 (a) 음향, 광학, 후각<br>(b) 자기, 전기<br>(c) 장의 대체 |
| 35 | 4 |
| 38 | 4 |
| 19 | 3 |

### 1. 기계적 시스템을 광학, 음향, 후각 시스템으로 대체하라.

### 2. 물체와 상호작용하기 위한 전기장, 자기장 혹은 전자기장을 사용하라.

### 3. 장을 대체하라.

1) 정지된 장을 움직이는 장으로
2) 고정된 장을 시간에 따라 변하는 장으로
3) 불규칙 장을 구조화된 장으로

### 4. 강자성 입자와 연계하여 장을 사용하라.

열가소성의 물질에 대한 금속 코팅의 접착력을 증가시키기 위해서 전자기장을 사용하는 하나의 사례가 있다. 금속에 힘을 가하는 전자기장 안에서 이 프로세스를 수행한다.

대체 안 b는 에너지를 흡수하는 펠릿 층을 제공하기 위해 구부러진 부분에 자석을 붙이도록 제안한다. 이 아이디어는 볼의 전기전하, 볼의 자화 등 다양한 고찰을 위한 활발한 논의의 방아쇠 역할을 한다.

항상 원리의 적용은 이차적인 문제를 일으킨다. 만일 이차적인 문제가 처음의 주 문제보다 풀기가 쉽다면 그 진행은 계속된다. 이러한 추론 코스는 본 책에서 제시한 모든 트리즈 도구에 사용될 것이다.

## 8.2.9 물리적 모순과 분리의 원리

물리적 모순은 하나의 존재 상태가 반대 상태와 함께하는 상호 배타적인 요구조건이다. 이것은 또한 기능, 성능 혹은 성분과 관련이 있다(어떤 것이 매끄러우면서 거칠어야 한다). 이러한 모순은 요구 조건을 분리함으로써 해결할 수 있다.

어느 원리가 최선의 개념을 제공할지 알 수 없기 때문에 때때로, 4가지 주요 분리의 원리를 검토해야 한다. 항상 기술적 모순 행렬표가 모순 해결에 편리한 개념을 주지 못한다. 이러한 상황에서는 기술적 모순은 물리적 모순으로 바뀌어야 한다(표 8.15).

기술적 모순을 물리적 모순으로 바꾸는 일반적 과정은 바람직한 결과와 바람직하지 않은 결과 특성을 식별하는 것이다. 이 특성이 물리적 모순을 정의한다. 기술적 모순에 대한 물리적 모순은 무엇인가? 유리 앰플 끝단 "A"의 훌륭한 밀봉은 용기 안의 약품 "B"를 손상시킨다.

제 3의 기능 "X"는 "A"를 개선하지만 "B"를 손상시키는 특성이 있다는 것을 고려해야 한다. 만일 열 "X"가 "A"를 개선하지만, "B"를 악화 시킨다면, 여기서 물리적 모순은 "X"는 뜨거워야 하고 동시에 "X"는 차가워야 한다는 것이다(표 8.16).

복수의 물리적 모순이 있을 수 있다. 즉, 현재의 손상에 대해서 가열물질 "X"는 밀봉을 잘 하게 하지만 약품이 손상된다. 그러나 물질 "X"를 사용하지 않으면 밀봉은 잘되지 않지만 약품은 좋다. 모순은 "X"는 사용해야 하고 한편으로는 사용하지 않아야 한다는 것이다.

이러한 프로세스는 하나의 기술적 모순을 여러 개의 물리적 모순으로 전환시킨다.

공간적 분리로서 앰플의 하단부는 차가운 액체에 담그고 상단부에는 적절한 열을 가한다. 분리의 원리 4가지는 요구조건 사이의 대립을 제거한다(표 8.17).

지금부터 각각의 분리의 원리를 정의하고 각각에 대해 사례를 살펴보자.

표 8.15 물리적 모순

| 물리적 모순은 기능, 성능 혹은 성분과 관련이 있으며, 상호 배타적인 상태를 요구한다. |
|---|

표 8.16 기술적 모순과 물리적 모순

| 기술적 모순<br>- 앰풀 끝단 "A"의 가열은 약품 "B"의 품질 저하를 일으킨다.<br><br>물리적 모순<br>- 열 "X"는 밀봉을 위해서는 뜨거워야 하지만, 약품을 위해서는 차가워야 한다. |
|---|

표 8.17 물리적 모순의 해결

| 공간에 의한 분리 |
|---|
| 시간에 의한 분리 |
| 부분과 전체에 의한 분리 |
| 조건에 의한 분리 |

## 1. 공간에 의한 분리

이 개념은 반대의 요구조건을 공간으로 분리하는 것이다. 만일 어떤 시스템이 모순되는 기능을 수행해야 하거나 모순되는 조건에서 작동되어야 한다면 그 시스템을 하위 시스템으로 (실질적 혹은 이론적으로) 분할해 보아라. 그런 다음 개개의 모순되는 기능 혹은 조건을 다른 하위 시스템에 할당하라.

### 예제

**문제** - 금속표면을 화학 코팅하기 위해서 니켈, 코발트, 크롬 금속염 용액에 담는다. 환원반응 중에 용액에서 금속이 제품 표면에 침전한다. 온도를 올릴 수 록 공정은 빨라지지만, 용액은 고온에서 분해한다. 화학물의 75% 이상

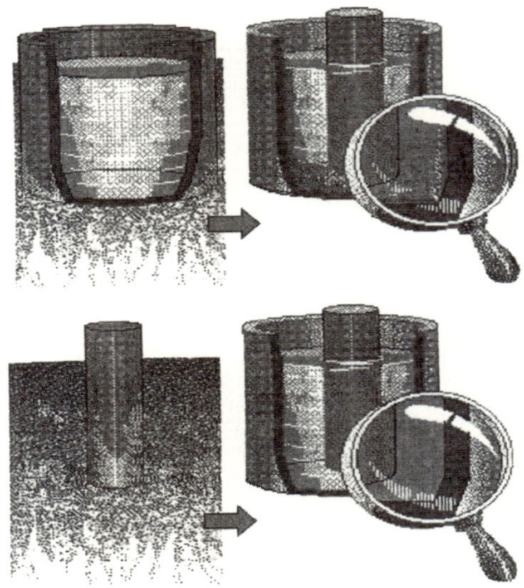

그림 8.14 냉-열 문제의 해결책

이 용기의 바닥과 벽면에 달라붙는다. 안정제의 투입은 효과적이지 못하며, 낮은 온도에서 공정을 진행시키면 생산량이 급격히 감소한다.

**모순** - 문제를 간결하게 고쳐 말하면 해결책이 명백해 진다. 공정은 (빠르고 효과적인 코팅을 위해) 뜨거워야 하고 (금속염 용액을 효율적으로 활용하기 위해서) 차가워야 한다. 공간에 의한 분리 원리를 사용하면 부품 주위만 고온이어야 함이 분명하다.

**해결책** - 금속을 차가운 용액에 담그기 전에 고온으로 가열한다. 이렇게 하면 금속 주변의 용액 온도는 뜨겁지만, 다른 영역은 차갑다. 코팅 과정에서 금속을 가열하는 한 가지 방법은 코팅이 진행되는 동안 전기를 흘려보내 유도 열을 발생시키는 것이다(그림 8.14).

## 2. 시간에 의한 분리

이 개념은 시간으로 반대의 요구조건을 분리하는 것이다. 만일 어떤 시스템이나 공정이 모순의 요구조건을 충족해야 하고, 모순 기능을 수행하거나 혹은 모순 조건에서 작동해야 한다면, 대립을 일으키는 요구조건, 기능 또는 작동이 다른 시간

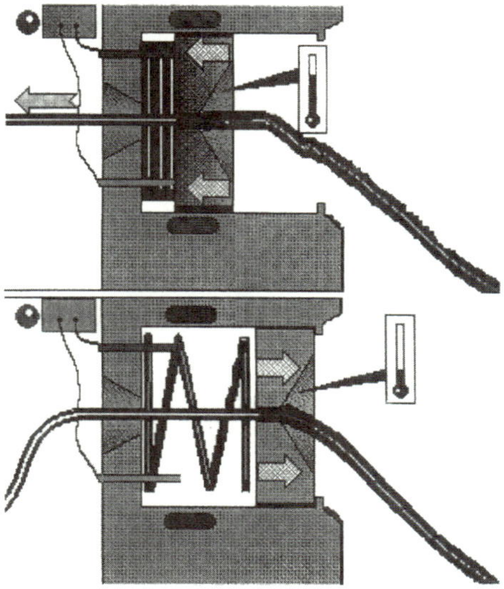

그림 8.15 다른 냉-열 문제의 해결책

대에 영향을 줄 수 있도록 시스템의 작동을 (이론적 혹은 실질적으로) 만들어 보아라.

### 예제

**문제** - 와이어를 만들 때 와이어가 액체 에나멜 액을 통과한 다음, 과도한 에나멜을 제거하고 와이어의 굵기를 맞추기 위해 다이를 통과 시킨다. 다이는 신뢰할 수 있는 구경을 보장하기 위해서 뜨거워야 한다. 만일 와이어의 공급이 몇분 이상 중지된다면, 뜨거운 다이 속에 있는 에나멜이 구워져서 와이어에 단단하게 달라붙는다. 이때 공정이 중지되고 와이어를 자르고 다이를 청소해야 한다.

**모순** - 다이는 운전 중에는 뜨거워야 하고 에나멜이 구워지는 것을 막기 위해서는 차가워야 한다. 시간에 의한 분리의 원리는 다음과 같이 제안한다. 와이어가 늘어나는 동안에 다이가 뜨거워야 하고, 와이어가 움직이지 않을 때는 차가워야 한다. 다이가 자동으로 가열되고 가열되지 않는 방법은 없을까?

와이어가 다이에서 늘어나는 동안 와이어를 당기는 방향으로 다이를 당기는 상당한 힘이 있다. 와이어가 멈출 때 당기는 힘도 없을 것이다.

**해결책** - 다이를 스프링에 고정할 수 있다. 와이어가 이동할 때는 와이어는 다이를 당기고, 가열 영역으로 스프링을 압축한다. 다이는 뜨거운 방 벽과 접촉하거나 혹은 유도된 열로 가열된다. 와이어의 이동이 중지되었을 때 스프링은 다이를 차가운 영역으로 밀어낸다(그림 8.15).

때때로 모순은 처음엔 시간적 제약으로 표현되지 않는다. 이러한 모순을 해결하기 위해서는 해당 시스템의 특성이나 혹은 환경을 바꾸어라.

## 3. 부분과 전체에 의한 분리

이 개념은 전체 물체와 그 부분의 반대되는 요구조건을 분리하는 것이다. 만일 시스템이 모순되는 기능을 수행하거나 혹은 모순되는 조건 하에서 작동되어야 한다면, 그 시스템을 분할하고, 모순되는 기능 또는 조건을 하위 시스템(또는 여러 하위 시스템)에 부여해 보아라. 그래서 전체적으로 시스템은 계속해서 기능과 조건을 유지하도록 한다.

### 예제

**문제** - 복잡한 모양의 제조공정중의 제품은 보통의 바이스를 이용하여 잡기가 어렵다.

**모순** - 바이스의 주 기능은 균등하게 분포된 쥐는 힘(단단하고, 평평한 잡는 면)을 제공하는 것이다. 하위 시스템은 물체의 불규칙적인 형상에 적합하도록 어떤 방법을 요구한다(유연한 잡는 면). 그 면은 평편해야 한다 ;그 면은 불규칙하여야 한다.

**해결안** - 바이스의 집는 부분의 평면과 불규칙한 표면 사이에 단단한 끼움 쇠를 가로로 세워서 놓는다. 개개의 끼움 쇠는 수평으로 자유롭게 움직여서 압력이 증가함에 따라서 제조공정 중의 제품 모양에 맞추어 지며, 물체의 잡는 힘을 균일하게 분포한다(그림 8.16).

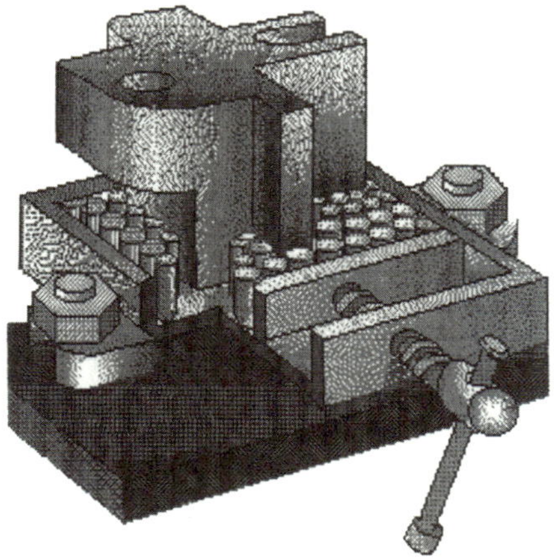

그림 8.16 바이스 문제의 해결책

## 4. 상황에 의한 분리

반대의 요구 조건을 조건으로 분리하는 개념은 특별한 상황이 존재할 때 유용한 공정에서 발생되는 모순을 해결할 수 있다. 유용한 공정만을 일어날 수 있도록 시스템이나 환경을 바꾸는 것을 생각해 보아라. 부엌에서 쓰는 체는 국수를 잡지만 물은 잡지 않는다.

### 예제

**문제** - 제재소는 깨끗한 톱밥에 대한 시장 수요가 있다. 진공은 톱날 주변의 물질을 청소하고, 톱밥 먼지는 얇은 금속 파이프를 통해서 모아진다.

**모순** - 커다란 파이프가 필요하고 한편으로 작은 파이프가 필요하다.

**해결책** - 가까운 거리에서 파이프 반지름의 증가는 비교적 무거운 물질이 빨려 들어가지 못하고 도중에 떨어지게 해준다.

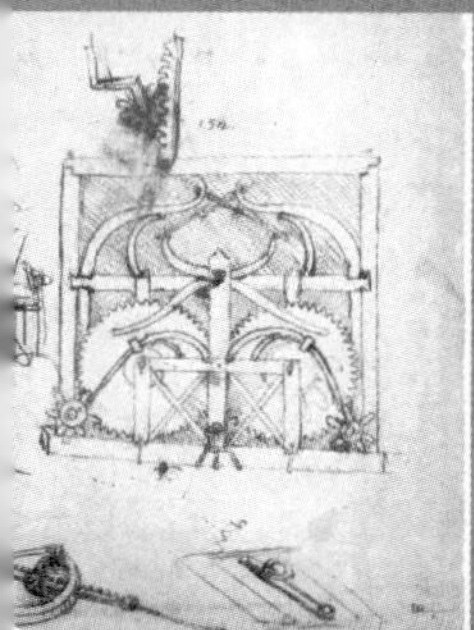

# 공학설계 사례

CHAPTER 9

# 9.1 마그너스 효과를 이용한 풍력추진 장치

## 9.1.1 풍력추진장치제작 프로젝트 개요

지구온난화 및 환경오염을 유발하는 석탄, 휘발유 등 기존 동력추진장치와 달리 가장 근본적인 새로운 대체 에너지원 중의 하나인 자연의 바람을 이용하여 추진력을 얻어 움직이는 추진장치를 설계·제작하고자 한다. 이러한 추진 장치는 유체역학적으로 Magnus효과로 설명되는 양력으로 추진력을 얻으며, 이를 통해 공학자는 항공, 조선, 자동차 등 많은 분야의 발전을 가져온 유체역학의 기초를 이해할 수 있다.

## 9.1.2 프로젝트 과제

Magnus효과를 고려한 회전실린더를 이용한 추진장치를 설계·제작 한다. 바람과 회전하는 원형실린더로 추진되는 추진장치는 유체역학의 기초인 Bernoulli 방정식과 Magnus효과의 원리가 적용된다.

본 프로젝트에서는 원형실린더의 지름과 회전수를 변화시켜 이에 따른 양력의 변화와 추진장치의 추진속도변화를 관찰한다. 또한 추진장치가 최대의 추력을 얻기 위한 최적설계 방법을 도출하고 설계, 제작한다.

## 9.1.3 소요재료 및 공구

표 9.1

| 구분 | 내용 및 규격 |
|---|---|
| 재료 | 원형 실린더 (55Φ, 85Φ), 모터, 에폭시, 글라스판, 송수신기, 변속기, 목재, 선풍기 등 |
| 공구 | 전동 드릴, 드라이버, 커터 칼, 플라이어, 연마지 등 |

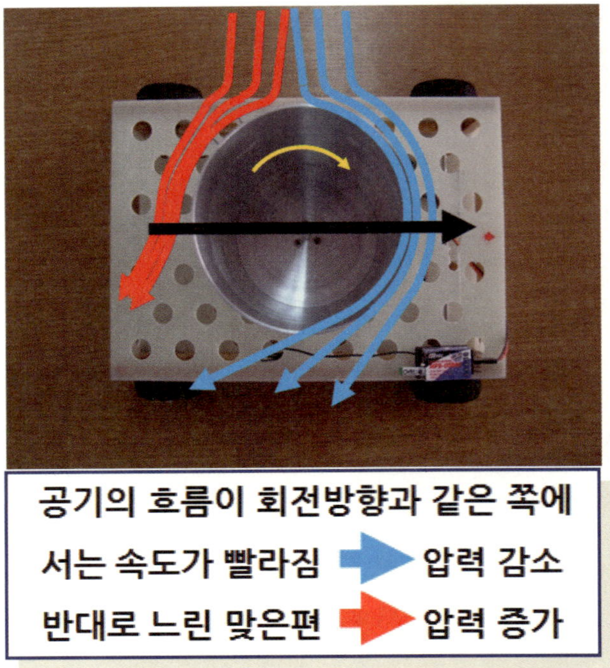


그림 9.1 Magnus 효과

## 9.1.4 아이디어 탐색 1 : 풍력 추진장치의 원리

$$\frac{p}{\rho g}+\frac{1}{2g}v^2+z=const \qquad \text{베르누이방정식}$$

단, ρ, v, p, g, z는 각각 유체의 밀도, 속도, 압력, 중력가속도, 실린더의 위치

베르누이 방정식에 의하면, 실린더 위에서 불어오는 유동의 방향과 실린더의 회전 방향이 같은 쪽에서는 유동의 속도가 빨라져서 압력이 낮아지고 상대적으로 실린더 회전방향과 반대인 곳에서는 유동의 속도가 느려져서 압력이 높아지게 된다. 이로 인해 압력이 높은 곳에서 낮은 곳으로 힘이 발생한다.

## 9.1.5 아이디어 탐색 2: 풍력 추진장치설계시의 고려사항

- 추진 장치의 추진에서 바퀴의 마찰력을 최소화하기 위해 차축과 베어링을 이용한 바퀴를 제작한다.
- 모터의 회전에 따른 진동 감소를 위해 부드럽고 신축성 있는 소재(ex:스폰지)로 된 바퀴를 사용한다.
- 차체의 저항력을 최소화 하기 위해 가볍고 튼튼한 소재를 사용한다.
- 저항력을 줄이기 위해 차체의 형상이나 구조를 유선형으로 제작하거나, 차체에 구멍을 뚫어서 이동시에 공기의 흐름을 유연하게 한다.
- 모터의 회전에 간섭을 주지 않게 실린더의 편심을 정확히 조절한다.
- 모터의 회전수를 조절 하기 위해 변속기, 송수신기와 호환이 되는 모터를 선정한다.

## 9.1.6 풍력 추진장치의 설계

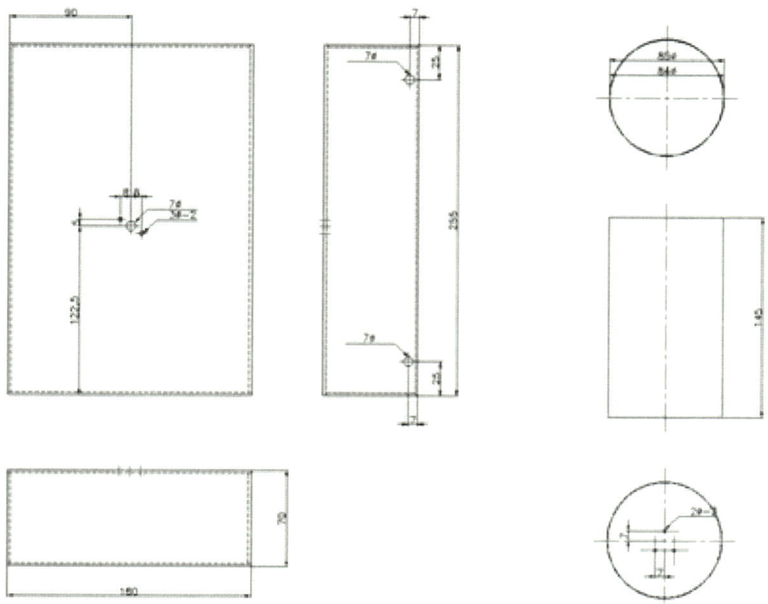

〈2D설계도면〉

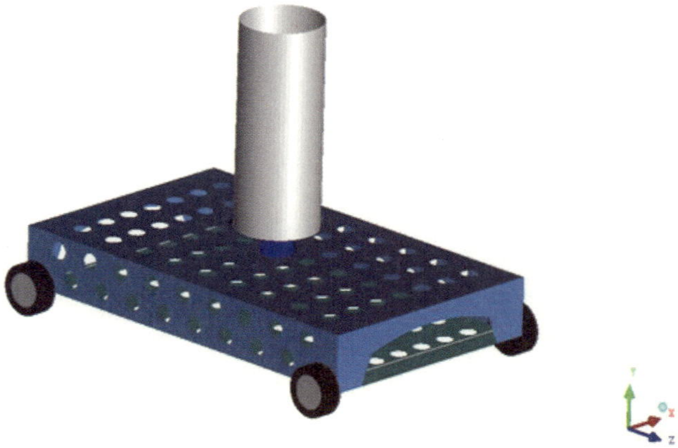


그림 9.2 풍력 추진장치의 설계

## 9.1.7 풍력 추진장치의 제작

### 1. 제작 순서 설명

#### 1) 차체 만들기

에폭시, 글라스판을 이용하여 사각박스형태의 차체모형을 만든다. 차체의 안정성을 높이기 위해 모서리 이음새 안쪽 부분에는 나무 막대를 덧대어 부착함으로 안정성을 높인다. 차체 중량의 감소를 위해 불필요한 부분의 영역을 제거 한다.

에폭시 글라스판의 절단은 실톱을 이용, 구멍뚫기 작업은 전동드릴을 이용한다.

(그림 9.2 참조)

#### 2) 회전 모터 부착

고속으로 회전하는 모터는 차체 상판의 정중앙에 위치하도록 한 뒤 차체와 단단히 결합 시킨다. (그림 9.5)

#### 3) 수신기 및 전기 배선 연결

차체 안쪽 부분에 각 부품을 부착시키기 위해 탈부착 가능한 벨크로테이프(찍찍

이)를 사용한다. 각 배선에 탈착이 쉬운 전용 잭을 부착하여 연결한다. (그림 9.6)

### 4) 회전 실린더 부착

알루미늄 소재로 가공된 실린더는 고속으로 회전하기 때문에 모터의 회전에 방해가 되지 않게 중심을 잘 맞추어 부착한다. 이는 고속으로 회전하는 실린더의 균형이 맞지 않을 경우 심한 진동을 유발한다. (그림 9.7, 그림 9.8)

### 5) 바퀴 부착

차체에 연결된 차축에 바퀴를 부착한다. 바퀴가 원활한 회전을 하기 위해 베어링을 사용하고 특별한 고정 장치를 사용하여 장착한다. (그림 9.9)

### 6) 기타 작업

차체의 모서리 부분에 미관을 좋게하고 안전사고 예방을 위해 연마지를 사용해서 마감 손질을 한다. (완성도: 그림 9.10)

## 2. 제작 순서 그림

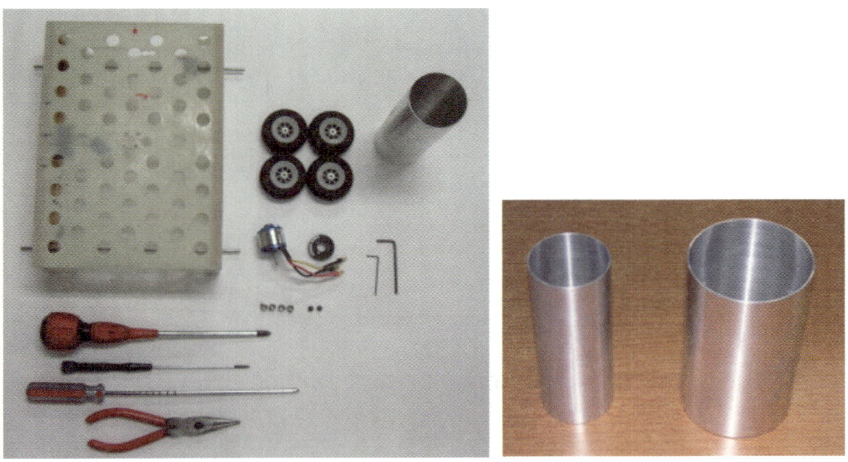

그림 9.3 차체 및 부품

그림 9.4 모터 속도제어용 송수신기

그림 9.5 회전 모터의 부착

그림 9.6 수신기와 변속기의 배선 연결

그림 9.7 회전 모터위 실린더 부착

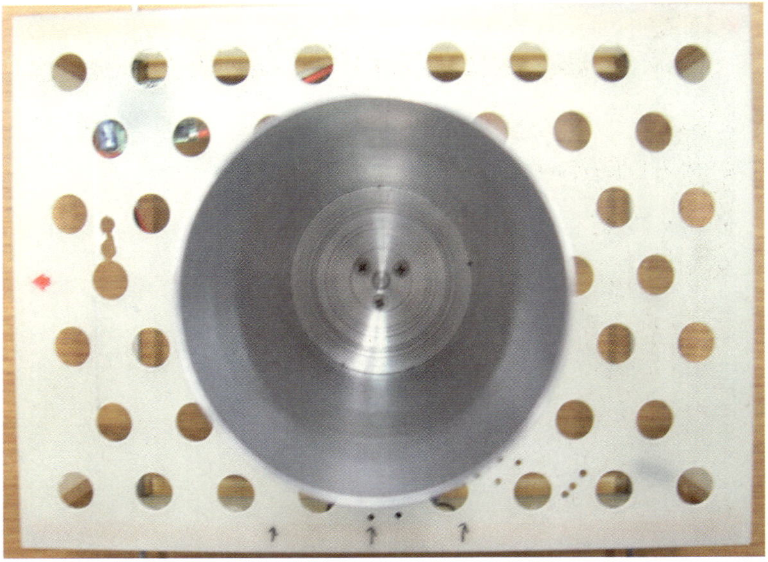

그림 9.8 모터에 실린더 부착 (위에서 본 모습)

그림 9.9 차체에 바퀴 부착

그림 9.10 완성된 모습

## 9.1.8 풍력 추진장치의 테스트

완성된 추진장치를 선풍기(또는 송풍기)를 이용하여 주행 테스트를 한다 (그림 9.11). 우선, 추진장치의 원형 실린더를 회전시킨다. 송신 컨트롤러를 이용하여 적절한 실린더의 회전속도를 맞춘다. 반복 작업을 통하여 적절한 작동 상태를 확인한 후 추진기가 움직이지 않게 손으로 잡고 선풍기를 작동시켜 테스트 준비를 완료한다. 손을 떼어 추진기가 움직인 거리와 시간을 측정하여 속도를 측정 하고, 원형 실린더의 크기를 바꾸어서 같은 방법으로 실험 한다.

## 9.1.9 프로젝트 활동 정리

테스트 결과 같은 크기의 실린더의 경우에는 실린더의 회전 속도가 빠를수록 추진 장치의 속도가 증가함을 보였다. 이는 회전하는 실린더표면에 발생하는 공기 흐

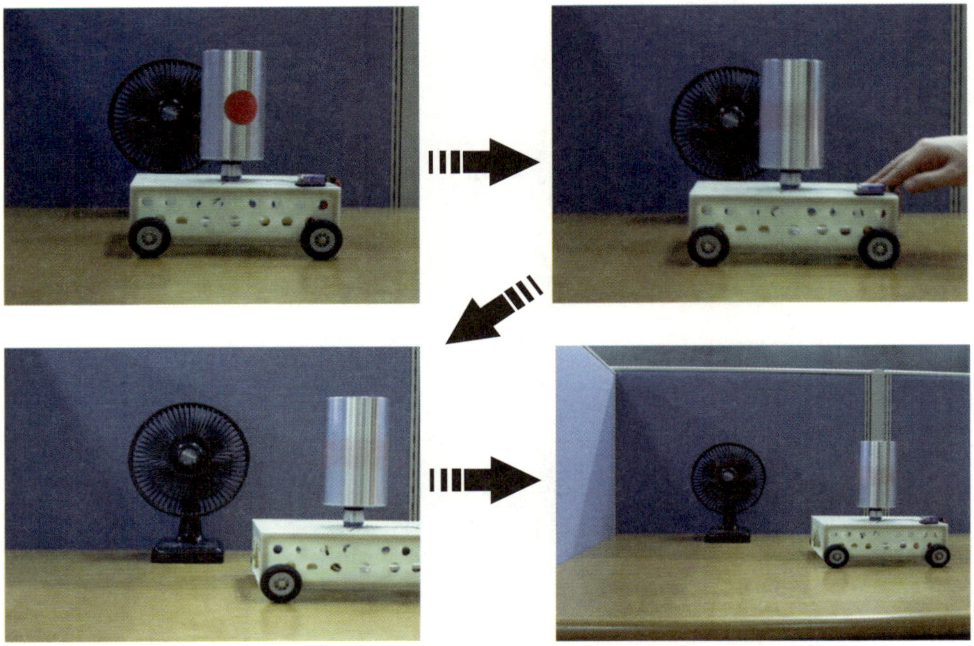

그림 9.11 원형실린더를 이용한 풍력추진장치 테스트〉

름의 속도차가 커지면서 그에 따라 압력차도 커져서 양력이 발생하기 때문이다. 원형실린더의 직경 변화에 따른 추진 속도는 동일한 rpm에서 직경이 커질수록 실린더 주위의 유동 속도가 증가하여 실린더 양단에 발생하는 압력차가 커진다.

## 9.1.10 관련 지식

### 1. Magnus 효과

Magnus효과는 공이나 원기둥이 회전하면서 유체 속을 지나갈 때, 회전방향과 유동방향이 일치하는 쪽으로 힘을 받는 현상으로 1852년에 독일의 화학자 Magnus가 처음 발견하였다. 즉, 베르누이 정리에 따라 회전하는 물체의 표면 속도 방향과 바람의 유속 방향이 일치하는 쪽에서는 유체의 속도가 더욱 빨라지고 압력이 감소하며, 반대쪽에서는 유속이 느려지고 압력이 증가하기 때문에 그림 9.12와 같이 압력에 의한 힘이 화살표방향으로 일어난다.

$$\frac{p}{\rho g} + \frac{1}{2g}v^2 + z = const \quad : \text{베르누이 방정식}$$

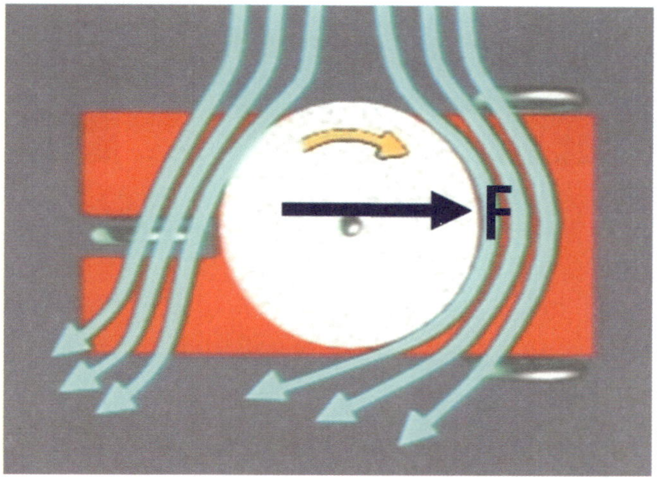


그림 9.12 회전하는 실린더의 Magnus효과

그림 9.13 Magnus효과에 의해 휘어져 날아가는 축구공

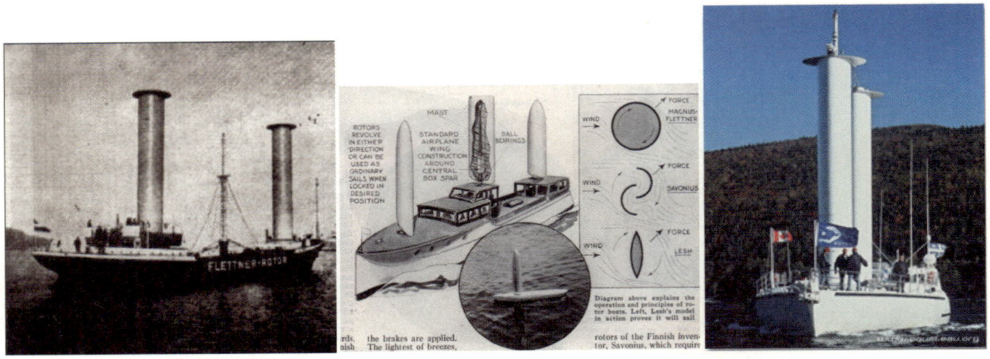


그림 9.14 Flettner rotor 추진선

예를 들면, 그림 9.13과 같이 축구선수가 회전을 걸어 찬 공이[1] 회전을 건 방향으로 볼이 휘게 되는 원리나, 야구에서 투수가 공을 던질 때 회전을 가하여 공의 진로를 컨트롤하는 것도 Magnus효과를 이용한 것이다. 유동중에 실린더를 회전시키면 비행의 날개에서와 같이 실린더에 양력이 발생하게 된다.

Magnus효과를 이용한 추진장치로는 Flettner Rotor 추진선이 있다 (그림 9.14) [2]. 이 추진선은 1924년 독일에서 건조되었으며, 배를 지나는 어떠한 바람에 대하여서도 추력을 발생하는 회전 수직 실린더를 이용하였다. 실제로 보급은 되지 않았으나, 최근 유류 값 등 에너지비용이 급증하고 있는 가운데, 기존 동력선과 달리 자연의 에너지인 바람을 이용하여 추진력을 얻는 Flettner rotor 추진선은 신재생에너지 활용이란 점에서 개발을 서둘러야 할 흥미로운 장치이다.

## 9.2 연필꽂이통 설계

### 9.2.1 과제의 개요

기업의 홍보 기념품으로 사용하기 위한 연필꽂이 통을 제작하려고 한다. 제시된 다음조건들을 고려하여 재료, 색상, 모양과 크기에 대한 최적의 설계조건을 팀 별로 설정하여 제시하시오.

1) **주용도**: 연필꽂이 통
2) **형태**: 정사각기둥형, 직사각기둥형, 원통형, 원뿔과 원통의 조합형이 가능
3) **재료**: 유리, 도자기, 금속주물, 플라스틱 가능
4) **크기**: 높이 5 ~ 12 cm로 제한, 내부체적 100 ~ 700 $cm^3$영역으로 한정
5) **기타**: 다른 용도로의 활용 가능성도 고려

평가는 다음 단계별 항목에 대하여 균일한 배점으로 한다.

1) 아이디어 창출 및 강화
2) 아이디어 평가 및 최적설계
3) 아이디어 실행
4) 전체과정 정리 및 발표
5) 결과 보고서(회의록 포함)

### 9.2.2 문제의 정의

1) **목적**: 기업의 기념품으로 연필꽂이 통을 이용한 홍보에 사용한다.
2) **해결방안**: 가격 5,000원 미만으로 설정하고, 다양한 용도로 활용 가능하도록 설계한다. 또한 회사로고와 회사 영문명을 새겨 넣는다.
3) **목표**: 가격, 실용성, 강도, 모양, 재질, 디자인, 편의성을 함께 고려한다.

### 9.2.3 아이디어 창출

1) K: 개인의 취향에 맞게 연필꽂이 측면에 액자를 삽입하는 방법도 신세대들에게 어필할 수 있다고 생각합니다. 또한 앞뒤에 캐릭터를 삽입하여 어린 층에게 친근감을 줍시다.
2) G: 연필꽂이 본체는 원통형이고 이것이 세로로 3단으로 나눠지는 형태도 추천합니다. 손잡이도 달려있어 머그컵으로도 사용할 수 있는 1석2조의 효과를 나타낼 수 있습니다.

3) R: 좀 더 창의적인 생각을 덧붙여 머그잔으로 쓰일 수 있다 던지, 메모를 꽂을 수 있 거나 화분형태로 만드는 것도 하나의 방법이라고 생각합니다. 원통 연필꽂이 안에 원통을 하나 더 넣어서 식물을 키우는 방식입니다. 또한 필통 아랫부분에 수납공간을 만들어 연필 이외의 용품도 수납할 수 있도록 하면 좋겠습니다.
4) D: 플라스틱 판을 여러 모양으로 제작해 스스로 마음에 드는 모양으로 끼워 맞추는 DIY형 연필꽂이도 추천합니다. 개인의 취향에 맞게 마음대로 변형시킬 수 있는 것 이 특징입니다.
5) L: 조금 다른 측면으로, 연필꽂이를 눕혀서 필통처럼 만드는 것도 하나의 방법입니다. 가격적인 면은 사은품이기 때문에 5000원 이내가 적당합니다.
6) Y: 고무 재질 같은 경우 자칫 잘못하면 떨어지기 쉬운 연필꽂이의 미끄럼 방지 효과도 있다고 보여 집니다. 플라스틱은 모양형성에 유리 하고 가격이 저렴해서 좀 더 선호된다고 생각합니다.
7) J: 연필꽂이 몸통부분에 자석을 부착하여 냉장고 같은 쇠붙이물건에 붙여도 좋을 것 같습니다. 좀 더 효율성을 높이기 위해 정사각형 통에 내부가 나눠지는 분리방식 을 추천합니다.
8) H: 연필꽂이의 다양한 용도의 사용을 위해 저금통으로 만드는 건 어떨까요? J의 의견을 반영하여 나눠지는 부분 중 한 부분만을 저금통으로 한다면 효율적일 것 같습니다.

## 9.2.4 아이디어 평가

### 1. 가중치 설정

- 모 양: 15
- 재 질: 25
- 강 도: 60
- 체 적: 80
- 가 격: 100
- 기능성: 75
- 디자인: 30

## 2. 등급 설정

- 10 = Excellent
- 8 = Good
- 6 = Satisfactory
- 4 = Mediocre
- 2 = Unacceptable
- 0 = Failure

## 3. 평가표 작성

표 9.2

| Goal | 가격 | 체적 | 기능성 | 강도 | 디자인 | 재질 | 모양 | Total |
|---|---|---|---|---|---|---|---|---|
| 가중치계획 | 100 | 80 | 75 | 60 | 30 | 25 | 15 | |
| 화분형 | 3/300 | 8/640 | 5/375 | 6/360 | 9/270 | 8/200 | 5/75 | 2220 |
| 돼지형 | 4/400 | 9/720 | 9/675 | 8/480 | 10/300 | 7/175 | 5/75 | 2825 |
| 퍼즐형 | 10/1000 | 6/480 | 10/750 | 7/420 | 8/240 | 7/175 | 5/75 | 3137 |
| 원통형 | 9/900 | 7/560 | 7/525 | 10/600 | 5/150 | 7/175 | 5/75 | 2980 |
| 서랍형 | 9/900 | 5/400 | 8/600 | 3/180 | 3/90 | 7/175 | 5/75 | 2420 |

# 9.2.5 아이디어 실행

브레인스토밍 했던 조원들의 여러가지 의견을 다시 한번 살펴보면서 어떤 것이 더 효율적인가에 대해 자세히 토론하였다. 또한 SCAMPER 결과에서 항목별 목표에 맞는 안들을 살펴보고 장단점들이 구체적으로 제품에 어떠한 작용을 할 것인가에 대해 토론하여 그림 9.15에서 활용예를 보인 것과 같이 다음의 특성을 갖는 최종 결정안을 얻었다.

## 설계 : 퍼즐형 연필꽂이

- **가 격** : 1200원
- **체 적** : 기본 576㎤ (최대 1152㎤)
- **기능성** : 삼각형 모양의 4가지 통을 뒤집어 마음대로 맞출 수 있기 때문에, 내부 체적을 대한으로 활용가능.
- **재 질** : 플라스틱
- **디자인** : 다양한 모양으로 변형, 연출 가능. 내부 4가지 통 중에 하나의 통을 뒤집어 저금통으로 만듦.
- **모 양** : 삼각형 모양의 4가지 통으로 구성.
- **기 타** : 마크추가, 필름 활용해 액자기능 추가, 바닥에 고무재질을 이용한 미끄럼방지.

## 사례인용

화공기초설계, 2008년 1학기 제2과제, 우수평가 결과(이은주 외 6인 팀) 편집

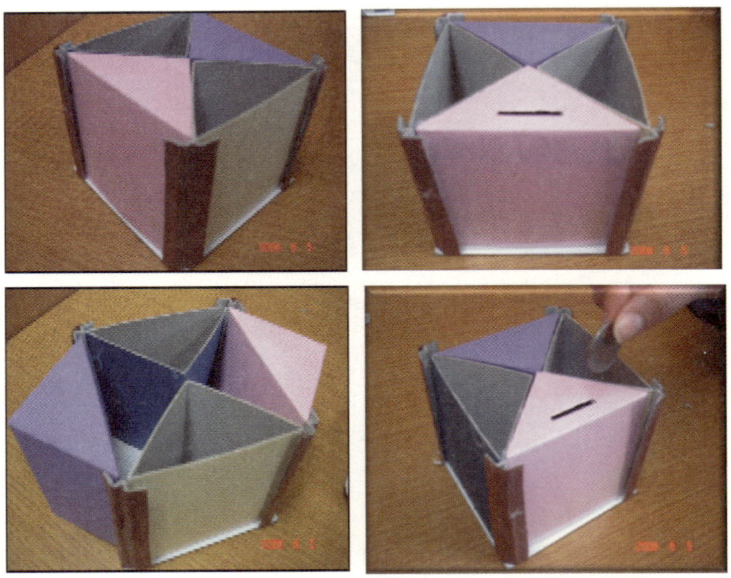

그림 9.15

# 9.3 기능성 분필의 설계

## 9.3.1 과제의 개요

현재 강의용으로 사용하고 있는 분필은 인체에 유해한 환경상의 문제점이 대두되고 있다. 이를 대처하기 위하여 환경상의 문제점을 개선한 기능성 분필을 제작하려고 한다. 다음에 제시된 회의 내용들을 고려하여 인체환경에 가장 적합한 기능성 분필의 제조에 대한 최적의 설계조건을 팀 별로 설정하여 제시하시오.

## 9.3.2 문제의 정의

- 목적의 명료화
- 사용자의 요구사항 설정
- 제약식 확인
- 기능 설정을 중점으로 ○○년 4월 2일 수요일-○○년 5월 9일 월요일 까지 논의한 회의 주제 및 회의 내용은 다음과 표와 같다. 이러한 계획아래 주제 설정을 기능성분필 설계 조건을 선정하였다.

표 9.3

| 연월일(요일) | 회의주제 | 회의 내용 | 계획 |
|---|---|---|---|
| ○○년 4월 2일 수요일 | 목적의 명료화 (주제 설정) | 코팅제를 사용하여 손에도 묻지 않는 기능성분필 설계 선정 | 수요자에 따른 하나의 주제 선정하기 |
| ○○년 4월 11일 금요일 | 사용자 요구사항설정 (인체 무해) | 칠판에 편하게 쓰는 점 빼고는 인체에 여러 가지 안 좋은 영향을 끼침 | 분필의 원료, 특징 조사 |
| ○○년 4월 16일 수요일 | 제약식 확인 (제법 및 특성) | 분필의 제조법, 특징, 원료 등을 조사 | 분필의 공장규모 조사 |
| ○○년 4월 22일 화요일 | 분필의 공장 | 현재 대부분의 분필공장은 규모가 그리 크지 않는 소규모의 공장이 대부분임 | 제약조건 등의 확인 |
| ○○년 4월 28일 월요일 | 기능 설정 (색깔 있는 분필) | 좀 더 다양한 색의 분필을 만들고자 색을 넣는 공정법 조사 | 색깔 있는 분필에 대한 조사 |
| ○○년 5월 9일 월요일 | 인체에 주는 영향 | 인체 무해한 기능성을 활용한 분필에 대한 조사 | 인체에 미치는 영향 |

## 9.3.3 개념설계

### 1. 설계명세 설정

- 손에 묻지않는 분필
- 가루가 발생되지 않는 분필
- 해롭지 않는 분필가루
- 몸에 이로운 분필

### 2. 대안생성

- 아이디어 도출과정 ; 선정된 아이디어
- 도출과정 ; 우리와 직접 관련된 아이디어, 분필의 단점들을 고려, 기능성 분필이라는 아이디어 도출
- 기능성분필 설계 ; 기능성분필 제조

## 9.3.4 예비설계

### 1. 기능성 분필의 원료의 특성

기능성 건강분필의 주성분인 Kaolinite은 비석이라고도 하며, 알칼리 및 알칼리토 금속의 산알루미늄 수화물인 광물을 총칭하는 말로 색깔은 무색투명하거나 백색 반투명하다. 또한 Zeolite는 고령석이라고도 하며, 결정은 미세한 육각형이고, 백색 또는 회백색담황색이며 물로 축이면 강한 점토 냄새가 나는 물질이다.

기능성 분필에 사용된 Kaolinite는 지구상에서 가장 풍부한 미네랄로써 의약품에 이용되는데 그 기능을 살펴보면 소화기에서 수분을 흡수, 설사를 줄이고 세균이나 유독물질을 흡착 소멸시킨다.

또한 호남 농업연구소에서 벼의 수량증가와 중금속 농도를 대폭 경감시켜 안전 농산물생산에도 기여하고 있다. 그리고 Zeolite는 악취제거, 중금속 흡착, 정수처리, 폐수처리 등의 환경정화용으로 사용되며, 사료, 토양 개량, 가스흡착 기타식품 첨가제로도 이용되고 있다. 한편으로는 연수기에 이용하여 금속이온 물질을 잡아들여 탁한 물을 단물로 바꾼다.

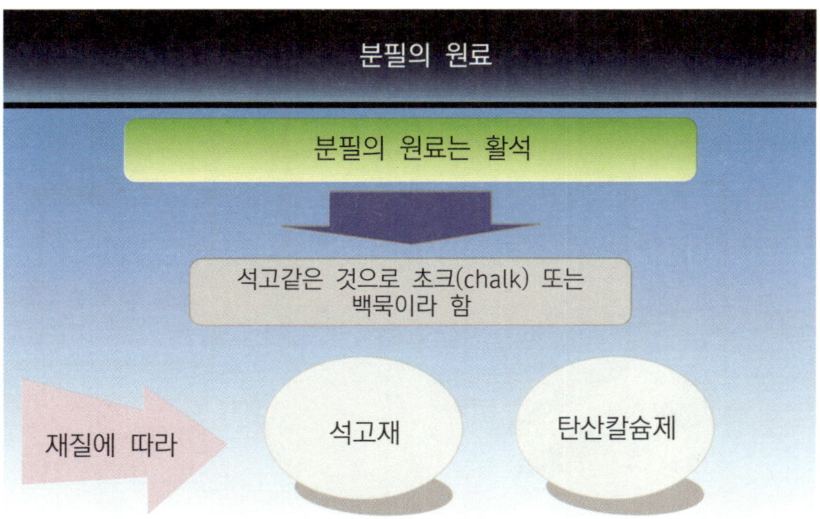

## 2. 설계모형화 및 분석

### 1) 분필의 제조법

분필의 원료는 석고 같은 것으로 초크(chalk)또는 백묵이라고 하며 주로 칠판에 사용하는 필기용구이다. 재질에 따라 석고제, 탄산칼슘제를 사용하는데 활석을 분필의 원료로 사용하여 설계한다.

### 2) 일반적인 분필의 제조공정

원료인 탄산칼슘, 카올리나이트 및 벤토나이트를 혼합기에 넣고 물을 주입하면서 가하여 반죽기에서 반죽을 만든다. 이후 이를 압출성형하고 건조기에 넣어 건조시켜 제품을 완성하고 포장한다.

### 3) 분필이 좋지 않은 경우(단점)

분필이 좋지 않은 단점을 고려하여 설계시 적용하는데 그 실 예를 보면 피부에 묻었을 때나 냄새를 맡았을 때 그리고  눈에 묻었을 때와 폐병이나 비염 등을 앓고 있는 사람에게는 아주 좋지 않다.

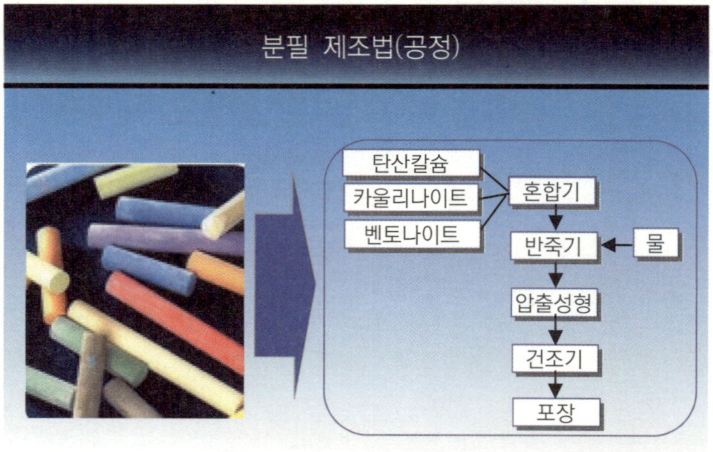

## 9.3.5 상세설계

### 1. 설계시험 및 평가

설계 제품의 프로세스로서 기능성분필의 제조공정은 기존의 공정과 유사하지만 약간의 상이한 공정이 기존과 다르다. 즉 원료인 탄산칼슘, 카올리나이트와 향료를 혼합기에 넣고 물을 주입하여 가하고 반죽공정에서 반죽을 만든다. 이후 이를 압출 성형하고 기존 공정과 다르게 기능성제를 사용한 다음 건조공정에서 건조시켜 제품을 완성하고 포장한다. 이후 일반제품과 기능성 분필의 물리적 특성을 시험하고 그 기능성을 비교 분석하고 평가한다.

### 2. 최적화

인체에 무해한 광물질로 구성된 설계 제품을 기능성 원료에 함유된 성능을 살려서 기능성 분필제품을 사용할 때는 손에 묻지 않고 가루가 날리는 정도도 최소가 되어서 깔끔하고 깨끗한 교육환경을 만들 수 있도록 최적화한다. 최적화 요건으로서 건조과정에서의 표면 상태나 분필입도 크기, 부유 상태 등을 들 수 있으며 이와 같은 여러 가지 조건 설정을 최적화하여 설계함으로서 학생과 선생님 모두가 건강에 좋은 제품을 제공한다.

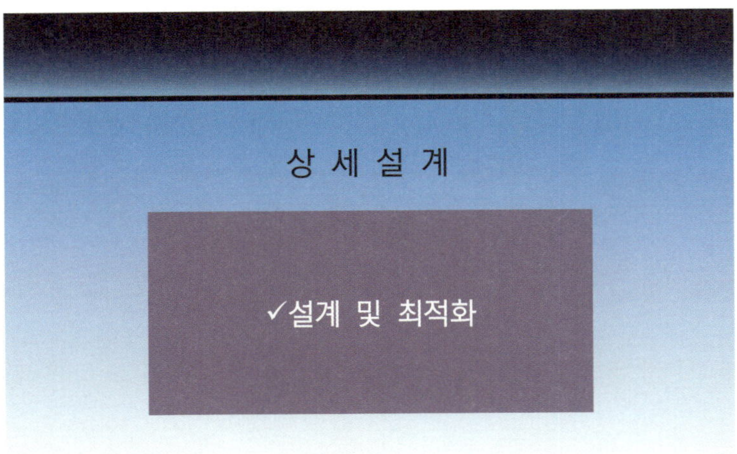

## 9.3.6 의사소통(설계기록)

1. 교육환경의 변화를 위한 기능성 분필은 순수한 자연의 성분으로 만든 생체친화형 기능성분필.
2. 기능성 분필 사용함으로서 자연친화적인 교실 형성.
3. 자연친화적인 기능성분필은 인체에 가장 무해한 분필.

### 사례인용

유기공업 화학설계, 2008년 1학기 과제 제5조, 우수평가 결과(정현민 외 4인 팀) 편집

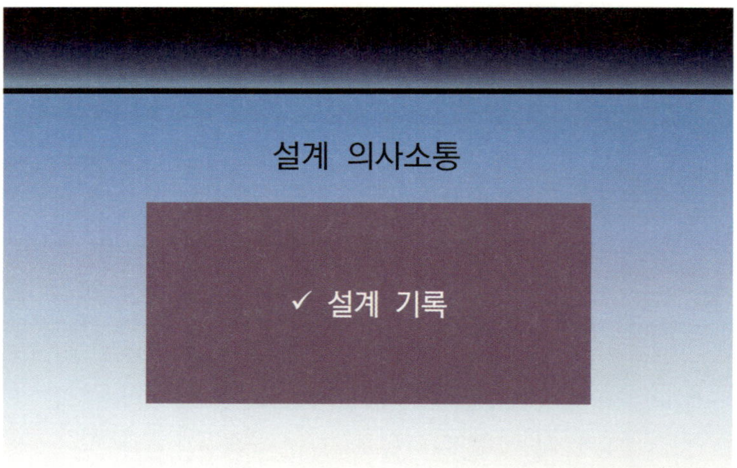

# 9.4 Lego Mindstorm NXT를 이용한 청소로봇

## 9.4.1 과제의 개요

지능형 가정용 서비스 로봇은 우리가 생활하는 공간 내에서 힘들고 어려운 일을 대신하거나 도와줄 수 있는 로봇으로 청소로봇, 경비로봇, 가정관리로봇, 애완동물 관리로봇 등이 개발되고 있다. 이중에서 현재 가장 널리 활용되는 분야는 사람을 대신하여 집안 청소를 책임지는 청소로봇이다.

청소로봇의 핵심 요소는 다음과 같다.

- 청소 성능
- 장애물 회피 능력: 위험물이나 낭떠러지의 인식 등
- 편의 기능: 배터리 자동충전, 예약 기능, 등

청소로봇에서의 가장 중요한 점은 청소의 성능이며 이는 청소의 경로를 어떻게 선정하느냐에 달려있다. 초기의 청소로봇은 방의 벽을 따라가면서 청소를 하기도 하였다. 청소로봇의 청소 방식은 랜덤(random) 방식과 매핑(mapping) 방식으로 분류할 수 있다. 랜덤 방식은 청소할 구역의 지도를 작성하지 않고 무작위로 청소하는 방식이다. 반면 매핑 방식은 지도를 작성하여 청소를 하지 않는 공간이 생기지 않도록 한다.

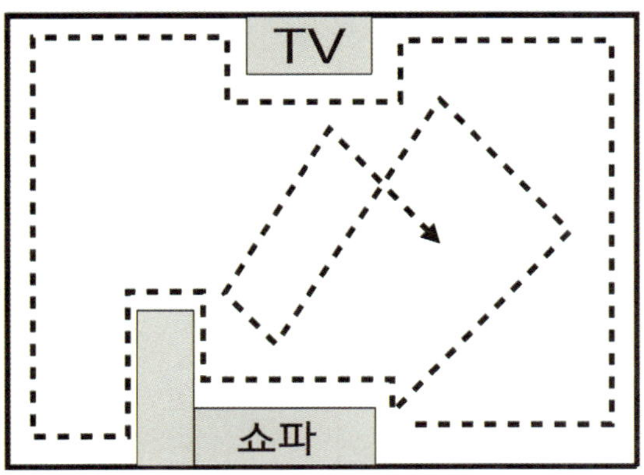


그림 9.16 랜덤방식의 경로 알고리즘

랜덤 청소 알고리즘은 〈그림 9.16〉과 같이 우선적으로 공간의 사이즈를 측정하기 위해 벽면을 따라가면서 벽면 외곽을 1회전한 후에 일정 각도를 가지고 장애물을 만날 때까지 진행하다가 장애물을 만나면 다시 일정 각도로 회전 후, 다시 진행하는 형태로 청소한다. 이러한 랜덤 방식은 청소되지 않는 영역의 발생한다.

방의 구조가 복잡한 한국의 집안 구조를 위해서는 뛰어난 성능의 알고리즘이 필요하다. 본 과제에서는 Lego Mindstorm NXT를 이용하여 청소로봇을 직접 만들어 보고 적절한 경로 알고리즘을 개발한다.

## 9.4.2 Lego Mindstorm NXT

조립형 블록 장난감을 생산하는 레고사에서는 1998년 12세 이상을 대상으로 하는 로봇 제품인 마인드스톰 RCX를 출시하였고, 2006년 개선된 버전인 NXT를 발표하였다. 마인드스톰이 레고의 다른 제품들과 다른 점은 사용자가 조립한 블록을 프로그래밍을 통하여 직접 제어할 수 있다는 점이다. 이를 위하여 마인드스톰에는 소형 컴퓨터를 내장하고 있으며, 각종 센서와 모터를 연결할 수 있다.

마인드스톰의 두뇌에 해당하는 NXT는 프로세서로 32-Bit AT91SAM7S256를 내장하고 있으며, 〈그림 9.17〉에서 보는 바와 같이 4개의 입력단자와 3개의 출력단자, 액정 디스플레이 등으로 이루어져 있다.

그림 9.17 Lego Mindstorm NXT

A, B, C라는 이름이 붙어 있는 출력단자에는 주로 모터가 연결되며, 램프도 연결 가능하다. 1, 2, 3, 4이라는 이름이 붙어 있는 입력단자에는 다양한 종류의 센서가 연결돼 주위 환경에 반응하는 로봇을 만들 수 있다. 센서의 종류로는 빛의 세기를 감지하는 빛 센서, 누름 스위치와 같은 기능을 할 수 있는 접촉 센서, 회전의 양을 측정하는 회전 센서, 온도를 감지하는 온도 센서 등이 있다. PC와의 통신을 위하여 USB 2.0 포트가 있어, 프로그램을 다운로드 받거나 메시지를 교환할 수 있다.

레고 마인드스톰으로 로봇을 제작하는 단계는 첫째, 로봇의 동작을 구상하고 형태와 구조를 설계한 다음, 둘째, 블록을 이용하여 로봇을 조립하고, 셋째, 로봇의 동작을 제어하는 프로그램을 PC에서 작성하여 NXT로 다운로드 하여, 넷째, 로봇을 실제로 동작시키는 단계로 이루어진다.

마인드스톰과 함께 제공되는 NXT-G는 비주얼 프로그래밍 환경으로 어린이들이나 프로그래밍에 익숙하지 않은 사람도 쉽게 사용할 수 있도록 모든 구문을 블록의 모양으로 만들었다. 프로그래밍은 〈그림 9.18〉에서 보는 바와 같이 레고 블록을 끼워 맞추듯이 NXT-G에서 구문 블록을 끼워 맞추면 된다. NXT-G는 다양한 구문과 제어 구조를 제공하고 있기는 하지만, 프로그램의 길이가 길어지면 가독성에 문제가 있다.

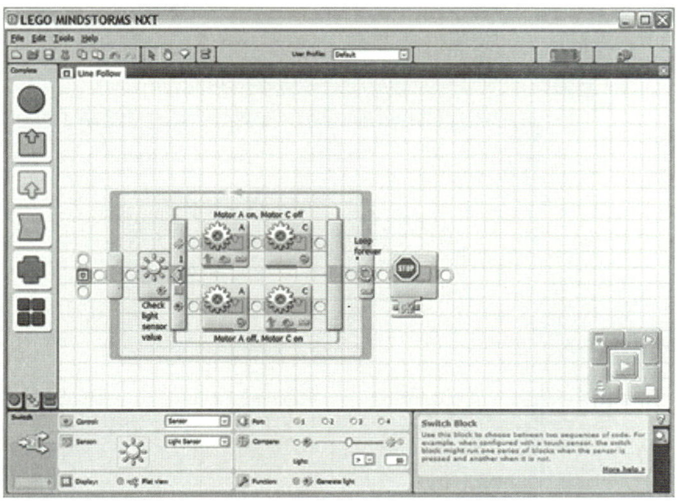


그림 9.18 NXT-G 프로그래밍 인터페이스

또한 프로그래밍을 위하여 NXC(Not eXactly C)라는 C언어와 비슷한 NXT를 위한 프로그래밍 도구가 개발되어 있어 공짜로 구할 수 있다. 이는 C언어와 유사하게 만들어져, C언어에 익숙한 사람에게는 편리한 도구가 된다.

### 9.4.3 문제의 경우

본 프로젝트의 목표는 경기장 안의 먼지(쓰레기)를 모두 밖으로 밀어내는 청소로봇을 제작하는 것이다. 경기장의 모양은 그림 9.19와 같다.

청소로봇이 움직이는 규칙은 다음과 같다.

- 출입구 기둥 사이에서 출발
- 청소 실시 (3분 이내)
- 출입구 기둥 사이에서 정지

이와 같은 규칙에 따라 청소의 성능을 다음과 같은 방식으로 산출한다.

- 기본 100점
- 3분 안에 돌아오지 못하면 100점 감점
- 청소 후 남아 있는 먼지의 수 x 1점 감점

그림 9.19 청소로봇 경기장

프로젝트의 진행에 맞추어서 다음의 보고서를 제출하여야 한다.

- 프로젝트 계획서: 팀원임무규정(서명), 프로젝트 일정계획(Gantt chart)
- 프로젝트 중간보고서: 보고서(진행 경과, 드러난 문제점 및 해결방안), 회의록(1부 이상), 팀원 공헌도 상대평가(개인별 작성)
- 프로젝트 최종 보고서: 보고서(동작 설명, 프로그램 및 설명, 문제점 및 해결 방안), 발표자료(ppt), 회의록(1부 이상), 팀원 공헌도 상대평가(개인별 작성)

### 9.4.4 과제의 평가

팀원 공헌도 상대평가는 개인별로 작성하는데, 각 구성원들의 팀 공헌도를 평가하여 점수를 부여한다. 평점은 5점(매우우수), 4(우수), 3(보통), 2(미흡), 1(부족), 0(불량)으로 평가한다. 평가 항목은 다음과 같다.

A. 공헌도: 각 멤버의 전반적 팀 임무에 대한 공헌도

B. 팀웍의 양: 참여도, 책임감, 팀 회의의 출석률, 회의 준비

C. 참여 태도: 열성적, 성실함, 무관심, 교만함, 비협조적, 게으름 등으로 평가

D. 창의력: 제안, 의견, 아이디어 등의 질과 가치

이에 따라 다음의 표와 같이 작성한다.

표 9.4 팀원 공헌도 상대평가 용지

| 팀원 이름 (작성자 포함) | A (공헌도) | B (팀웍) | C (태도) | D (창의력) | 합계 |
|---|---|---|---|---|---|
| | 0.4 | 0.2 | 0.2 | 0.2 | |
| | | | | | |
| | | | | | |
| | | | | | |
| | | | | | |
| 계 | | | | | |

표 9.5 팀원 공헌도 상대평가 작성예시

| 팀원 이름 (작성자 포함) | A (공헌도) | B (팀웍) | C (태도) | D (창의력) | 합계 |
|---|---|---|---|---|---|
| | 0.4 | 0.2 | 0.2 | 0.2 | |
| 홍길동 | 2 | 5 | 4 | 4 | 3.4<br>(0.4x2 + 0.2x5 + 0.2x4 + 0.2x4) |
| 홍길서 | 5 | 5 | 1 | 3 | 3.8<br>(0.4x5 + 0.2x5 + 0.2x1 + 0.2x3) |
| 홍길남 | 4 | 2 | 5 | 2 | 3.4<br>(0.4x4 + 0.2x2 + 0.2x5 + 0.2x2) |
| 홍길북 | 1 | 2 | 2 | 2 | 1.6<br>(0.4x1 + 0.2x2 + 0.2x2 + 0.2x2) |
| 계 | 12 | 14 | 12 | 11 | |

## 9.5 계란 낙하

### 1 문제 정의

계란을 7층 건물에서 떨어뜨렸을 대 계란이 깨지지 않는 구조물을 설계하라.

### 2. 조건

1) 구조물의 무게는 계란의 무계(55 g)을 넘어서는 안 된다. 즉, 계란과 구조물이 무게합은 110 g 이내여야 한다. 초과 시 감점이 있다.
2) 계란을 테이프나 끈으로 감싸서 계란의 표면 강도를 높이는 행위는 안 된다.
3) 사용재료 : 종이, 가늘고 긴 막대형 재료, 풀, 고무줄 접착테이프
4) 포장재료(스치로폼, 기성완충재 등)를 사용해서는 안 된다.

### 3. 테스트

1) 학생들은 실험 보고서를 제출한다.
   - 문제정의, 브레인스토밍, 평가, 판단의 과정을 포함한다.
   - 구조물의 구조를 보여 주는 스케치를 포함한다.

- 재료 리스트와 비용 명세서 포함한다.
- 구조물 제작 과정 설명한다.

2) 낙하실험에서 계란이 깨지지 않으면 합격, 깨지면 불합격
3) 낙하시간이 짧을수록 높은 점수를 부여한다.
4) 낙하지점이 목표 지점에서 반지름 2 m 이내에 들어야 한다.

### 4. 실험 순서

1) 팀별로 교실에서 구조물의 원리를 발표한다.
2) 강사는 계란과 구조물의 무게를 저울로 재어서 표에 기록한다.
3) 실험장소로 이동한다.
4) 낙하지점에 분필로 반지름 2 m의 원을 그린다.
5) 스톱워치로 낙하시간을 측정한다.
6) 계란 파괴 여부를 확인한다.

# 9.6 모형 탱크

## 9.6.1 목적

지금까지 배워온 여러 방법들을 실제로 적용하여 실제 포탄을 발사하는 탱크를 제작하면서 제작에 관한 전반적인 사항을 고찰하여 중요사항의 필요성 체감

## 9.6.2 주어진 조건

1. 탱크의 크기가 사물함 안에  들어갈 수 있어야 한다.(사물함 사이즈는 20 cm × 25 cm × 30 cm 각 가로, 높이, 깊이)

2. 탱크는 다양한 위치에 포진된 Target을 맞출 수 있어야 한다.
   - 포신의 상하 좌우 이동 할 때 직접적인 손사용은 금지한다.
3. 탱크는 반드시 바퀴가 달려 움직여야 한다.
4. 탱크 발사 장치는 자동으로 작동되어야 한다.
5. 발사 시 화약이나 어떤 종류의 폭발을 이용해서는 안된다.
6. 각 팀 탱크의의 제작비는 12만원 이내이어야 한다.
7. 탱크 제작에 사용하는 재료는 나무나 플라스틱(아크릴판)이어야 하며 포탄 재료는 나무이어야 하며 직경은 2.5 cm, 길이는 4 cm로 한다.

## 9.6.3 수행과정

- 이론 조사 및 개념 및 디자인 설계(문제점 파악, 구조 및 부품 배치 등)
- 사격장치의 기계적 메카니즘 구성 및 형태 디자인
- 탱크 바디(body) 및 부품 제작
- 포의 사격장치 및 포신 회전장치, 상하운동장치 제작
- 모든 부품의 조립 및 시험
- 시연

## 9.6.4 모형 탱크 성능에 대한 평가.

만들어진 탱크의 성능 평가는 각 팀의 대결 방식에 의한 평가.

- 예선전은 8팀이 일정 거리에서 일정 수의 포탄을 과녁에 맞추는 점수제로 하여 점수 순으로 4팀을 고른 후 4강부터는 토너먼트(1위-4위, 2위-3위)로 최종 우승팀 선정
- 예선전은 3분 동안 10개의 포탄을 그림과 같은 방법으로 각 3개의 과녁을 순서대로 맞추어야 한다.(과녁에 맞추지 못하면 맞출 때까지 쏴 맞추어야만 다음 과녁을 맞출 수 있다.)

각 과녁의 점수는 그림과 같이 1번 과녁부터 3번 과녁까지 거리에 따라 점수 부여를 달리한다.

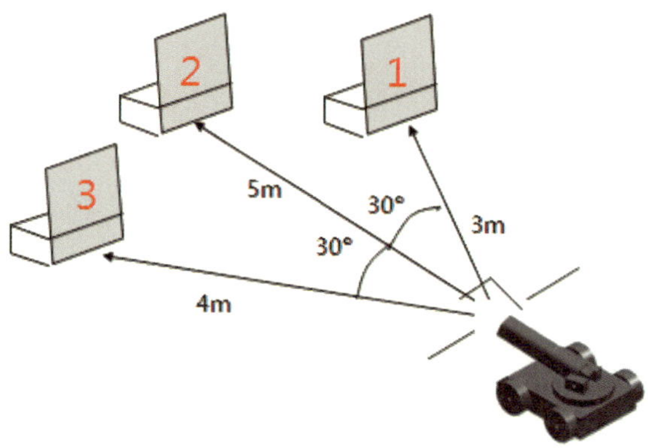


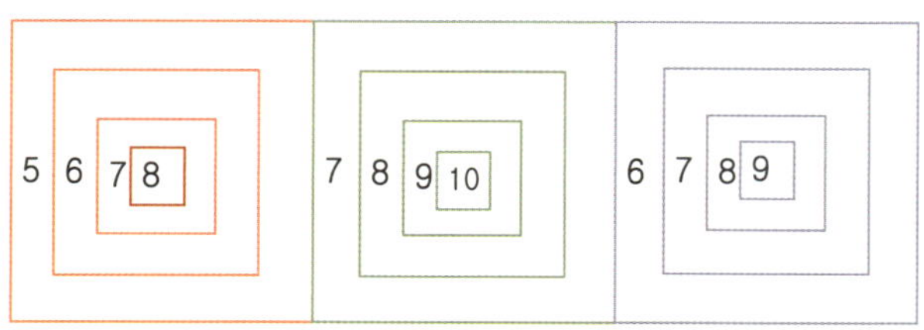


1번 과녁 2번 과녁 3번 과녁

### 9.6.5 모형탱크 제작 및 설계에 대한 전반적인 평가

1. 주제 설계를 위한 초기 조사 내용 및 설계 과정에 대한 설명을 파워포인트 자료로 작성, 발표.
2. 설계된 과제물의 과학적 합리성
   1) 상하좌우의 기계적 메커니즘 적용
   2) 자동화된 작동
3. 과제물의 디자인
   1) 창의적인 디자인
   2) 견고한 구조

## 9.7 화학전지 및 태양전지 모형자동차

### 9.7.1 주제 및 목표

주제; 화학 전지 및 태양전지를 이용한 하이브리드 모형자동차 만들기

최종 목표; 화학 전지 및 태양전지를 이용, 창의적 개념 설계와 주어진 거리를 가장 빠르게 달리는 모형자동차 제작

### 9.7.2 제한 요소

1. 주어진 시간은 6주간 매주 2시간씩 총 12시간(수업 시간),
2. 주어진 공간은 강의하는 설계실
3. 주어진 재료; 강의 시간에 배부한 재료
4. 기자재; 강의 설계실 내 기자재(최종 제품 제작 시 밀링, 선반, 띠톱, 절곡기, 드릴 5가지는 반드시 사용해야 함.)
5. 기타; 창의공학설계실 내 공구 및 도구

### 9.7.3 설계 작품제작 시 주요 point

1. 화학전지의 원리
2. 전극 금속판 선정 및 전해질 용액 선정
3. 모터의 추진력(회전력)에 필요한 전기적 검토
4. 전극 연결 전해질 적정 농도 테스트 방법 선정
5. 태양전지의 원리 및 태양전지 모듈의 전기적 검토
6. 각 부품의 배치(특히 구동장치)
7. 구동 장치의 구성비 선정
8. 평가를 위한 모형자동차의 창의적 디자인, 완성도, 내구성, 심미성

### 9.7.4 수행과정

1. 이론 조사 및 개념 및 디자인 설계(문제점 파악, 구조 및 부품 배치 등)
2. 화학전지의 구성 및 형태 디자인
3. 바디(body) 및 부품 제작
4. 화학 전지의 제작
5. 모든 부품의 조립 및 시험
6. 시연

### 9.7.5 모형자동차 제작

#### 1. 우선 설계도면을 자세히 도식화하여 종이로 제작

그러나 이 때 주의할 점은 설계도면을 가지고 종이로 만든 모형은 실제 제작 시에는 전지구조체(화학전지+솔라모듈)의 위치, 모터와 폴리간의 연결거리 등에 따라 모형자동차의 변형이 생길 수도 있으며 자동차의 차체 변화가 작업진행 도중에 발생하면, 재작업을 할 수도 있음을 염두에 두어야 한다.

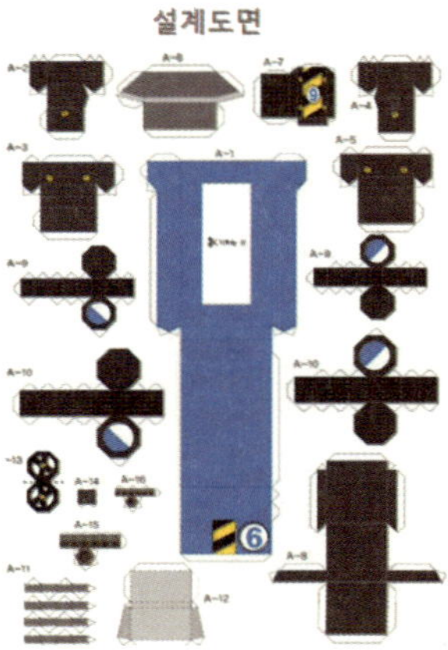


종이로 제작 →

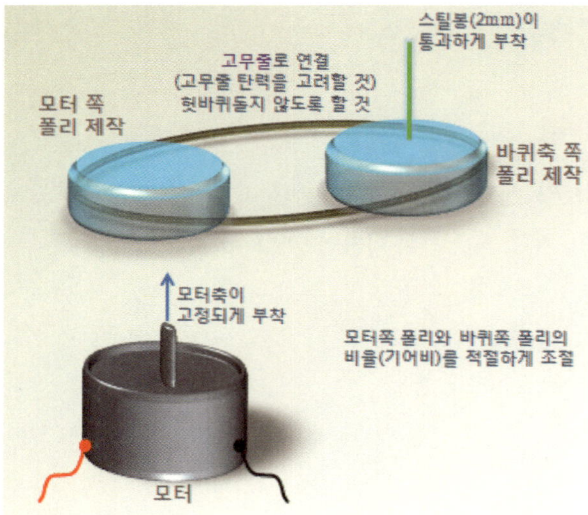


## 2.동력장치 제작

풀리를 만들어 고무줄을 연결해 동력장치를 만든 후 한 개의 풀리를 모터축에 고정한다.

## 3. 전지 제작 및 연결

연료통을 두 개로 나눈 후 그 사이를 이온막으로 분리하여 나눈 후 분리된 각 부분에 들어갈 전해질과 전극판을 결정해 각 전해질 속에 전선을 연결한 두 개의 전극판을 넣어 화학전지를 만든다.

## 4. 차체 제작

최종 설계 도면에 따라 각 부품을 선반 및 밀링 등 기자재를 사용해 만든다.

## 5. 동력 전달 장치 연결

그림과 같이 전선을 이용해 솔라 모듈과 화학전지를 모터에 연결하고 5핀 스위치를 사용, 동력을 전달하도록 한다.

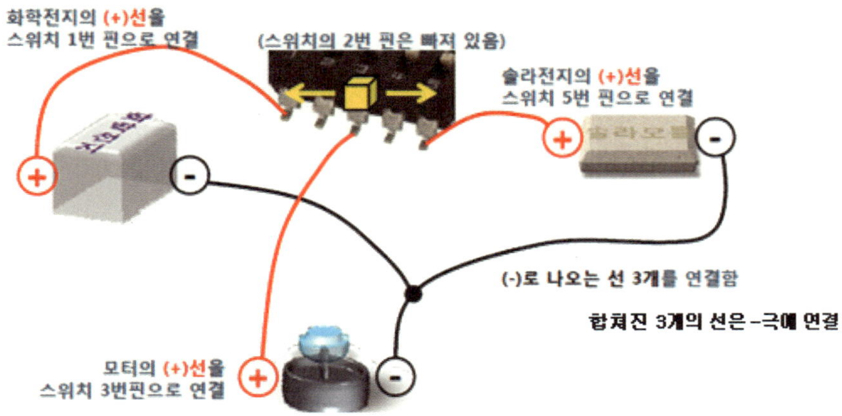


## 6. 모든 부품 조립

완성된 차체의 부품, 화학전지 및 태양전지 모듈, 동력장치 등을 최종 설계도에 맞춰 조립한다.

## 9.7.6 모형 자동차 성능에 대한 평가.

만들어진 자동차의 성능 평가는 각 팀의 대결 방식에 의한 평가.

- 8팀이 일렬로 늘어서서 정해진 거리(10m)를 왕복하여 가장 먼저 들어온 팀을 우승으로 한다. 또는 왕복하지 않고 정해진 거리(20m)를 한 방향으로 질주하여 가장 먼저 들어온 팀을 우승으로 한다.

## 9.7.7 모형자동차 제작 및 설계에 대한 전반적인 평가

1. 주제 설계를 위한 초기 조사 내용과 설계 전 과정에 대한 설명을 파워포인트 자료로 작성, 발표.
2. 주제 설계를 위한 주별 제작 과정을 포함한 모든 내용을 작성한 설계노트
3. 설계된 과제물의 과학적 합리성
   1) 전반 적인 동력장치의 합리적인 기계적 메커니즘 적용
   2) 모든 부품의 물리적으로 안정된 배치
   3) 모터의 올바른 작동
4. 과제물의 디자인
   1) 창의적인 디자인, 완성도, 내구성, 심미성

# 참고문헌

1. Don Clausing and Victor Fey, Effective Innovation, ASME Press, 2004
2. Fisher, A., Rules for Joining the Cult of Perfectability, Fortune, Feb. 7, 2000.
3. G.S. Altshuller(Translated by Anthony Williams), Creativity as an Exact Science, Gordon and Breach Science Publishers Inc.,1984 : 창의성은 과학이다(박성균 역, GS인터비젼, 2010. 9)
4. Harry, M. and Schroeder, R., Six Sigma, Doubleday, New York, 2000.
5. Harry, M., A New Definition Aims to Connect Quality with Financial Performance, Quality Progress, January, 2000.
6. Ideation Methodology: Course Notes, Ideation International Inc., Southfield, MI, 1997.
7. Iouri Belski, Improve Your Thinking : Substance-Field Analysis, TRIZ4U, 2007
8. Kai Yang, Design for Six Sigma, A Roadmap for Product Development, McGraw-Hill, 2003
9. Osborne, A., Applied Imagination, Charles Scribner Sons, 1953.
10. Pande, P.S., Neuman, R.P. and Cavanagh, R.R., The Six Sigma Way, McGraw-Hill, New York, 2000.
11. S.D., Savransky, Engineering of Creativity, CR Press, 2000
12. Shapiro, R. B., Expulsion of the Seraph of Creativity , State Publishing House of Children Literature of Russian Ministry of Culture (Detgiz) Moscow, 1961.
13. 고준빈 외 2명 역, TRIZ로 배우는 창의적 설계, 인터비젼, 2004
14. 김대석 외 1명 창의적 공학설계 GS인터비젼, 2009

15. 김익철 저, 발명특허의 정석, 현실과미래, 2001
16. 김준식, 누구나 창의적인 사람이 될 수 있다, 이즈미디어, 2003
17. 김진욱 외 1명, 창의공학설계, GS인터비전, 2009
18. 김효준 외 2명 저, 생각의 창의성, 지혜. 2004
19. 나보균 외 5명 편역, 엔지니어를 위한 창의공학설계, McGraw-Hill Korea. 2008
20. 명지대 창의공학연구회 역, 창의적 문제해결과 공학설계, 파워북, 2004
21. 박 강 외 4명, 창의 공학, 인터비젼, 2005
22. 박성균 역, 창의성 공학의 길잡이, 인터비젼, 2007
23. 박성균 외 1명 역, 알기 쉬운 트리즈, 인터비젼, 2005
24. 박성균 외 2명 역, 40 가지 원리, 인터비젼, 2005
25. 송동주 외 6명 저, 공학입문설계, 도서출판 영, 2008
26. 유승현 저, 설계자의 창의성, 아주대학교, 2004
27. 이용제 외 저, 공학설계입문, GS인터비전, 2010

# 부록

## 새로운 설계의 필요성

공학인들은 인류의 이익을 위해 해결할 필요가 있는, 실제 문제에 대한 해결책을 개발한다. 사실, 공학 설계과정의 시작 단계는 기술을 기반으로 한 해결책에 의해 충족될 특별한 필요성을 확인하는 것이다.

새로운 또는 재설계 재품에 대한 필요성은 다음과 같이 다양한 상황에서 나올 수 있다.

- 공공의 건강, 안전, 그리고 삶의 질에 대한 관심
- 기존 제품이 재설계되어야 한다는 인식 : a) 새로운 기술과 제조 방법을 사용해서 기존 설계 또는 조립 부품의 결점을 제거하기 위해서, b) 사용자 집단의 변화하는 요구를 더 잘 만족시키기 위해서, c) 시장 경쟁에 대응함으로써 제품의 상업적 생존능력을 증가시키기 위해서, d) 비용을 줄이기 위해서.
- 특별한 과제를 수행하면서(또는 이 과제를 수행하는 동안 다른 사람을 관찰하면서) 설계 공학인의 개인적 경험이 다음과 같은 결론에 이를 때 : 새롭거나 다른 기술적 해결책이 과제를 보다 쉽고 정확하게, 보다 효율적으로 해줌으로써, 그리고 재료의 낭비를 줄임으로써 성능을 개선할 것이다.

새롭고 개선된 제품과 서비스에 대한 기회는 끝이 없다. 우리는 단지 우리 이웃과 우리 주위 세계의 채워지지 않은 필요성을 고려할 필요가 있다.

### 1. 안전과 삶의 질

위에서 언급한 것처럼, 공공의 건강과 안전을 보호하기 위해, 또는 사람들의 삶의 질을 개선하기 위해 혁신적 설계가 종종 필요하다.

◆ 맹인을 위한 타자기

타자기는 사랑하는 사람의 삶의 질을 향상하기 위해서 개발된 설계 사례이다.

최초의 타자기는 맹인이 읽을 수 있는 점자를 인쇄하기 위해서 설계되었었다. 1808년, 페레그리니 터로는 그가 사랑하는 캐롤라인 프란토니를 위해서 최초의 타자기 중 하나를 만들었다. 캐롤라인 프란토니는 맹인이었고, 터로의 기계는 그녀에게 그와의 서신왕래를 가능하게 해주었다. 불행하게도 터로 타자기에 관한 다른 정보는 현재 없고, 단지 1808년에서 1810년 사이에 그들이 교환했던 16 통의 편지가 남아있다. 이태리 레지오에 현재 저장되어 있는 이러한 편지들은 누군가의 실제 필요에 따라 사랑과 애정을 통해 이루어질 수 있는 기술 혁신의 증거이다.

## 2. 기존 제품이나 시스템의 개선

기존 제품이나 공정은 보다 효율을 높이거나 상업적으로 생명력을 유지하기 위해서 개선할 필요가 있다. 다음 일화는 의료 세계에서 생긴 그러한 제품 재설계와 개발 사례이다.

◆ DC 심장 세동(細動)제거 장치

가치 있는 공학 설계들은 종종 분명한 약점이나 결점이 있는 초기 해결책의 개선이다. 사실, 대부분의 공학 제품과 특허법은 설계들은 이 부류에 속한다.

심장 세동제거 장치는 사람의 심장이 잡자기 자연 리듬을 잃게 하는, 심실세동을 극복하기 위해서 사용된다. 심장의 동방결절은 심장의 위쪽 방(심방)의 수축을 아래쪽 방(심실)과 동기화한다. 이 공기화가 상실되면, 심장은 신체 전반에 더 이상 피를 공급하지 못해서, 우리를 죽음에 이르게 한다. 세동제거 장치는 심장에 전기 충격을 주어, 시스템에 동기화를 다시 일으킨다.

초기 교류(AC) 심장 세동제거 장치(1948년도에 실험적으로 처음 사용됨)는 완벽히 갖춘 병원규모의 전원이 끊어지는 위험을 포함해서 여러 가지 단점들이 있었다. 1959년에 심장혈관 전문의 칼 윌리엄 에드마크 박사가 직류 심장 세동제거 장치를 개발하기 시작했고, 이 장치는 상당히 낮은 볼트 전하를 매우 짧은 시간 간격으로 제공함으로써, 관련된 위험 없이 AC 세동제거 장치의 이점을 제공했다. 1961년에 에드마트의 세동제거 장치가 최초로 심장절개 수술 중인 12살 소녀의 생명을 구했다.

## 3. 상업적 동기

새로운 제품 라인이 회사나 개인의 상업적 필요성에 의해 추진된다. 그러나 그러한 제품은 소비자의 필요에 대응해야 한다(즉, 시장의 필요). 그렇지 않으면 그것들은 실패할 것이다.

### ◆ 퀵웍락(Kwik-Lok) 묶기

1952년에 프로이드 팍스톤은 그의 회사가 생산할 새로운 제품을 찾고 있었다. 그의 회사는 나무 상자를 못 박는데 사용되는 장치를 생산했다 : 그러나 판지 상자가 나무상자 대체품으로 인기를 얻음에 따라 매출 감소가 예상되었다. 회사는 상업적인 생존능력을 유지시켜 줄 새로운 제품 라인이 필요했다.

지역 생산회사(Pacific fruit and produce)는 고무 밴드를 묶는 방식으로 플라스틱 백에 사과를 포장하기 시작했다. 이 회사 사장은 팍스톤에게 새로운 형태의 묶는 것이 필요하다고 말했다. 철사 꼰 것이나 테이프와 같은 다른 묶는 것은 너무 쉽게 끊어지거나, 여러 번 백을 다시 열고 닫을 수 없게 하였고, 고무 밴드는 사용하기가 불편했다.

팍스톤은 플렉스 유리로 퀵웍락 묶기의 모형을 만들었다. 그는 다음에 그것을 제조하기 위한 수동기계를 설계하고, 만들었으며, 그 후에 그는 고속 다이펀칭 기계를 만들었다. 식품 제조회사들이 이 새로운 제품을 채택하였고, 이것은 식료품 가게 어느 곳에서는 볼 수 있게 되었다(부록그림 1.1) 50년 이상, 퀵웍락은 계속해서 플라스틱 백 묶는 것으로 큰 인기를 누리고 있다.

퀵웍락의 최신 버전

## 4. 개인의 경험

때로는 새로운 기술 응용에 대한 필요성이 다음 사례에서 보는 바와 같이 개인의 삶을 통해 생긴다.

◆ 빠른 탈부착이 가능한 스키 바인딩

1937년에 스키 챔피언 잘마 밤이 스키가 발에서 분리되지 않아서 크레바스를 점프에서 다리 골절상을 입었다. 그것에 대응하기 위해서 그는 세계 최초로 빠른 탈부착이 가능한 스키 바인딩의 설계를 착안하였다. 스프링이 스키 신발에 연결된 Y자형 추축(樞軸) 금속 토피스(toepiece)를 잡는다. 측면 힘이 오른쪽이나 왼쪽으로 가해지는 경우에 토피스가 회전해서 바인딩으로부터 신발을 분리한다(줄이 신발 뒤축과 스키를 잡고 있어서 스키의 분실을 막는다).

밤은 1939년 그의 설계에 대해 특허를 받았다. 한 스키어가 필요성을 인식하고, 간단하지만 창의적인 해결책을 개발했기 때문에, 수많은 스키어들이 부상으로부터 구해졌다.

## 5. 과학 진보로부터 기회

기술이나 과학적 발견의 진보는 다음 사례에서 보는 바와 같이 새로운 공학 제품에 대한 기회를 만든다.

◆ 칼라 인쇄가 어떻게 에어컨 개발을 안내했는가?

인간은 20도에서 25도 사이의 온도일 때 안락감을 느낀다(대략 35 ~ 70% 상대 습도와 함께).

많은 사람들이 여러 종류의 공기 냉각으로 그러한 안락감을 얻기 위한 수단을 제공하려고 하였다. 과거에는 출입구와 창에 걸어둔 젖은 매트를 통해 공기를 통과시킴으로써 증발에 의해 공기를 냉각시켰다. 20세기 초에 제한된 효율의 에어컨이 카네기 홀과 뉴욕 증권거래소에 설치되었다.

이 때, 1902년 기계공학자 케리어(Willis H. Carrier)는 습도가 칼라 인쇄에 미치는 부작용을 없애려는 노력을 하고 있었다. 케리어는 차가운 공기가 따뜻한 공기로부터 습기를 흡수한다는 사실을 깨달았다. 그는 냉각수 분부 시스템을 설계했고, 그것을 통해 분부 온도를 단순하게 조절함으로써 실내의 상대습도를 조절할 수 있었다. 그는 이 설계에 대해서 1904년에 특허를 받았다.

케리어는 이 분야에서 계속 일했고, 종국에는 건습구 온도(공기 중에 있는 수증기의 측정) 과학을 개발했다. 1911년에 그는 완벽한 에어컨 시스템에 대한 기초를 쌓았다.

에어컨은 결과적으로 극장, 백화점(1919년), 고층 건물(1929), 철도(1931), 자동차(1939), 그리고 그레이하운드 버스(1940) 등, 많은 공공시설에 설치되었다. 슈츠와 셔먼이 1930년대에 개별 에어컨을 개발했다.

암모니아가 초기 에어컨 시스템의 냉매로 사용되었다. 불행하게도 암모니아는 부식성이 일을 뿐 아니라, 불쾌했다. 현제는 암모니아가 프레온으로 대체되었다. 무독성이고 불연소성 플로로 화합물인 프레온은 1930년에 토마스 미드그레이가에 의해 발견했다. 그러나 플로로 화합물을 사용함에 따라, 프레온이 대기 중에 방출될 경우 지구 오존층에 매우 위험할 수 있다. 그래서 에어컨 시스템은 계속적인 개선이 필요하다.

공학 해결책은 종종 과학적 발견으로부터 나온다. 공학자들은 기회가 생길 때 언제든지 그러한 진보의 이득을 취할 준비를 해야 한다 : (a) 업무를 수행하기 위한 보다 나은 방법을 찾고, (b) 경험으로부터 배우고, (c) 계속해서 그들의 기술과 지식을 갈고닦음으로써.

- 인류에 봉사

아이러니컬하게도 공학인은 때때로 다른 사람들과 어울리기 보다는 기계와 일하는 것을 더 좋아하는, 사회적으로 소외된, 다루기 힘든 개인들로 풍자된다. 이것은 진실이 아닐 것이다! 공학인들은 보통 사회의 가장 기본적인 신체적 욕구(예를 들어, 음식, 거주지, 열, 건강, 운송, 통신)에 초점을 맞추기 때문에, 그들은 분명하게 많은 사람들(예상 고객에서부터 동료 공학인, 과학자, 마케팅 전문가, 재정 고문, 공장 노동자, 디자이너, 기술자, 경영자, 변호사, 그리고 성공적인 설계 해결책 개발에 기여할 수 있는 다른 사람들)과 밀접하게 일한다. 공학은 사람 중심 직업이다. 공학인들은 그들이 봉사하는 다른 사람들의 요구에 초점을 맞추어야 한다.

### 문제의 종류 : 예측, 설명, 발명

우리가 해결해야 하는 문제의 종류를 고려하는 것은 때때로 유용하다. 파네스(1967)는 문제를 다음과 같이 3종류로 정의하였다.

**예측의 문제** : 우리는 수식, 물리법칙, 데이터 분석 도구를 사용함으로써 결과를 계산하거나 시스템의 거동을 예상한다(예를 들어, 추락하는 위성의 재진입 속도와 방향을 결정한다).

**설명의 문제** : 우리는 어떤 현상이나 관찰된 거동에 대한 원인을 찾는다(예를 들어, 위성이 왜 때 이르게 지구로 추락하는지 원인을 찾는다).

**발명의 문제** : 우리는 문제에 대한 새롭고 효과적인 해결책을 찾는다(미래의 위성이 왜 때 이르게 지구로 추락하는 것을 예방하는 방법을 개발한다).

만약 문제가 이러한 세 종류 중 하나로 분류된다면, 공학인은 이때 해결책 개발에 필요한 데이터, 물리법칙, 그리고 다른 정보를 확인하기 시작할 수 있다.

트리즈 창시자 알트슐러는 문제의 유형을 측정/검출의 문제와 개선의 문제로 분류하고, 그 해결책 유형을 76가지 표준해로 제시하였다.

# 찾아보기

## ㅍ



## ㅎ

# 창의 공학 설계 입문2판

2011년 2월 23일 초판 인쇄

2012년 2월 28일 2 판 발행

2015년 3월 01일 3 쇄 발행

저 자 홍현필, 송수석, 박성균

발 행 인 송기수

발 행 처 도서출판 GS인터비전

편 집 처 도서출판 GS인터비전

인 쇄 처 토탈프로세스

등록번호 제 313-2011-120 호

I S B N 978-89-97231-35-5 (92530)

주 소 서울 마포구 토정로 222

전 화 02-976-7898, 0707-720-7898

팩 스 02-6468-7898

홈페이지 www.gsintervision.co.kr

이 메 일 gsinter7@gmail.com

정 가 18,000 원